职业院校机电类"十三五"
**微课版创新教材**

# 机电一体化技术与系统 第2版

龚仲华 杨红霞 / 编著

U0213145

人民邮电出版社

北　京

**图书在版编目（CIP）数据**

机电一体化技术与系统 / 龚仲华，杨红霞编著. --
2版. -- 北京：人民邮电出版社，2017.2（2022.8重印）
职业院校机电类"十三五"微课版创新教材
ISBN 978-7-115-44099-0

Ⅰ. ①机… Ⅱ. ①龚… ②杨… Ⅲ. ①机电一体化－
高等职业教育－教材 Ⅳ. ①TH-39

中国版本图书馆CIP数据核字(2016)第287029号

## 内 容 提 要

本书从应用型人才培养的实际需求出发，以较高的层次及较新的视角，对工业控制领域所涉及的机电一体化技术与系统进行了全面的介绍，内容包括机械、液压与气动、位置检测等机电一体化基础技术；步进驱动、交流伺服、变频调速等运动控制技术；PLC、CNC 等机电一体化系统。本书编写体例新颖、思路清晰、层次分明、循序渐进；书中的全部案例均来自工程实际，并广泛采用了国际先进标准与设计思想。

本书可作为高等职业院校、高等专科学校的机电一体化、设备维护等专业的机电一体化课程教材，也可作为机械制造与自动化、机电设备维修、精密机械、数控技术应用等机械类专业的电气控制综合教材，并可供本科院校师生与工程技术人员参考。

♦ 编　著　龚仲华　杨红霞
　责任编辑　刘盛平
　执行编辑　王丽美
　责任印制　焦志炜

♦ 人民邮电出版社出版发行　　北京市丰台区成寿寺路 11 号
　邮编　100164　电子邮件　315@ptpress.com.cn
　网址　http://www.ptpress.com.cn
　北京虎彩文化传播有限公司印刷

♦ 开本：787×1092　1/16
　印张：16.75　　　　　　　2017 年 2 月第 2 版
　字数：421 千字　　　　　2022 年 8 月北京第 9 次印刷

定价：42.00 元

读者服务热线：(010)81055256　印装质量热线：(010)81055316
反盗版热线：(010)81055315

本书第 1 版自 2011 年 10 月出版以来，由于内容先进、选材典型、案例具体、实用性强受到广大教师和读者的普遍认可，现予以再版。

为了便于教学，形成由浅入深、循序渐进、从技术至系统的知识体系，本次修订对原教材的编写进行了如下完善及调整。

1. 原教材的项目一（控制技术基础）内容删除，任务三（PWM 逆变原理）的内容与项目五（交流伺服系统）合并。

2. 原教材的项目八（机械部件）、项目九（液压与气动控制技术）内容提前，作为第 2 版教材的项目一（机械技术）和项目二（液压与气动控制技术）；原教材的项目二（位置检测技术），调整为第 2 版教材的项目三。

以上项目一～项目三，作为第 2 版教材的学习领域一——机电一体化基础技术。

3. 原教材的项目五（步进驱动系统）、项目六（交流伺服系统）、项目七（变频调速系统）内容提前，调整为第 2 版教材的项目四～项目六。

项目四～项目六为第 2 版教材的学习领域二——运动控制技术。

4. 原教材的项目三（PLC 控制系统）、项目四（CNC 控制系统）内容调整后，作为第 2 版教材的项目七、项目八。

项目七、项目八作为第 2 版教材的学习领域三——机电一体化系统。

交流伺服与变频技术的发展迅速，产品的更新较快，原教材编写时所选择的安川 ΣⅡ 系列交流伺服驱动器已经被 ΣV 系列替代，ΣV 系列的产品功能更强、技术更先进、用途更广。鉴于此，本次修订对项目五（交流伺服系统）的内容进行了更新，以便使教学能始终紧跟当代科学技术的发展，与工程实际紧密结合。

修订过程中还进一步凝练了教材主题、突出了重点，对部分项目的内容进行了修订和精简；同时也对原教材中的个别错误进行了改正。

由于编者水平有限，修订过程中难免存在不足之处，恳请广大教师和读者予以批评指正。

编　者
2016 年 8 月

随着科学技术的进步，高附加值、多功能、智能化已成为众多产品的发展方向，技术的综合与集成已成为必然。机电一体化技术是从系统工程的观点出发，将机械、电子和信息有机地结合，以实现产品整体最优的综合性技术；机电一体化系统是由机电一体化控制装置和控制对象所构成的、实现机械运动控制的工程系统；它们在工业生产和人们日常生活中的应用已经越来越广泛，"机电一体化技术与系统"课程的教学在高等职业院校人才培养中的重要性正在日益显现。

本书从应用型人才培养的实际应用要求出发，力争从较高的层次、以较新的视角对机电一体化所涉及的控制技术基础、自动控制系统、运动控制系统、机/气/液控制系统等进行了较为全面的介绍，编写力求具有如下特点。

（1）概念清晰、特色鲜明

全书以工业应用为重点，以能力培养为主线，通过对目前常用的典型机电一体化产品的分析与介绍，力争多角度、多层次反映机电一体化的"技术综合"本质，培养学生的综合应用能力，体现高等职业教学特色。

（2）内容全面、技术综合

本书较为全面地阐述工业控制领域所涉及的交流逆变、测量等基础技术与装置，PLC、CNC等自动控制系统，步进驱动器、交流伺服、变频器等运动控制系统，滚珠丝杠、减速器、直线导轨等机械传动部件，刀架、机械手等机械传动部件及其液压气动控制系统。

（3）选材典型、突出应用

本书以PLC、CNC、变频器、交流伺服驱动器、步进驱动器等常用的典型机电一体化控制装置和刀架、机械手等机械功能部件为主线，重点介绍了它们的应用、调试与维修技术，避免了繁琐的理论分析，删除了接口、单片机等实用性不强的传统内容。

全书按项目式教材体例编写，分控制技术基础、自动控制系统、运动控制系统、机械部件与气/液控制技术4个学习领域、9个项目、31个任务，每一任务均有明确的能力目标与工作内容，较好地体现了"理实一体、以学为主"的高等职业教育理念。

为保证教材能做到思路清晰、层次分明、循环渐进、易教易学，根据工作内容的需要，对以知识为主的工作任务，由浅入深地安排了相关知识、实践指导等教学环节；对以能力为主的工作任务，则按资讯、计划、决策、实施、检查、评价的六步教学法安排教学环节；教学内容的设计如下。

能力目标：能力目标不仅包括完成工作任务所需的实践能力，而且还包括需要通过学习达到的知识理解、分析问题、解决问题等方面的要求。

工作内容：工作内容不仅包括完成工作任务所进行的实践活动，而且还包括需要通过学习去回答、解释问题的思考与练习以及为了解决工程问题需要进行的分析计算、设计验证等方面内容。

相关知识：相关知识是对工作任务所涉及的基本概念、理论知识、实践知识等进行的综合性介绍与说明。

实践指导：实践指导是对实践教学所涉及的产品性能、控制要求、安装条件、使用方法、操作步骤等进行的针对性说明。

本书由龚仲华、杨红霞编著。本书导论和学习领域一～学习领域三由龚仲华编写；学习领域四由杨红霞编写。编写过程中还得到了三菱、安川等公司的大力支持，并参阅了公司的产品说明书与技术资料，在此表示感谢。

由于编者水平有限，书中难免存在不足与错误，恳请广大读者批评指正。

编　者<br>2011 年 4 月

# 目 录

## 一、机电一体化概论

一般认为，"机电一体化"一词始于 1971 年日本的《机械设计》杂志副刊，它是由英文 Mechanics（机械学）与 Electronics（电子学）两词复合而成的新名词"Mechatronics"。由此可见，"Mechatronics"的确切含义应是一个新兴的学科名称"机械电子学"，这一学科又被人们称为机电一体化学科。

一门新学科的诞生意味着一种新技术的出现，而新技术的应用必然会形成新的产品。因而，人们平时所说的"机电一体化"一词在不同场合使用时，便有了"机电一体化学科""机电一体化技术""机电一体化产品"及"机电一体化控制装置""机电一体化控制系统"等不同层次的含义，这些概念常容易混淆，一一说明如下。

### （一）机电一体化的含义

#### 1. 机电一体化学科

学科是以知识体系划分的科学门类。按照传统的学科分类法，机电一体化技术隶属于"电子、通信与自动化控制技术"之"自动控制技术"。但随着科学技术的进步，高附加值、多功能、智能化已成为众多产品的发展方向，技术的综合与集成已成必然，因此，人们已经意识到机电一体化需要有机融合"机械工程""电子、通信与自动化控制技术""计算机科学与技术"等多学科知识，它应是有自身技术基础、设计理论和研究方法的综合性交叉学科。

机电一体化是一门发展中的学科，现代的机电一体化产品不仅包括了机械、电子、信息技术，在很多场合往往还涉及光学、气动、液压等方面的内容，因此，便有了"光机电一体化""机电液一体化"等多种提法。总而言之，机电一体化强调的是不同学科知识的相互融合与渗透。

#### 2. 机电一体化系统

从广义上说，系统是与实现一定目的相关的要素组合。"系统"一词几乎可以用来描述任何可想象的情况，其组成要素不仅可以是物理实体，而且还可以是经济学、生物学等抽象与动态的现象。

机电一体化系统是一种实现机械运动控制的工程系统，它由机电一体化控制系统（或控制装置）与其控制对象所构成。机电一体化系统的控制系统应以微电子器件为主体，机电一体化系统的控制对象应是具有运动特性的机械装置。像化工、冶金、纺织等行业常用的温度、压力、流量等控制系统，由于其控制对象不是具有运动特性的机械装置，故称为"过程控制系统"，总体而言，它们不属于机电一体化系统的范畴；但由于"系统"所包括的范围通常较大，过程控制系统中的某些部分完全可能是具有运动特性的机电一体化系统。

### 3．机电一体化技术

技术是为了实现特定目的所采用的方法与手段，是产品发展与进步的基础。机电一体化技术是从系统工程的观点出发，将机械、电子和信息有机地结合，以实现产品整体最优的综合性技术。机电一体化技术是一个技术群的总称，其涵盖范围非常广。从广义上说，机电一体化技术包括了机械技术、自动控制技术、信息处理技术、运动控制技术[1]、检测技术、网络技术等，但对于特定的机电一体化产品，则需要根据其功能与控制要求，或采用多种技术或只采用部分技术。

### 4．机电一体化产品

通常而言，"产品"应是具有一定功能与用途的实体，顾名思义，机电一体化产品应是"Mechanism"（机械装置）与"Electronic Control"（电子控制）的结合物，它应是具有一定的机械结构、直接的功能与用途，并采用了电子控制的实体。当此类产品为了工业目的而成套使用时，则称为机电一体化设备。

机电一体化产品在日常生活中随处可见，如全自动洗衣机、数码相机、打印机、汽车、自动售货机等民用产品；数控机床、工业机器人、自动生产线等工业设备；列车、飞机、轮船、卫星、导弹等交通运输、航空航天与国防用武器装备等。

机电一体化产品的优点是将机械的强度高、载荷大、结构变化容易等优点与电子控制的方便灵活、精度高、运算处理容易等优点进行了有机结合，使产品的操作更方便、使用更灵活、运动更快捷、控制更准确。

机电一体化产品与机电产品是不同的概念，后者的范围更广。虽然，机电一体化产品有大有小、功能可多可少、电子控制器有简单有复杂，但都应具有以下共同特征。

① 电子控制。机电一体化产品的控制器应以微电子器件为主体。电子控制器可以是由二极管、三极管、集成电路组成的简单装置，也可以是微处理器、微型计算机与大型计算机网络所构成的复杂装置。但是，普通的开关、按钮、接触器、继电器等只是一些"控制电器"，它们不属于电子控制器的范畴。因此，像电风扇、老式洗衣机、普通卷扬机、普通机床等没有采用微电子控制的产品只是普通机电产品，而不能称为机电一体化产品。

② 机械运动。机电一体化产品的机械装置应具有运动特性。机械装置的运动既可以是相机的镜头伸缩、洗衣机的缸体旋转等简单动作，也可以是飞机与卫星的飞行等复杂动作。而像手机、电话、电视机等只有机械外壳而无运动特性的产品则只是 IT 产品或电器（家用）产品，一般不宜称为机电一体化产品。

### （二）控制装置与控制系统

### 1．机电一体化控制装置

当机电一体化产品的电子控制器只具有单一功能时，这样的控制器称为机电一体化控制装置，如机床控制中所使用的伺服驱动器、变频器、PLC 等都是典型的机电一体化控制装置。机电一体化控制装置既可在机电一体化产品中单独使用，有的还能与其他控制装置组合后构成机电一体化系统。

---

[1] 对于传统的位置（伺服）控制，目前国际上已经开始较多地采用"运动控制（Motion Control）"一词。

随着社会化分工的日益细化，大多数机电一体化控制装置都已由专业厂家批量生产，如全自动洗衣机的控制器、交流电机控制用的变频器与伺服驱动器、自动控制用的 PLC、数控机床用的 CNC 等。虽然，对这些厂家来说控制装置就是其产品，但由于控制装置实际使用时必须依附于特定的机械装置才能实现其功能，从这一意义上说，它们就像轴承、电机、阀等部件一样，只是组成机电一体化产品的"零部件"，而不是真正意义上具有运动特性及直接功能与用途的机电一体化最终产品。

### 2. 机电一体化控制系统

复杂的机电一体化产品需要控制器具有多种功能，它往往需要多个控制装置才能实现其控制要求，这些机电一体化控制装置与相关部件所构成的整体称为机电一体化控制系统。

工业上所使用的机电一体化控制系统一般由控制装置、测量装置、执行装置、操作显示装置等部分组成，微电子控制装置是机电一体化系统的核心。单片机、工业计算机、数控装置、PLC 等都是工业控制常用的微电子控制装置，接近开关、编码器、光栅等传感器是工业控制常用的检测装置，而直流电机、感应电机、伺服电机、步进电机等则是机电一体化系统常用的执行装置。

图 0-1.1 所示为典型的机电一体化产品——数控机床的组成图，其机械装置是用来实现刀具运动控制的机床主机及防护罩等产品附属装置；微电子控制部分采用的是计算机数控系统（简称 CNC 系统）。数控机床的 CNC 系统是一种典型的机电一体化控制系统，它又包括了操作/显示装置（称 MDI/LCD 面板）、控制装置（CNC、PLC、伺服驱动器）、执行装置（伺服电机、主轴电机）与测量装置（光栅与编码器）等组成部件。

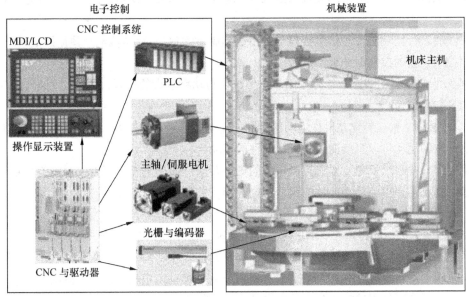

图 0-1.1 数控机床的组成

机电一体化控制系统的组成可能相当复杂与庞大，但它们同样需要依附于"主机"才能实现其功能，如上述的 CNC 系统必须与机床主机结合后才能使用等，因此，机电一体化控制系统本质上仍是以实现"控制"为目的的大型、复杂、多功能"控制器"。机电一体化控制系统（或控制装置）与其控制对象共同构成了机电一体化系统，而机电一体化产品则需要在机电一体化系统的基础上增加用于安装运输、安全防护、外观装饰的产品附属装置。

## 二、机电一体化系统分析

### （一）组成与分类

机电一体化系统是由机电一体化控制系统（或控制装置）与其控制对象所构成的，它是一种实现机械运动控制的工程系统。分析机电一体化系统的组成与功能只有从控制对象入手，才能对机电一体化系统的组成有清晰的认识，如果只是对系统的功能要素与构成要素泛泛而谈，容易导致概念的模糊。

#### 1．机电一体化系统的组成

机电一体化系统的规模可大可小、功能有多有少。一般而言，机电一体化产品中的每一具有运动特性的控制对象都对应着一个"子系统"，因此，大型、复杂的机电一体化系统往往就包含有若干个子系统，子系统有时还可能包含下级子系统，这些子系统在中央控制器的组织与管理下有序工作，各自实现其功能。然而，不论将一个系统分解为多少子系统，都必须具备以下基本要素，才能称之为"机电一体化系统"，否则它只是一种控制装置或部件。

① 控制对象。机电一体化产品的控制对象应是具有运动特性的机械装置。机械装置是任何机电产品的基本构成要素，它所涵盖的范围非常广，既包括机械运动部件，又包括与系统分析无关的产品机体或机架、外壳、安装连接件等附属装置。机电一体化系统的控制对象特指机械运动部件（包括与运动相关的连接件、传动件）；那些只是为了外观造型、部件支撑、安装运输等目的而设计的机体或机架、外壳等附属装置虽是机电一体化产品的构成要素，但不属于机电一体化系统的范畴。

② 控制装置。控制装置是信息处理与发出控制命令的部分，它是机电一体化控制系统的核心，系统根据控制装置的控制命令有序运行。

③ 驱动装置。驱动装置是进行控制命令的转换与功率放大的装置，它为执行装置的动作提供所需的能量与动力。

④ 执行装置。执行装置是机械运动的动作实施与执行者，是机电一体化控制系统的输出，执行装置所产生的运动可以直接变换为机械部件的运动。

以上4部分是一个机电一体化控制系统的最低要求，如果系统需要根据对象的实际动作进行自动调节，则还需要检测运动部件的速度与位置等相关参数的检测装置。

#### 2．机电一体化系统的分类

根据机械装置的运动特点与要求机电一体化系统可分为顺序控制系统与连续控制系统两大类。

顺序控制系统是实现机械装置的动作顺序控制的自动控制系统。一般而言，此类系统的执行装置为电磁阀、接触器等通/断控制电器件；机械装置的运动由电机、气动或液压系统驱动，定位点固定不变；系统所使用的检测装置通常也是只能判断位置到达与否的检测开关。顺序控制系统的输入、输出以开关量为主，机械装置的运动不连续，故又称"开关量控制系统"或"断续控制系统"。

连续控制系统是以机械装置的连续位移、速度为控制对象的自动控制系统。控制系统包括了传统意义上的伺服驱动系统与电气传动系统两方面，前者以位置控制为主要目的，也称位置随动系统；后者以速度控制为主要目的，也称调速系统。运动控制系统需要进行速度、位置的连续控制，属于连续控制系统的范畴。

### （二）系统分析

弄清控制对象是分析机电一体化系统的前提条件。为了便于理解，下面分别以全自动洗衣机与数控机床为例，来说明机电一体化系统的分析方法。

**【例 0-1】** 全自动洗衣机控制系统分析。

在全自动洗衣机的控制系统中，控制对象有进水阀、排水阀、洗衣缸 3 部分。洗衣缸需在"漂洗""脱水"时以不同转速、转向旋转，它是具有运动特性的机械部件，是系统的构成要素之一。进水与排水阀的控制对象是水位，它不是机械运动部件，因此只是机电一体化系统的辅助控制部分，不能构成机电一体化子系统。

由此可见，洗衣机控制系统是以洗衣缸体为控制对象、电动机为执行装置、电机调速器为驱动装置、程序控制器为控制装置的顺序控制系统。洗衣机一般没有检测缸体实际旋转的装置，即使缸体被卡住而停转，洗衣机依然按固定的程序执行"漂洗""脱水"等动作，这是一个开环系统。

**【例 0-2】** 数控机床控制系统分析。

图 0-1.2 所示的数控机床是由若干子系统所构成的复杂机电一体化系统，可以从控制对象入手进行系统分析。

① 控制对象。数控机床中的机械运动部件较多，它包括图 0-1.2 所示的工作台（刀具）的运动、主轴的回转运动、刀具自动交换以及冷却、润滑、切屑自动传送等（图中未画出）。

② 系统分析。以上控制对象中，工作台（刀具）的运动、主轴的回转运动、刀具自动交换、切屑自动传送具有机械运动特性，但切屑传送（排屑电机的正反转）只需要用接触器等非微电子装置进行控制，故不是机电一体化系统。而冷却、润滑的最终控制对象非机械运动，同样只是控制系统的辅助部分。

因此，数控机床的机电一体化系统可分为工作台（刀具）运动系统、主轴运动系统、刀具自动交换系统 3 个一级子系统。

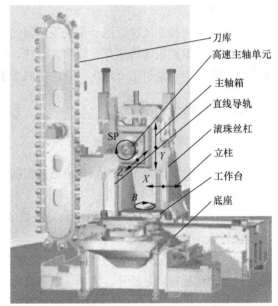

图 0-1.2 CNC 机床的机械运动部件

刀库
高速主轴单元
主轴箱
直线导轨
滚珠丝杠
立柱
工作台
底座

#### 1．刀具运动系统

数控机床的刀具运动是多维的，图 0-1.2 所示的卧式加工中心其刀具运动由 $X$、$Y$、$Z$ 轴 3 个基本坐标轴与工作台回转轴 $B$ 合成，因此，刀具运动系统又可分为 $X$、$Y$、$Z$、$B$ 轴 4 个子系统，其控制对象分别为刀具左右移动的 $X$ 轴（立柱）、刀具上下移动的 $Y$ 轴（主轴箱）、刀具前后移动的 $Z$ 轴（安装高速主轴单元的滑枕）与刀具绕 $Y$ 轴回转的 $B$ 轴。4 个二级子系统除控制对象不同外，其他组成部件相同，其执行装置分别为 $X/Y/Z/B$ 轴伺服电机，驱动装置分别为 $X/Y/Z/B$ 轴伺服驱动器，控制装置同为 CNC（数控装置）。由于交流伺服驱动系统必须进行速度与位置的闭环控制，因此，子系统还包含了各自的速度与位置检测装置——编码器或光栅。

### 2．主轴运动系统

图 0-1.2 所示的卧式加工中心只有单一的主轴，没有子系统。主轴运动系统的控制对象为主轴的回转运动（速度、转向与位置），执行装置为主轴电机，驱动装置为主轴驱动器，控制装置为 CNC。由于数控机床的主轴一般需要闭环控制，故它也包含了主轴速度与位置检测的编码器。

### 3．刀具自动交换系统

该系统包括刀库旋转（选刀）、刀具装卸（换刀）两部分，可分为"选刀控制"与"换刀控制"两个子系统。

选刀控制系统是一个以刀库回转定位为控制对象的运动控制系统，其执行装置为刀库回转电机，驱动装置为刀库调速器（一般为变频器），控制装置为接受 CNC 控制的二级控制器 PLC。选刀只需要定点定位，它是一个顺序控制系统，通常使用接近开关或编码器等作为检测装置。

如果数控机床所采用的是液压或气动式机械手换刀装置，则换刀控制子系统的控制对象为机械手，运动包括机械手伸缩、手臂回转、刀具的松开与夹紧等；系统的执行装置为电磁阀，驱动装置为气缸或液压缸等，控制装置为接受 CNC 控制的二级控制器 PLC。如机床的换刀采用机械联动凸轮换刀装置，那么，其执行装置为换刀电机，驱动装置为换刀调速器（变频器等），控制装置同为 PLC。换刀控制是对运动部件动作顺序的控制，也是一个顺序控制系统，需要使用接近开关等检测装置。

以上各级系统在 CNC 这一中央控制器的管理与控制下有序运动，便构成了完整的机电一体化系统。至于数控机床的床身、底座、立柱、防护罩等不具有运动特性，它们只是产品（机床）的附属部件，而不是机电一体化系统的构成要素。

## 三、机电一体化技术

### （一）技术特征

机电一体化产品是电子控制与机械装置的结合物，在产品的设计时突出体现了以下两个方面的思想。

① 利用机械、微电子、自动控制乃至更多技术的结合，来实现传统的、依靠单一技术无法实现的功能。

② 在多种可采用的技术方案中，通过综合分析与评价，选择了其中的最佳方案。

机电一体化技术是设计、生产、制造机电一体化产品的方法与手段，是机电一体化产品得以发展的基础，机电一体化产品的特点决定了其涉及的范围非常之广，要准确界定目前还难以做到。总体而言，机电一体化产品所涉及的技术应具有"综合性"与"系统性"两大主要特征。

### 1．综合性

机电一体化是各种技术的有机集成与综合，它们之间需要相互融合与渗透，而不是简单的叠加。机电一体化除了基本的机械技术、微电子技术与自动控制技术外，还需要在自动控制过程中综合应用信息处理技术、检测技术与网络控制技术等。

例如，在前述的数控机床上，在机床布局、工作台运动、主轴系统、刀具交换等部件的设计上就需要采用精密机械技术；CNC、PLC、伺服驱动器、主轴驱动器等控制装置则无一例外地应用了微电子与电力电子技术；而在伺服驱动系统上还需要将运动控制、检测、网络控制技术集成一体；在刀具交换控制上，则涉及液压与气动技术等。

## 2．系统性

机电一体化产品是综合应用各种技术所形成的产物，在产品设计阶段就需要运用系统工程的观点来分析研究产品的要求、合理匹配各组成部分的功能、充分发挥各部分的作用，才能使得产品的整体效能达到最佳。

从经济社会发展的角度看，机电一体化产品还需要从资源利用、环境保护、可持续发展等角度，综合考虑其生产制造、使用维修、报废处理、循环利用等各方面的要求，其涵盖范围更广、系统性更强。

### （二）主要技术

机电一体化技术是一个技术群的总称，但是在具体的机电一体化产品上，根据功能与用途的不同，所采用的技术可多可少，像自动洗衣机等产品只涉及自动控制与机械技术；而数控机床则还包括了机械技术、自动控制技术、运动控制技术等；在飞机卫星等航空航天设备上，其涉及范围更广。如再进一步分析，自动控制技术又需要应用信息处理、检测、网络控制等技术；运动控制又离不开电力电子技术、晶体管脉宽调制技术等，难以一一尽述。

作为日常生活与工业生产中常见的机电一体化产品，应用普遍的共性关键技术大致包括以下内容。

#### 1．机械技术

机械装置是任何机电一体化产品必不可少的组成部分，机电一体化离不开机械技术。机电一体化产品注重的是技术融合与功能互补，提高精度与效率、减轻重量与节约资源、改善操作与使用性能是机电一体化控制的主要目的，因此，通过结构的改进与创新、新材料的应用等手段来提高精度与刚性、减轻重量、缩小体积，是机电一体化产品机械技术的主要特点与研究的方向。

#### 2．液压与气动技术

液压系统具有驱动力大、运动平稳、惯性小、调速方便等特点，在机床、工程机械、农业机械等行业的机电一体化产品上应用广泛。液压系统的控制简单、使用方便，它可通过 PLC、继电器等简单的电气控制装置，便可实现各种复杂的机械动作，是机电一体化控制常用的控制技术之一。但是，由于液压油具有可压缩性并容易泄漏，因此，它对元器件的制造精度要求高，并容易产生环境的污染。

气动系统也可通过 PLC、继电器等简单的电气控制装置，实现各种复杂的机械动作，因此，气动系统同样是机电一体化控制常用的控制技术之一。与液压系统相比，气动系统具有气源容易获得、工作介质不污染环境，以及执行元件反应快、动作迅速，管路不容易堵塞、无需补充介质等优点，其使用维护简单、运行成本低，环境适应性、清洁性和安全性好。但是，气动系统的工作压力一般低于液压系统，其执行元件的出力较小，且容易压缩和泄漏，噪声均较大。

#### 3．检测技术

自动控制需要获取对象的实际工作状态信息，以便进行监测、分析与控制，因此离不开自动检测技术。检测技术主要包括测量传感器与信号处理两方面，传感器（检测元件）是检测技术的关键，它的性能直接决定了控制的准确性与精度；信号处理的目的是将传感器所获取的信息转换为显示、分析、控制所需要的数据。光电编码器与光栅、磁性编码器与磁栅是机电一体化产品常用的速度与位置检测元件。

### 4．计算机控制技术

自动控制需要人们利用各种技术手段和方法来代替人去完成各种测试、分析、判断和控制工作，它是机电一体化产品的显著特征之一。

由于机电一体化产品种类繁多，控制要求各异，因此，机电一体化产品的自动控制需要运用现代控制理论，通过数字化控制、自适应控制、最优控制、系统仿真、自诊断等方法与手段来满足产品的自动化、智能化、网络化等要求；其控制已经越来越多地依赖于微处理器、计算机，控制软件的作用日益显现，CNC、PLC等都是采用微处理器控制的典型产品。

以计算机为核心的自动控制装置需要通过计算机的软件与硬件对系统中的各种信息进行处理，如数据的通信与传输、数据的输入与输出、数据运算与处理等，这就是人们平时所说的信息处理技术。单片机、工业计算机、CNC、PLC等是机电一体化产品常用的信息处理装置，数据通信、网络控制、数据库、人工智能、专家系统等是信息处理常用的软件。

### 5．网络控制技术

网络控制技术的普及是20世纪90年代计算机技术的突出成就之一，网络不仅使全球的信息逐步共享、经济渐趋一体，给人们的日常生活带来了巨大的变化，而且也给机电一体化注入了新的动力。网络控制技术推动了自动控制向分散控制、集中管理的方向快速发展，基于现场总线的设备集中控制、分布式控制系统已越来越引起人们的重视；传统的接口正在被快速淘汰，RS422/RS485等串行数据通信接口、PROFIBUS/CAN-Bus/CC-Link/AS-i等开放性现场总线协议已逐步成为当代机电一体化控制装置的基本功能；机电一体化产品已经越来越多地通过现场总线（Field Bus）网、执行器—传感器（AS-i）网、I/O链接（I/O-Link）网等来实现系统内部的信息交换。

### 6．运动控制技术

机械运动是机电一体化产品的基本属性，运动控制（Motion Control）是机电一体化最基本、最重要的控制技术之一。运动控制的目的是将控制命令转换为执行装置的运动，实现对象的位置、速度、转矩等控制，其执行装置有各类电动机、液压/气动阀等。除了简单的定点定位移动控制外，机电一体化设备的绝大多数运动控制都需要控制较多的执行器参数，如电动机的电压、电流、相位、转速、转角等，它需要涉及计算机控制、网络控制以及电力电子、晶体管脉宽调制（Pulse Width Modulated，PWM）、检测等诸多技术，并构成相对独立的子系统，因此，也可称之为运动控制系统。

对于以电机作为执行装置的位置、速度、转矩控制系统，交流伺服驱动器、变频器、步进驱动器是当代机电一体化产品常用的运动控制装置。与直流电机[1]相比，交流电机具有转速高、功率大、结构简单、运行可靠、体积小、价格低等一系列优点，但其控制远比直流电机复杂，因此，在一个很长的时期内，直流电机控制系统始终在运动控制领域占据主导地位。交流伺服驱动器与变频器是随电力电子技术、PWM技术与矢量控制理论发展起来的新型装置，经过30多年的发展，交流电机的控制理论与技术已经日臻成熟，各种高精度、高性能的交流电机控制系统不断涌现，交流伺服已经在数控机床、机器人上全面取代直流伺服；变频器已在越来越多的场合代替直流调速装置。

---

[1] 电机包括"电动机"与"发电机"两类，本书中的电机专指"电动机"。

# 思考与练习

1．机电一体化产品与机电产品有什么区别？

2．机电一体化产品与电器产品有什么区别？

3．什么叫机电一体化控制装置与控制系统？它们有什么不同？

4．机电一体化系统由哪些要素所组成，其作用是什么？

5．分析机电一体化控制系统应从什么地方入手。

6．简述机电一体化的主要技术。

7．图 0-1.3 是一台采用通用型伺服驱动、变频调速主轴的国产普及型数控车床，试分析其机电一体化系统结构，说出其系统组成与子系统类型；比较它与图 0-1.2 所示的机床在系统组成上的区别；针对该产品，分析它主要采用了哪些技术。

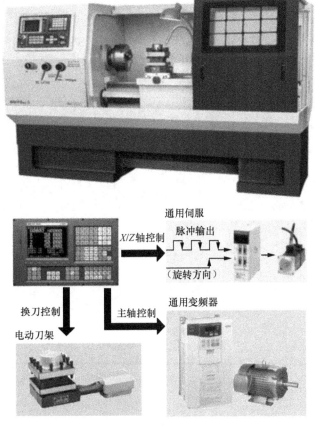

图 0-1.3　国产普及型数控车床组成图

# 学习领域一
# 机电一体化基础技术

# 项目一
# 机械技术

机械部件是机电一体化系统的重要组成部分，它包含机械传动装置与支承导向等部件，在机电一体化系统中具有传递运动和负载、匹配转矩和转速、隔离环境温度和震动，以及支撑和防护等特殊的作用和功能。与传统的机械系统相比，机电一体化系统的机械部件除要具有较高的定位精度外，它还应具有较好的动态响应特性。因此，机械部件的设计不仅要考虑强度与刚性，还需考虑机械结构与整个伺服系统性能参数和电气参数的匹配，讨论它们的精度、游隙、摩擦、惯量、抗震性、稳定性、可靠性等，以获得良好的伺服性能。

## | 任务一　齿轮传动的结构、原理与实践 |

### 能 力 目 标

1. 了解伺服系统对机械传动性能的要求。
2. 掌握惯量、阻尼、刚性等参数对机械传动系统动态特性的影响。
3. 了解系统传动精度的主要影响因素和减少误差的主要措施。

### 工 作 内 容

1. 分析减速箱齿轮传动部件功能。
2. 编制减速箱齿轮装配工艺。
3. 装配减速箱。

### 资 讯 & 计 划

通过查阅相关参考资料、咨询，并学习后面的内容，完成以下任务。
1. 认识机械系统。
2. 熟悉齿轮传动。
3. 了解齿轮消隙机构。

# 实 践 指 导

## 一、认识机械系统

### 1．组成

机电一体化机械系统由控制系统协调与控制，用于完成机械力、运动、能量流等动力任务。它通常包含三大机构。

① 传动机构。传动机构又称为转速、转矩和方向的变换器，是伺服系统的重要组成部分。为满足伺服控制要求，传动机构不仅要有一定的传动精度，而且还要适应小型、轻量、高速、低噪声和高可靠性的要求。

② 支承导向机构。支承导向机构提供支撑和导向，为机械系统中各运动装置能安全、准确地完成特定方向的运动提供保障，一般指导轨、轴承、机座等。

③ 执行机构。执行机构是完成操作任务的直接装置。一般要求它具有较高的灵敏度、精确度，以及良好的重复性和可靠性。

### 2．设计要求

① 响应速度。机电一体化系统中，机械系统从接到指令到开始执行指令指定的任务之间的时间间隔要尽可能短，这样控制系统才能及时根据机械系统的运行状态信息下达指令，使其准确地完成任务。在不影响刚性的前提下，可以通过减小摩擦力矩、降低机械部件的质量及转动惯量等措施来提高系统响应速度。

② 传动精度。机电一体化机械系统的动静态精度直接影响产品的技术性能、工艺水平和功能。为保证传动系统具有较高的传动精度，提高传动零部件本身的制造、装配精度是首要条件。

③ 稳定性。机电一体化系统要求机械系统的工作性能不受外界环境的影响，抗干扰能力强。

### 3．主要措施

为了达到上述要求，主要从以下几个方面采取措施。

① 缩短传动链，提高传动和支撑刚度。如采用大扭矩宽调速的直流或交流伺服电机直接与丝杠螺母副连接，以减少中间传动机构；用施加预紧力的方法提高滚珠丝杠副和滚动导轨副的传动与支撑刚度等。

② 选择最佳传动比，以达到提高系统分辨率，减小等效到执行元件输出轴上的等效转动惯量，提高加速能力。

③ 缩小误差，如采用消除传动间隙、减少支撑变形等措施。

④ 采用低摩擦传动和导向部件，如滚动导轨、滚珠丝杠副、动压导向支承等。

⑤ 改进支承及架体的结构设计以提高刚性、减少震动、降低噪声。如采用复合材料等提高强度和刚性，以实现系统的轻量化、小型化。

## 二、齿轮传动设计

机电一体化系统常用的机械传动类型如表 1-1.1 所示。

表 1-1.1 机械传动类型

| 传动类型 | 传动形式 |
|---|---|
| 摩擦传动 | 摩擦轮传动 |
| | 带传动 |
| 啮合传动 | 普通齿轮传动 |
| | 行星齿轮传动 |
| | 谐波齿轮传动 |
| | 蜗杆副传动 |
| | 普通螺旋传动（丝杠螺母机构） |
| | 滚珠丝杠螺母副传动 |
| | 链传动 |
| | 齿带传动 |
| 推压传动 | 凸轮机构 |
| | 棘轮机构 |
| | 连杆机构 |

齿轮传动由于具有传动比恒定、传动精度高、承载能力大、传动效率高、结构成熟等优点，在机电一体化产品中占据着重要的地位。

齿轮传动经常用于伺服系统的减速增矩，往往由数对啮合齿轮组成减速箱。为了获得系统较好的动态性能，应使齿轮系的等效转动惯量尽可能小，并合理分配各级传动比。

**1. 转动惯量**

转动惯量是物体转动时惯性的度量，转动惯量越大，物体的转动状态越不容易改变。转动惯量和质量一样，是保持匀速运动或静止状态的特性参数，用字母 $J$ 表示。

（1）转动惯量计算

圆柱体转动惯量（kg·m$^2$）为

$$J = \frac{1}{2}mR^2 \tag{1-1.1}$$

式中：$m$——质量，kg；

$R$——圆柱体半径，m。

在机械传动系统中，齿轮、联轴器、丝杠、轴等接近于圆柱体的零件都可视为圆柱体来近似计算转动惯量。

（2）等效转动惯量

利用能量守恒定理，将传动系统的各个运动部件的转动惯量折算到特定轴（一般是电机轴）上，所获得的传动系统在特定轴上的转动惯量之和，称为等效转动惯量。

假设相邻两轴从后轴向前轴进行转动惯量的折算，则

$$J = \frac{J_1}{i^2} \tag{1-1.2}$$

例如，直线移动工作台折算到丝杠上的转动惯量计算方法如下。

导程为 $L$ 的丝杠，驱动质量为 $m$（含工件质量）的工作台往复移动，其传动比为

$$i = 2\pi/L$$

则工作台折算到丝杠上的转动惯量为

$$J = \frac{m}{i^2} = m\left(\frac{L}{2\pi}\right)^2$$

式中：$L$——丝杠导程，m；

$m$——工作台及工件的质量，kg。

【例 1-1】 一工作台传动系统如图 1-1.1 所示，已知 $z_2/z_1 = z_4/z_3 = 2$，丝杠的螺距 $L$ 为 5mm，工作台的质量 $m$ 为 400kg，齿轮 $Z_1$、$Z_2$、$Z_3$、$Z_4$ 及丝杠的转动惯量 $J$ 分别为 0.01kg·m²、0.15kg·m²、0.02kg·m²、0.33kg·m²、0.012kg·m²，电机的转动惯量为 0.22kg·m²，求折算到电机轴上的总等效转动惯量。

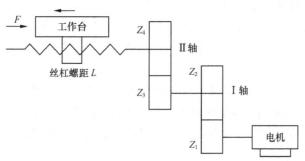

图 1-1.1　工作台驱动系统示意图

**解**　系统总的转动惯量为

$$J_\Sigma = J_M + J_1 + (J_2 + J_3)\bigg/\left(\frac{z_2}{z_1}\right)^2 + \left[J_4 + J_S + \left(\frac{L}{2\pi}\right)^2 M\right]\bigg/\left(\frac{z_2 z_4}{z_1 z_3}\right)^2$$

$$= 0.294 \text{kg·m}^2$$

（3）惯性匹配原则

机械传动系统转动惯量过大会导致机械负载增加，功率消耗加大；系统响应速度变慢，灵敏度降低；系统固有频率下降，容易产生谐振等不利影响。因此，在不影响系统刚性的前提下，系统的等效转动惯量应尽可能小。

一般情况下，负载等效转动惯量 $J_L \leqslant$ 电机转动惯量 $J_M$，电机的可控性好、系统的动态特性好。对于采用小惯量伺服电动机的伺服系统，其比值通常推荐为

$$1 \leqslant \frac{J_M}{J_L} \leqslant 3$$

不同的机械系统，对惯量匹配原则有不同的要求，惯量匹配需要根据具体机械系统的需求来确定，且与伺服电机、驱动器有关。

**2.总传动比**

机电一体化系统的传动装置在满足伺服电机与负载的力矩匹配的同时，应具有较高的响应速度。因此，在伺服系统中，通常采用负载角加速度最大原则选择总传动比，以提高伺服系统的响应速度。

设电机的输出转矩为 $T_M$、摩擦阻抗转矩为 $T_{LF}$、电机的转动惯量为 $J_M$、电机的角位移为 $\theta_M$、负载 $L$ 的转动惯量为 $J_L$、齿轮系 $G$ 的总传动比为 $i$，传动模型如图 1-1.2 所示。

经计算，当负载角加速度最大时总传动比为

$$i = \frac{T_{LF}}{T_M} + \sqrt{\left(\frac{T_{LF}}{T_M}\right)^2 + \frac{J_L}{J_M}}$$ （1-1.3）

若不计摩擦阻抗转矩，即 $T_{LF} = 0$，则

$$i = \sqrt{\frac{J_L}{J_M}} \quad 或 \quad \frac{J_L}{i^2} = J_M$$ （1-1.4）

式（1-1.4）表明：齿轮系总传动比 $i$ 的最佳值时，$J_L$ 换算到电机轴上的转动惯量正好等于电机转子的转动惯量，此时，电机的输出转矩一半用于加速负载，一半用于加速电机转子，达到了惯性负载和转矩的最佳匹配。

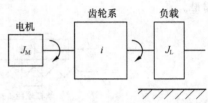

图 1-1.2　电机、传动装置和负载的传动模型

上述分析是忽略了传动装置的摩擦阻抗转矩的影响而得到的结论，实际总传动比要依据传动装置的惯量估算适当选择大一点。在传动装置设计完以后，在动态设计时，通常将传动装置的转动惯量归算为负载折算到电机轴上，并与实际负载一同考虑进行电机响应速度验算。

**3．传动比分配**

在确定了齿轮传动装置总传动比之后，原则上有表 1-1.2 所示的 3 种分配各级传动比的依据，即输出轴转角误差最小的原则、等效转动惯量最小原则、质量最小原则。

表 1-1.2　　　　齿轮传动装置的传动级数、各级传动比的设计原则

| 工作条件要求 | 可选用的设计原则 |
| --- | --- |
| 传动精度要求高 | 输出轴转角误差最小的原则 |
| 动态性能好、运转平稳、启停频繁 | 等效转动惯量最小原则和输出轴转角误差最小的原则 |
| 质量尽可能小 | 质量最小原则设计 |

下面将采用等效转动惯量最小原则分析传动链的级数及传动比的分配。有关质量最小原则、输出轴转角误差最小原则的说明可以参见相关资料。

（1）小功率传动装置

电机驱动的二级齿轮传动系统简图如图 1-1.3 所示。由于功率小，假定各主动轮具有相同的转动惯量 $J_1$；轴与轴承转动惯量忽略不计；各齿轮均为实心圆柱齿轮，且齿宽 $b$ 和材料均相同；效率不计。

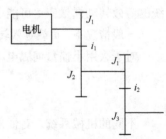

图 1-1.3　两级齿轮传动简图

则按照等效转动惯量最小原则，有

$$i_2 = \sqrt{\frac{i_1^4 - 1}{2}}$$ （1-1.5）

假定 $i_1^4$ 远大于 1 时：$i_1^4 - 1 \approx i_1^4$，则

$$i_2 \approx \frac{i_1^2}{\sqrt{2}}$$ （1-1.6）

对于 $n$ 级齿轮系同类分析可得

$$i_1 = 2^{\frac{2^n-n-1}{2(2^n-1)}} i^{\frac{1}{2^n-1}} \tag{1-1.7}$$

$$i_k = \sqrt{2}\left(\frac{i}{2^{n/2}}\right)^{\frac{2^{(k-1)}}{2^n-1}} \tag{1-1.8}$$

按照此原则计算的各传动比按"前小后大"次序分配，以确保结构紧凑，降低传动误差。

若以传动级数为参变量，齿轮系中折算到电机轴上的等效转动惯量 $J_L$ 与第一级主动齿轮的转动惯量 $J_1$ 之比为 $J_L/J_1$，其变化与总传动比 $i$ 的关系如图 1-1.4 所示。

（2）大功率传动装置

大功率传动装置传递的转矩大，各级齿轮副的模数、齿宽、直径等参数逐级增加，各级齿轮的转动惯量差别很大。确定大功率传动装置的传动级数及各级传动比可依据图 1-1.5～图 1-1.7 来进行。传动比分配的基本原则仍应为"前小后大"，以保证输出轴转角误差最小。

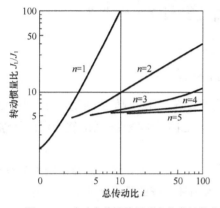

图 1-1.4　小功率传动装置确定传动级数曲线

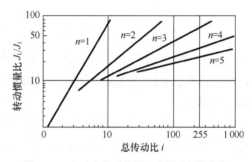

图 1-1.5　大功率传动装置确定传动级数曲线

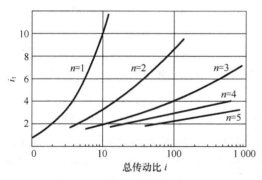

图 1-1.6　大功率传动第一级传动比曲线

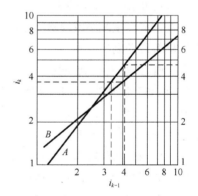

图 1-1.7　大功率传动各级传动比曲线

【例 1-2】　设有总传动比 $i = 256$ 的大功率传动装置，试按等效转动惯量最小原则分配传动比。

解　查图 1-1.5，得传动级数 $n = 3$ 时，$J_e/J_1 = 70$；$n = 4$ 时，$J_e/J_1 = 35$；$n = 5$ 时，$J_e/J_1 = 26$。兼顾到 $J_e/J_1$ 值的大小和传动装置结构紧凑，选 $n = 4$。

查图 1-1.6，当 $n=4$ 时，第一级传动比 $i_1$ 约为 3.3。

查图 1-1.7，在横坐标 $i_{k-1}$ 上 3.3 处作垂直线与 $A$ 曲线交于第一点，在纵坐标 $i_k$ 轴上查得 $i_2 \approx 3.7$。通过该点作水平线与 $B$ 曲线相交得第二点 $i_3 \approx 4.24$。由第二点作垂线与 $A$ 曲线相交得第三点 $i_4 \approx 4.95$。

验算 $i_1 i_2 i_3 i_4 \approx 256$，满足设计要求。

### 三、齿轮间隙消除

机电一体化系统的动态性能不仅和系统的等效转动惯量、质量有关，还直接受限于系统的间隙、阻尼、刚性、谐振频率等因素。其中，机械系统中的间隙，如齿轮传动间隙、螺旋传动间隙等，对伺服系统性能有很大影响，如一常用的齿轮传动旋转工作台，伺服系统框图如图 1-1.8 所示，图中，齿轮 G1、G3 用于传递控制及反馈信息，G2、G4 用于传递运动及力，由于它们在系统中的位置不同，各齿轮分担的任务不同，其齿隙的影响也不同。

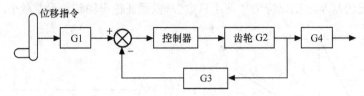

图 1-1.8　典型旋转工作台伺服系统框图

① 闭环之外的齿轮 G1、G4 的齿隙，对系统稳定性无影响，但影响伺服精度。由于齿隙的存在，在传动装置逆运行时造成回程误差，使输出轴与输入轴之间呈非线性关系，输出滞后于输入，影响系统的精度。

② 闭环之内传递动力的齿轮 G2 的齿隙，对系统静态精度无影响，这是因为控制系统有自动校正作用。又由于齿轮副的啮合间隙会造成传动死区，若闭环系统的稳定裕度较小，则会使系统产生自激振荡，因此闭环之内动力传递齿轮的齿隙对系统的稳定性有影响。

③ 反馈回路上数据传递齿轮 G3 的齿隙既影响稳定性，又影响精度。

因此，应尽量减小或消除间隙，目前在机电一体化系统中，广泛采取各种机械消隙机构来消除齿轮副等传动副的间隙。

#### 1. 圆柱齿轮传动副

① 偏心套调整法。图 1-1.9 所示为偏心套消隙结构。电机 1 通过偏心套 2 安装到机床壳体上，通过转动偏心套 2，就可以调整两齿轮的中心距，从而消除齿侧的间隙。其特点是结构简单，能传递较大转矩，传动刚度较好，但齿侧间隙调整后不能自动补偿，又称为刚性调整法。

② 轴向垫片调整法。图 1-1.10 所示为以带有锥度的齿轮来消除间隙的结构。在加工齿轮 1 和 2 时，将假想的分度圆柱面改变成带有小锥度的圆锥面，使其齿厚在齿轮轴向上稍有变化。装配时，只要改变垫片 3 的厚度就能使齿轮 2 轴向移动，从而消除齿侧间隙。其特点是结构简单，但齿侧间隙调整后不能自动补偿。

③ 双片齿轮错齿调整法。这种消除齿侧间隙的方法是将啮合齿轮其中一个做成宽齿轮，另一个用两片薄片齿轮组成，采取措施使一个薄齿轮的左齿侧和另一个薄齿轮的右齿侧分别紧贴在宽齿轮齿槽的左右两侧，从而消除齿侧间隙，并且反向时不会出现死区。

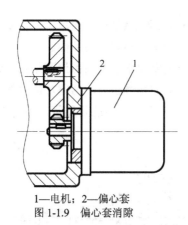

1—电机；2—偏心套
图 1-1.9　偏心套消隙

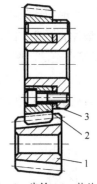

1、2—齿轮；3—垫片
图 1-1.10　锥齿轮消隙

图 1-1.11 所示为双片齿轮周向可调弹簧错齿消隙结构。在两个薄片齿轮 1 和 2 的端面均匀分布着 4 个螺孔，分别装上凸耳 3 和 8。齿轮 1 的端面还有另外 4 个通孔，凸耳 8 可以在其中穿过，弹簧 4 的两端分别钩在凸耳 3 和调节螺钉 7 上。通过螺母 5 调节弹簧 4 的拉力，调节完后用螺母 6 锁紧。弹簧的拉力使薄片齿轮错位，即两个薄片齿轮的左右齿面分别贴在宽齿轮齿槽的左右齿面上，从而消除了齿侧间隙。其特点是齿侧间隙能自动消除，但承载能力有限。

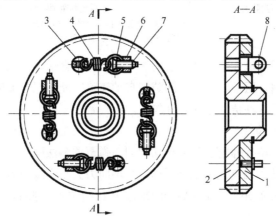

1、2—薄齿轮；3、8—凸耳或短柱；4—弹簧；5、6—螺母；7—调节螺钉
图 1-1.11　双片齿轮周向可调弹簧错齿消隙结构

这种结构装配好后，齿侧间隙自动消除（补偿），可始终保持无间隙啮合，是一种常用的无间隙齿轮传动结构。但由于双片齿轮错齿法调整间隙，在齿轮传动时，正向和反向旋转分别只有一片齿轮承受转矩，因此承载能力受到限制，并需弹簧的拉力足以克服最大转矩，否则将会出现动态间隙。该方法属柔性调整，它适用于负荷不大的传动装置中。

### 2．斜齿圆柱齿轮传动副

① 垫片调整法。与错齿调整法基本相同，也采用两薄片齿轮与宽齿轮啮合，两薄片斜齿轮之间的错位由两者之间的轴向距离获得。图 1-1.12 中两薄片斜齿轮 1、2 中间加一垫片 3，使薄片斜齿轮 1、2 的螺旋

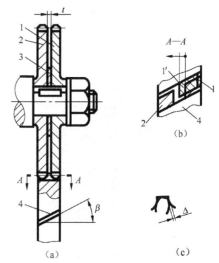

1、2—薄片齿轮；3—垫片；4—宽齿轮
图 1-1.12　斜齿轮垫片调整法

线错位，齿侧面相应地与宽齿轮4的左右侧面贴紧。其特点是结构简单，但需要反复测试齿轮的啮合情况，调节垫片的厚度才能达到要求，而且齿侧间隙不能自动补偿。

② 轴向压弹簧调整法。图 1-1.13 所示为斜齿轮轴向压弹簧错齿消隙结构。该结构消隙原理与轴向垫片调整法相似，所不同的是利用齿轮2右面的弹簧压力使两薄片齿轮的左右齿面分别与宽齿轮的左右齿面贴紧，以消除齿侧间隙。图 1-1.13（a）采用的是压簧，图 1-1.13（b）采用的是碟型弹簧。

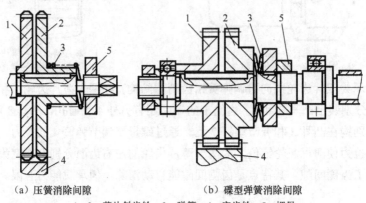

（a）压簧消除间隙　　　　　　　　　（b）碟型弹簧消除间隙

1、2—薄片斜齿轮；3—弹簧；4—宽齿轮；5—螺母

图 1-1.13　斜齿轮轴向压弹簧错齿消隙结构

弹簧3的压力可利用螺母5来调整，压力的大小要调整合适，压力过大会加快齿轮磨损，压力过小则达不到消隙作用。这种结构齿轮间隙能自动消除，能够保持无间隙的啮合，但它只适用于负载较小的场合，而且这种结构轴向尺寸较大。

**3．锥齿轮传动机构**

锥齿轮传动副间隙调整有轴向压弹簧调整法和周向弹簧调整法两种。图 1-1.14 所示为轴向压弹簧调整法，在锥齿轮4的传动轴7上装有压簧5，其轴向力大小由螺母6调节。锥齿轮4在压簧5的作用下可轴向移动，从而消除了其与啮合的锥齿轮1之间的齿侧间隙。

**4．齿轮齿条传动机构**

在机电一体化产品中对于大行程传动机构往往采用齿轮齿条传动，因为其刚度、精度和工作性能不会因行程增大而明显降低，但它与其他齿轮传动一样也存在齿侧间隙，应采取消隙措施。

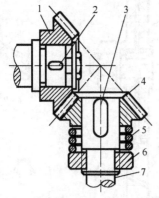

1、4—锥齿轮；2、3—键；5—压簧；
6—螺母；7—传动轴

图 1-1.14　锥齿轮轴向压弹簧调整

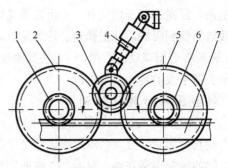

1、6—小齿轮；2、5—大齿轮；3—齿轮；
4—预载装置；7—齿条

图 1-1.15　双齿轮调整

① 双片薄齿轮错齿调整法。当传动负载小时，可采用双片薄齿轮错齿调整法，使两片薄齿轮的齿侧分别紧贴齿条的齿槽两相应侧面，以消除齿侧间隙。

② 双齿轮径向加载调整法。当传动负载大时，可采用双齿轮径向加载调整法。如图 1-1.15 所示，小齿轮1、6分别与齿条7啮合，与小齿轮1、6同轴的大齿轮2、5分别与齿轮3啮合，通过预载装置4向齿轮3上预加负载，使大齿轮2、5向外伸开，与其同轴的小齿轮1、6也同时向外伸开，使其齿分别紧贴在齿条7上齿槽的左、右侧，消除了齿侧间隙。齿轮3直接由液压马达驱动。

## 决 策 & 实 施

根据试验条件，完成以下工作。

1. 分析减速箱齿轮传动部件功能。
2. 制定减速箱齿轮装配工艺。
3. 编制减速箱装配工艺。

## 实 践 指 导

### 1. 减速箱的装配步骤

① 零件的清洗、整形和补充加工。为保证部件装配质量，在装配前必须对所要安装的零部件进行清洗、整形和补充加工。

② 零件的预装。为了保证装配工作顺利进行，某些相配零件应先试装，待配合达到要求后再拆下。试装过程中有时需要进行修锉、刮削、调整等工作。

③ 组件的装配分析。根据装配图，分析各轴及轴上的有关零件，有些不能单独装配。通过分析，在不影响装配的前提下，应尽量将零件先组合成分组件、组件。

④ 总装及调整。

### 2. 减速箱装配工艺规程的编制

在工厂中，常用装配工艺卡片指导产品的装配工作。编制装配工艺规程的基本步骤如下。

① 分析装配图。了解产品结构特点，确定装配的基本单元，规定合理的装配方法。

② 决定装配的组织形式。装配的组织形式可根据工厂的生产设备、规模和产品的结构特点来决定。

③ 确定装配顺序，编制装配单元系统图。装配的顺序由产品的结构和装配的组织形式决定。产品的装配总是从基准开始，从零件到部件，从部件到机器；从内到外，从上到下，以不影响下道工序的进行为原则，有秩序地进行。

④ 划分工序。选择工艺设备时，根据产品的结构特点及生产规模，尽可能选用先进的装配工具和设备。

⑤ 编制装配工艺文件。

表 1-1.3 为参考的减速箱总装配工艺卡片。实际操作中还应制定各组件的装配工艺卡片。

表 1-1.3                      减速箱总装配工艺卡

| | | | 装配技术要求：<br>1. 零部件必须正确安装，不能装入图样未规定的垫圈<br>2. 旋转机构必须转动灵活，轴承间隙合适<br>3. 啮合零件的啮合必须符合图样要求<br>4. 各轴线之间应有正确的相对位置 | | |
|---|---|---|---|---|---|

（减速器总装配图）

| 工厂 | | 装配工艺卡 | | 产品型号 | 产品名称 | 装配图号 |
|---|---|---|---|---|---|---|
| | | | | | 减速箱 | |
| 车间名称 | 工段 | | 班组 | 工序数量 | 部件数 | 净重 |
| 装配车间 | | | | | | |

| 工序号 | 工步号 | 装配内容 | 设备 | 工艺装备 | | 工人等级 | 工序时间 |
|---|---|---|---|---|---|---|---|
| I | 1 | 将蜗杆组件装入箱体 | 压力机 | 卡规、塞规、百分表、表座 | （设备编号） | | |
| | 2 | 用专用量具分别检查箱体孔和轴承外圈尺寸 | | | | | |
| | 3 | 从箱体孔两端装入轴承外圈 | | | | | |
| | 4 | 装上右端轴承盖组件，并用螺钉拧紧，轻敲螺杆轴端，使右端轴承消除间隙 | | | | | |
| | 5 | 装入调整垫圈和左端轴承盖，并用百分表测量间隙确定垫圈厚度，最后将上述零件装入，用螺钉拧紧，保证蜗杆轴向间隙为 0.01～0.02mm | | | | | |
| II | 1 | 试装：<br>用专用量具测量轴承、轴等相配零件的外圈及孔的尺寸 | 压力机 | 卡规、塞尺、塞规 | | | |
| | 2 | 将轴承装入蜗轮轴两端 | | 深度游标尺、内径千分尺 | | | |
| | 3 | 将蜗轮轴通过箱体孔，装上蜗轮、锥齿轮、轴承外圈、轴承套、轴承盖组件 | | | | | |
| | 4 | 移动蜗轮轴，调整蜗杆与蜗轮正确啮合位置，测量轴承端面至孔端面距离，并调整轴承轴承盖台肩尺寸 | 压力机 | | | | |
| | 5 | 装上蜗轮轴两端轴承盖，并用螺钉拧紧 | | | | | |
| | 6 | 装入轴承套组件，调整两齿轮正确啮合位置<br>分别测量轴承套肩面与孔端面的距离，以及齿轮端面与蜗轮端面的距离，并调好垫圈尺寸，然后卸下各零件 | | | | | |
| III | | 最后装配（略） | | | | | |
| IV | | 安装联轴器及箱盖零件 | | | | | |
| V | | 运转试验：<br>清理内腔，注入润滑油，连接电机，接上电源，进行空转试车 | | | | | |
| | | | | | | 共 张 | |

| 编号 | 日期 | 签章 | 编号 | 日期 | 签章 | 编制 | 移交 | 批准 | 第 张 |
|---|---|---|---|---|---|---|---|---|---|
| | | | | | | | | | |

### 3. 装配减速箱

① 分组讨论方案，进行方案的优化。小组间及指导老师间保持信息的沟通及相互协助，培养在项目实施过程中解决问题的能力。

② 根据装配工艺卡，实施减速箱装配及调整。

注意事项如下：

① 遵照安全操作规范进行操作；

② 正确使用工量具。

## 检 查 & 评 价

1. 检查装配后减速箱的运动性能。
2. 检查对机电一体化系统机械部件设计的理解。
3. 工作场所的职业素养及小组协作情况。
4. 完成电动刀架齿轮传动装置初步设计。
① 载荷估算。
② 总传动比选择。
③ 选择传动机构类型。
④ 确定传动级数、传动比分配。
⑤ 配置传动链。
⑥ 传动精度、刚度、强度等的计算。

# |任务二　熟悉滚珠丝杠螺母副|

## 能 力 目 标

1. 掌握滚珠丝杠副的工作原理。
2. 掌握滚珠丝杠副间隙的调整及施加预紧力的方法。
3. 能进行滚珠丝杠副的选型及计算。

## 工 作 内 容

1. 制定数控车床进给轴滚珠丝杠副的装配计划，编制工艺文件。
2. 进行滚珠丝杠副的装配。
3. 进行滚珠丝杠副间隙的调整及预紧。

## 相 关 知 识

### 一、认识滚珠丝杠螺母副

滚珠丝杠副属于螺旋传动机构。螺旋传动机构又称丝杠螺母机构，主要用来将旋转运动变换为直线运动，或将直线运动变换为旋转运动。有以传递运动为主的，如机床工作台的进给丝杠；有以传递动力为主的，如螺旋压力机、千斤顶等；还有调整零件之间相对位置的螺旋传动机构等。

螺旋传动机构有普通滑动摩擦型、滚动摩擦型、液浮摩擦型、电螺母丝杠型等。

### 1．滚珠丝杠螺母副传动特点

滚珠丝杠副如图 1-2.1 所示，主要由丝杠、螺母、滚珠、反向器组成，具有传动效率高、反应灵敏、运动平稳、定位精度高、精度保持性好、维护简单等优点，广泛应用于数控机床、自动化设备、测量仪器、印刷包装机械等需要精密路径定位的领域。

图 1-2.1　滚珠丝杠螺母副

### 2．滚珠丝杠螺母副结构

按用途和制造工艺不同，滚珠丝杠螺母副的结构形式有多种，表 1-2.1 所示为几种类型的滚珠丝杠螺母副结构。

表 1-2.1　　　　　　　　　典型滚珠丝杠副结构形式

| 形式 | 滚珠螺母类型 | 主要用途 |
|---|---|---|
| FF | 内循环浮动式法兰型单螺母磨制滚珠丝杠副，带防尘圈 | 传动为主，定位要求一般 |
| FFB | 内循环浮动式法兰型变位导程预紧单螺母磨制滚珠丝杠副，带防尘圈 | 定位要求较高，空间紧凑 |
| FF$_b$B | 内循环浮动式法兰型变位导程预紧单螺母磨制滚珠丝杠副，不带防尘圈 | 定位要求较高，空间紧凑 |
| FFZD | 内循环浮动式法兰型垫片预紧双螺母磨制滚珠丝杠副，带防尘圈 | 定位要求很高，能调预载力 |
| DGF | 端盖式多线大导程法兰型无预紧单螺母磨制滚珠丝杠副，带防尘圈 | 高速传动，定位要求一般 |
| DGZ | 端盖式多线大导程直筒型无预紧单螺母磨制滚珠丝杠副，带防尘圈 | 高速传动，定位要求一般 |
| SFU | 内循环浮动式法兰型单螺母冷轧滚珠丝杠副，带防尘圈 | 传动为主，定位要求一般 |
| DFU | 内循环浮动式法兰型垫片预紧双螺母冷轧滚珠丝杠副，带防尘圈 | 定位要求较高，能调预载力 |

不同结构的滚珠丝杠螺母副主要区别于螺纹滚道法向截形、滚珠循环方式、消除轴向间隙的调整预紧方法 3 方面。其中，螺纹滚道的截面形状和尺寸是滚珠丝杠最基本的结构特征。

（1）螺纹滚道法向截形

滚道型面是指通过滚珠中心作螺旋线的法向截平面与丝杠、螺母螺纹滚道面的交线所在的平面。滚珠与滚道型面接触点法线与丝杠轴线的垂线间的夹角称为接触角 $\beta$。理想接触角 $\beta = 45°$。常用的滚道型面有单圆弧和双圆弧（见图 1-2.2）两种。

单圆弧滚道的特点是砂轮成形简单，易于得到较高的精度。但接触角随着初始间隙和轴向力大小而变化，因此，效率、承载能力和轴向刚度均不够稳定。

双圆弧滚道的接触角在工作过程中基本保持不变，效率、承载能力和轴向刚度稳定，并且滚道底部不与滚珠接触，可储存一定的润滑油和脏物，使磨损减小。但双圆弧形砂轮修整、加工、检验比较困难。

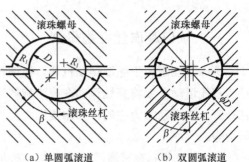

（a）单圆弧滚道　　（b）双圆弧滚道
图 1-2.2　滚道法向截形示意图

（2）滚珠循环方式

① 内循环。滚珠在循环过程中始终与螺杆保持接触的循环叫内循环（见图1-2.3）。

滚珠沿着内部循环器沟槽，越过螺杆螺纹滚道顶部，重新返回起始的螺纹滚道，构成单圈内循环回路。在同一个螺母上，具有循环回路的数目称为列数，内循环的列数通常有2～4列（即一个螺母上装有2～4个反向器）。为了结构紧凑，这些反向器是沿螺母周围均匀分布的，即对应2列、3列、4列的滚珠螺旋的反向器分别沿螺母圆周方向互错180°、120°、90°。反向器的轴向间隔视反向器的形式不同，分别为$3P_h/2$、$4P_h/3$、$5P_h/4$或$5P_h/2$、$7P_h/3$、$9P_h/4$，其中$P_h$为导程。

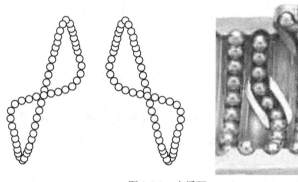

图1-2.3　内循环

内循环回路短，滚珠少，滚珠的流畅性好，效率高，并且径向尺寸小，零件少，装配简单。内循环的缺点是反向器的回珠槽具有空间曲面，加工较复杂。

② 外循环。滚珠在返回时与螺杆脱离接触的循环称为外循环。按结构的不同，外循环可分为插管式、端盖式、螺旋槽式3种。

插管式（见图1-2.4）是把弯管的两端插入螺母上与螺纹滚道相切的两个通孔内，外加压板用螺钉固定，用弯管的端部或其他形式的挡珠器引导滚珠进出弯管，以构成循环通道。插管式结构简单，工艺性好，适于批量生产。缺点是弯管突出在螺母的外部，径向尺寸较大，若用弯管端部作挡珠器，则耐磨性较差。

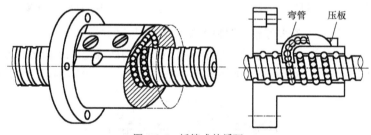

图1-2.4　插管式外循环

螺旋槽式结构工艺简单，易于制造，螺母径向尺寸小。缺点是挡珠器刚度较差，容易磨损。端盖式结构紧凑，工艺性好。缺点是滚珠通过短槽时容易卡住。

## 二、轴向间隙的调整与预紧

滚珠丝杠副轴向间隙是承载时在滚珠与滚道型面接触点的弹性变形所引起的螺母位移量和螺母原有间隙的总和。

通常采用双螺母预紧的方法，把弹性变形控制在最小限度，以减小或消除轴向间隙，并提高滚珠丝杠副的刚性。如图 1-2.5 所示，在螺杆上装配两个螺母 1 和 2，调整两个螺母的轴向位置，使两个螺母中的滚珠在承受载荷之前就以一定的压力分别压向螺杆螺纹滚道相反的侧面，使其产生一定的变形，从而消除了轴向间隙。

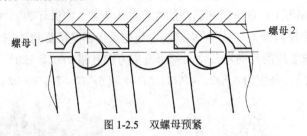

图 1-2.5　双螺母预紧

以下 3 种双螺母消除间隙的方法较常使用。

① 垫片调隙式（见图 1-2.6）。调整垫片 2 的厚度 $\Delta$，使左右两螺母产生轴向位移，以达到消除轴向间隙和预紧的目的。

垫片调隙式结构简单，可靠性高，刚性好。为了避免调整时拆卸螺母，垫片可制成剖分式。缺点是精确调整比较困难，并且当滚道磨损时不能随时调整间隙和进行预紧，故适用于一般精度的传动机构。

② 螺纹调隙式（见图 1-2.7）。螺母 1 的外端有凸缘，螺母 3 加工有螺纹的外端伸出螺母座外，以两个圆螺母 2 锁紧。旋转圆螺母即可调整轴向间隙和预紧。键 4 的作用是防止两个螺母相对转动。

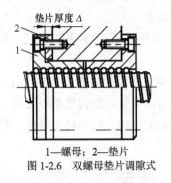

1—螺母；2—垫片
图 1-2.6　双螺母垫片调隙式

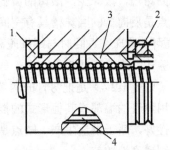

1—螺母；2—圆螺母；3—螺母；4—键
图 1-2.7　螺纹调隙式

螺纹调隙式结构紧凑，工作可靠，调整方便。缺点是不很精确。

③ 齿差调隙式。如图 1-2.8 所示，在螺母 1 和 4 的凸缘上各有齿数相差一个齿的外齿轮（$z_2 = z_1 + 1$），把其装入螺母座中分别与具有相应齿数（$z_1$ 和 $z_2$）的内齿轮 2 和 3 啮合。

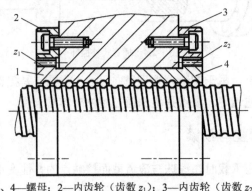

1、4—螺母；2—内齿轮（齿数 $z_1$）；3—内齿轮（齿数 $z_2$）
图 1-2.8　齿差调隙式

调整时，先取下内齿轮，将两个螺母相对螺母座同方向转动一定的齿数，然后把内齿轮复位固定。此时，两个螺母之间产生相应的轴向位移，从而达到调整的目的。当两个螺母按同方向转过一个齿时，其相对轴向位移为

$$\Delta L = \left( \frac{1}{z_1} - \frac{1}{z_2} \right) P_h = \frac{z_2 - z_1}{z_1 z_2} P_h = \frac{P_A}{z_1 z_2} \tag{1-2.1}$$

式中，$P_h$ 为导程。

例如：$z_1 = 99$，$z_2 = 100$，$P_h = 5\text{mm}$，则 $\Delta L = 0.5\mu\text{m}$。

齿差调隙式调整精度很高，工作可靠，但结构复杂，加工工艺复杂，装配性能较差，多用于高精度传动。

双螺母加预紧力调整轴向间隙时应注意以下几点。

① 预紧力大小要合适，过小不能保证无隙传动，过大将导致驱动力矩增大，效率降低，寿命缩短。预紧力不应超过轴向载荷的 1/3。

② 注意减小安装部分及驱动部分的间隙。这些间隙用预紧的方法无法消除，而对传动精度有直接影响。

## 三、基本选型及防护

滚珠丝杠螺母副由专业厂家生产，具有标准系列。使用时可根据滚珠螺旋副的负载、速度、行程、精度、寿命等条件进行选型。

### 1．精度选择

国家标准 GB/T 17587.3—1998 将滚珠丝杠分为定位滚珠丝杠副（P 型）和传动滚珠丝杠副（T 型）两大类。滚珠丝杠的精度等级共分 7 个等级，即 1、2、3、4、5、7、10 级，1 级精度最高，依次降低。标准中规定了滚珠丝杠螺母副螺距公差和公称直径变动量的公差，还规定了各精度等级的滚珠螺旋副行程偏差和行程变动量。

### 2．滚珠丝杠螺母副支撑方式选择

合适的支撑方式能保证滚珠丝杠螺母副的刚度和精度。滚珠丝杠螺母副的支撑按其限制丝杠的轴向窜动情况，分为 3 种形式，如表 1-2.2 所示。

表 1-2.2　　　　　　　　　　　　　滚珠丝杠的支撑结构形式

| 支撑形式 | 简　图 | 特　点 |
|---|---|---|
| 一端固定，一端自由（F—O 型） | | ① 结构简单<br>② 丝杠的轴向刚度比两端固定低<br>③ 丝杠的压杆稳定性和临界转速都比较低<br>④ 设计时尽量使丝杠受拉伸<br>⑤ 适用于较短和竖直的丝杠 |
| 一端固定，一端游动（F—S 型） | | ① 适用于较长的卧式安装丝杠<br>② 丝杠的轴向刚度与 F—O 型相同<br>③ 需保持螺母与两支承同轴，故结构复杂，工艺较困难<br>④ 丝杠的压杆稳定性和临界转速与同长度的 F—O 型相比要高<br>⑤ 丝杠有热膨胀的余地 |

续表

| 支撑形式 | 简 图 | 特 点 |
|---|---|---|
| 两端固定<br>（F—F）型 | <div align="center"> $L$ </div> | ① 需保持螺母与两支承同轴，故结构复杂，工艺较困难<br>② 只要轴承无间隙，丝杠的轴向刚度为一端固定的4倍<br>③ 丝杠一般不会受压，无压杆稳定问题，机械系统的固有频率比一端固定的要高<br>④ 可以预拉伸，预拉伸后可以减小丝杠自重的下垂和补偿热膨胀，但需要设计一套预拉伸机构，结构与工艺都比较困难<br>⑤ 要进行预拉伸的丝杠，其目标行程应略小于公称行程，减少量等于拉伸量<br>⑥ 适用于对刚度和位移精度要求高的场合 |

说明："自由"（代号"O"），指的是无支承；"游动"（代号"S"），指的是径向有约束，轴向无约束，例如装有深沟球轴承，圆柱滚子轴承；"固定"（代号"F"），指的是径向和轴向都有约束，例如装有双向推力球轴承与深沟球轴承的组合轴承，角接触球轴承和圆锥滚子轴承。

一般情况下，应将固定端作为轴向位置的基准，尺寸链和误差计算都由此开始，并尽可能以固定端为驱动端。

### 3．制动方式选择

由于滚珠丝杠螺母副传动效率高，又无自锁能力，故需安装制动装置以满足其传动要求，特别是当其处于垂直传动时。

制动方式很多，可以采用具有制动作用的制动电机、摩擦制动器、超越离合器等。图 1-2.9 所示为数控卧式铣镗床主轴箱进给丝杠的制动装置示意图，采用的是摩擦制动器。

当机床工作时，电磁铁线圈5通电吸住压簧4，脱开摩擦离合器3。此时步进电机1接受指令脉冲，将旋转运动通过减速齿轮2传动、滚珠丝杠6旋转，转换为主轴箱7垂直方向移动。当加工完毕或中间停机时，步进电机1、电磁铁线圈5同时断电，在压簧的作用下，摩擦离合器3被压紧，使滚珠丝杠不能自由转动，则主轴箱不会因自重下滑。

### 4．润滑及密封

润滑剂能提高滚珠丝杠副的耐磨性和传动效率。润滑剂分为润滑油、润滑脂两大类。润滑油为一般机油或 90＃～180＃透平油或 140＃主轴油，可通过螺母上的油孔将其注入螺纹滚道；润滑脂可采用锂基油脂，加在螺纹滚道和安装螺母的壳体空间里。

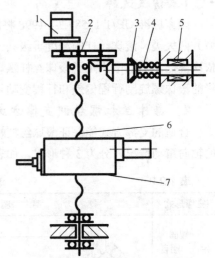

1—步进电机；2—减速齿轮；3—摩擦离合器；
4—压簧；5—电磁铁线圈；6—滚珠丝杠；
7—主轴箱

图 1-2.9 进给丝杠制动装置示意图

滚珠丝杠副在使用时常采用一些密封装置进行防护，以防止杂质和水进入丝杠，造成摩擦或损坏。对预计会带进杂质之处使用波纹管（如图 1-2.10（a）右侧所示）或伸缩管（如图 1-2.10（a）左侧所示），以完全盖住丝杠轴。对螺母，应将其两端进行密封，如图 1-2.10（b）所示，密封防护材料必须具有防腐蚀性和耐油性。

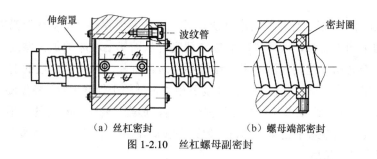

（a）丝杠密封　　　　　　　（b）螺母端部密封

图 1-2.10　丝杠螺母副密封

# |任务三　导向支承部件的结构与原理|

## 能 力 目 标

1. 了解导轨及支承部件的基本分类及特点。
2. 能进行导轨的安装及间隙的调整。
3. 能够进行基本的选型设计。

## 工 作 内 容

1. 编制单轴运动控制实训装置的装调工艺文件。
2. 进行导轨的装配及调试。
3. 检验导轨装配精度。

## 相 关 知 识

　　导轨和支承部件的作用是支撑和限制运动部件按给定运动规律要求和规定运动方向做直线或回转运动。

　　导轨副用于引导运动部件的走向，保证执行部件的正确运动轨迹，并通过摩擦和阻尼影响执行件的运动特性，如定位精度、低速均匀性等。在导轨副中，运动的一方叫作动导轨；不动的一方叫作支承导轨。动导轨相对于支承导轨运动，支承导轨用以支撑和约束运动导轨，使之按要求做正确的运动。

### 1. 对导轨的性能要求

　　① 导向精度高。导向精度主要是指导轨沿支承导轨运动的直线度和圆度。影响导向精度的主要因素有导轨的几何精度、导轨的接触精度、导轨的结构形式、动导轨及支承导轨的刚度和热变形，还有装备质量。导轨的几何精度综合反映在静止或低速下的导向精度。

　　直线运动导轨的检验内容主要有：导轨在垂直平面内的直线度；导轨在水平平面内的直线度；在水平面内，两条导轨的平行度。如导轨全长为 20m 的龙门刨床，其直线度误差为 0.02/1 000，导轨全长误差为 0.08mm。圆周运动导轨几何精度的检验内容与主轴回转精度的检验方法相类似，用导轨回转时端面跳动和径向跳动表示。如最大切削直径为 4m 的立车，其允差规定为 0.05 mm。

② 耐磨性好及寿命长。导轨的耐磨性决定了导轨的精度保持性。动导轨沿支承导轨长期运行会引起导轨的不均匀磨损，破坏导轨的导向精度，从而影响机床的加工精度。例如，卧式车床的铸铁导轨，若结构欠佳、润滑不良或维修不及时，则靠近床头箱一段的前导轨每年磨损量达 0.2～0.3mm，磨损降低了刀架移动的直线度及相对主轴的平行度，加工精度随之降低。与此同时，也增加了溜板箱中开合螺母与丝杠的同轴度误差，加剧了螺母与丝杠的磨损。

③ 足够的刚度。导轨要有足够的刚度，保证在载荷作用下不产生过大的变形，从而保证各部件间的相对位置和导向精度。

④ 低速运动的平稳性。在低速运动时，作为运动部件的动导轨易产生爬行。进给运动的爬行，将提高被加工表面的表面粗糙度值，故要求导轨低速运动平稳，不产生爬行，这对于高精度的机床尤其重要。

⑤ 工艺性好。设计导轨时，要注意到制造、调整和维护的方便；力求结构简单、工艺性好和经济性好。在高精度导轨副中，可采用卸荷装置等方法减小导轨面的承载载荷，提高导向精度。

**2．导轨副的种类**

导轨的分类方法有很多种，按运动方式可分为直线运动导轨、回转运动导轨；按接触表面的摩擦性质可分为滑动导轨、滚动导轨、流体介质摩擦导轨等，如图 1-3.1 所示；按导轨副结构可以分为开式导轨和闭式导轨；按工作性质可分为主运动导轨、进给导轨、调整导轨等。

导轨副
- 滑动导轨
  - 圆柱型
  - 棱柱型
  - 组合型
- 滚动导轨
  - 滚柱型
  - 滚珠型
  - 滚动滑块型
  - 滚动轴承型
- 流体介质摩擦导轨
- 气体、液体导轨
  - 动压型
  - 静压型
  - 动静压型
- 弹簧摩擦导轨
  - 片簧型
  - 膜片型
  - 柔性铰链型

图 1-3.1　按接触表面的摩擦性质分类

# 一、直线滑动导轨认知

## 1．直线滑动导轨的截面形状及组合

直线滑动导轨的截面形状常用的有：矩形、三角形、燕尾形和圆形（见图 1-3.2），根据支承导轨的凸凹状态，又可以将导轨分成凸形导轨和凹形导轨。凸三角形导轨称为山形导轨，凹三角形导轨称为 V 形导轨。凸形导轨不易存润滑油，但易清除导轨面的切屑等杂物。凹形导轨易存储润滑油，但也易落入切屑和杂物，必须设防护装置。

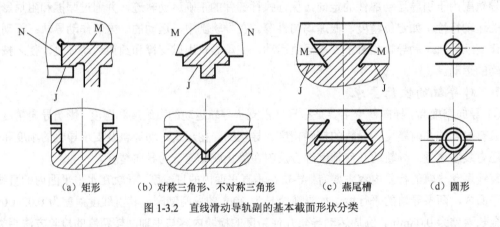

（a）矩形　　　（b）对称三角形、不对称三角形　　　（c）燕尾槽　　　（d）圆形

图 1-3.2　直线滑动导轨副的基本截面形状分类

机床上一般都采用两条导轨来承受载荷和导向。重型机床承载大，常采用 3～4 条导轨。

导轨的组合形式取决于受载大小、导向精度、工艺性、润滑、防护等因素。常见的导轨组合形式如下。

① 双三角形组合。导向精度高，磨损后相对位置不变，常用于龙门刨床、丝杆车床等。

② 双矩形组合。承载能力大，刚度高，制造、调整简单，常用于数控机床、拉床、镗床等。

③ 三角形和矩形组合。兼有导向性好、制造方便等优点，应用最广泛，常用于车床、磨床、精密镗床、滚齿机等机床上。

④ 矩形与燕尾形组合。兼有承受较大力矩、调整方便等优点，用于横梁和立柱上。

⑤ 双圆柱导轨组合。常用于拉床、机械手等。

### 2．贴塑滑动导轨

贴塑导轨一般与铸铁导轨或淬硬的钢导轨相配使用，是在与铸铁导轨或淬硬的钢导轨相配合的导轨（即由工作台导轨面 2、镶条面 3、压板面 5 组成的导轨面）上贴一层塑料导轨软带而成。

贴塑导轨已经广泛使用在各种数控机床上，它具有以下显著的特点：

① 摩擦系数小，且动、静摩擦系数的差别较小，可以防止低速爬行现象；

② 耐磨性、抗撕伤能力强；

③ 加工性和化学稳定性好，工艺简单，成本低，并有良好的自润滑性和抗震性。

### 3．导轨的防护

为了防止切屑、磨料或冷却液散落在导轨面上而引起磨损加快、擦伤和锈蚀，导轨面上应有可靠的防护装置。常用的有刮板式、卷帘式和叠层式防护罩，这些装置结构简单，由专业厂家制造。

## 二、直线滚动导轨使用

滚动导轨的配对导轨面间由滚动体隔开，导轨面不能直接接触，运动时与滚动体产生滚动摩擦，使得负载平台能沿着滑轨以高精度做线性运动，其摩擦系数可降至传统滑动导轨的1/50，定位精度达到 μm 级及以上。但结构相对复杂（见图 1-3.3），刚性及承载能力相对滑动导轨降低，且对脏物敏感，需要良好的防护。

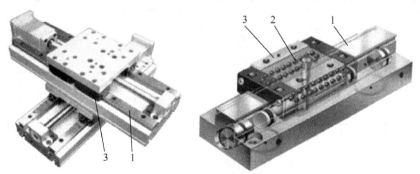

1—导轨；2—滚动体；3—滑块
图 1-3.3　直线滚动导轨

### 1．结构

直线滚动导轨副由导轨、滑块、钢球、反向器、保持架、密封端盖及挡板组成，如图 1-3.4 所示。当导轨与滑块做相对运动时，钢球就沿着导轨上的滚道滚动（导轨上有 4 条经过淬硬和精密磨削加工而成的滚道）。在滑块的端部钢球又通过反向装置（反向器）进入反向孔后再进入导轨上的滚道，钢球就这样周而复始地进行滚动运动。反向器两端装有防尘密封端盖，可以有效防止灰尘、屑末进入滑块内部。

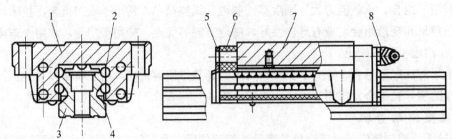

1—保持架；2—钢球；3—导轨；4—侧密封；5—密封端盖；6—反向器；7—滑块；8—油杯

图 1-3.4　直线滚动导轨的结构及组成

### 2．分类

根据受力情况，滚动导轨分开式导轨和闭式导轨两种。开式导轨用于载荷变化小、颠覆力矩小的场合。闭式导轨用于载荷变化大、颠覆力矩较大的场合，并可采用预加载荷，消除间隙，减小工作时的震动，提高导轨的接触刚度。

根据滚动体的形状，滚动导轨分有滚珠式、滚柱式、滚针式 3 种。滚柱式为线接触，承载能力高，刚性好，但摩擦力较大，加工装配较复杂，适用于载荷较大的设备中。滚珠式承载能力小，刚度低，适用于运动部件重量不大的设备中，如图 1-3.5 所示。滚针式由于结构紧凑，主要用于导轨尺寸受到限制的设备中。

### 3．安装使用

① 规格及尺寸。制造商对同一系列的直线滚动导轨，按公称尺寸的大小，设计制造了一系列的规格供用户选用。四滚道型直线导轨的基本规格、公称尺寸、导轨宽度如表 1-3.1 所示。负载越大，导轨所需的公称尺寸也相应越大。

表 1-3.1　　　　　　　　四滚道型直线导轨参数（JB/T 7175.2—2006）

| 基 本 规 格 | 公称尺寸 A | 导轨宽度 B | 直线导轨简图 |
|:---:|:---:|:---:|:---:|
| 15 | 15 | 15 | |
| 20 | 20 | 20 | |
| 25 | 25 | 23 | |
| 30 | 30 | 28 | |
| 35 | 35 | 34 | |
| 40 | 40 | 40 | |
| 45 | 45 | 45 | |
| 50 | 50 | 50 | |
| 55 | 55 | 53 | |
| 65 | 65 | 63 | |
| 85 | 85 | 85 | |
| 100 | 100 | 100 | |
| 120 | 120 | 120 | |

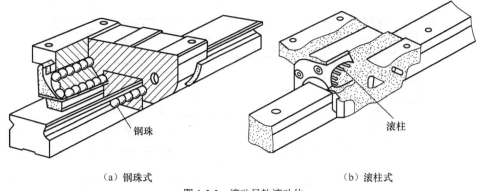

（a）钢珠式                                （b）滚柱式

图 1-3.5　滚动导轨滚动体

导轨长度根据负载的运动行程来选择设计，然后在制造商的长度系列中进行选择。

② 安装形式。根据使用部件的结构空间情况，导轨的安装方式灵活多样，有水平平面安装、垂直平面安装、倾斜平面安装 3 种形式。

当水平平面安装导轨时，可以将滑块安装在导轨的上方，再在滑块的上方安装各种执行机构等负载，导轨固定、滑块移动，这是直线导轨机构最基本的使用方式。也可以将滑块固定，采用导轨活动的方式，来解决负载工作行程较长、机器缺少足够的安装空间的问题。

如果要求负载在水平方向运动，但结构上又因为高度方向尺寸受到限制，没有空间让导轨安装在水平面内，就可以考虑将导轨安装在基础的外侧侧面，如图 1-3.6 所示。

图 1-3.6　垂直平面安装导轨

根据同一负载上使用导轨数量的不同，直线导轨可以使用单导轨、双导轨、三导轨等形式，如图 1-3.7 所示。

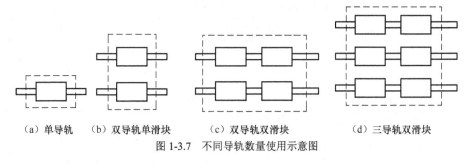

（a）单导轨　　（b）双导轨单滑块　　　（c）双导轨双滑块　　　（d）三导轨双滑块

图 1-3.7　不同导轨数量使用示意图

大多数情况下使用两根或两根以上导轨。此时，为了保证两条（或多条）导轨平行，通常将一条导轨作为基准导轨，安装在床身的基准面上，底面和侧面都有定位面；另一条导轨为非基准导轨，床身上没有侧向定位面，固定时以基准导轨为定位面固定。这种安装形式称为单导轨定位，如图 1-3.8 所示。单导轨定位易于安装，容易保证平行，对床身没有侧向定位面平行的要求。

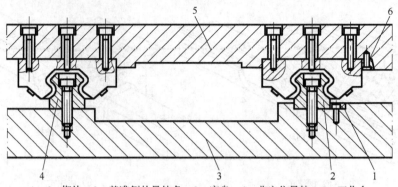

1、6—楔块；2—基准侧的导轨条；3—床身；4—非定位导轨；5—工作台
图 1-3.8　单导轨定位的安装形式

当震动和冲击较大、精度要求较高时，两条导轨的侧面都要定位，称双导轨定位，如图 1-3.9 所示。双导轨定位，要求定位面平行度高。当用调整垫调整时，导轨安装面的加工精度要求较高，调整难度大。

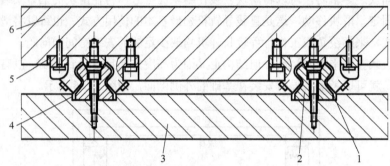

1、4、5—调整垫；2—基准侧的导轨条；3—床身；6—工作台
图 1-3.9　双导轨定位的安装形式

### 4．精度及检查

直线滚动导轨副分 4 个等级，即 2、3、4、5 级，其中 2 级精度最高。表 1-3.2 是 GGB 系列产品精度检验参照表。

表 1-3.2　　　　　GGB 系列直线滚动导轨副各等级检查项目及允差

| 序号 | 简　图 | 检 验 项 目 | 允　差 | | | |
|---|---|---|---|---|---|---|
| | | | 导轨长度/mm | 精度等级 | | |
| | | | | μm | | |
| | | | | 2 | 3 | 4 | 5 |
| 1 | | a. 滑块顶面中心对导轨基准底面的平行度　b. 与导轨基准侧面同侧的滑块侧面对导轨基准侧面的平行度 | ≤500 | 4 | 8 | 14 | 20 |
| | | | >500～1 000 | 6 | 10 | 17 | 25 |
| | | | >1 000～1 500 | 8 | 13 | 20 | 30 |
| | | | >1 500～2 000 | 9 | 15 | 22 | 32 |
| | | | >2 000～2 500 | 11 | 17 | 24 | 34 |
| | | | >2 500～3 000 | 12 | 18 | 26 | 36 |
| | | | >3 000～3 500 | 13 | 20 | 28 | 38 |
| | | | >3 500～4 000 | 15 | 22 | 30 | 40 |

续表

| 序号 | 简　图 | 检 验 项 目 | 允　　差 | | | |
|---|---|---|---|---|---|---|
| 2 | | 滑块上顶面与导轨基准底面的高度 $H$ 的极限偏差 | 精度等级 | | | |
| | | | $\mu$m | | | |
| | | | 2 | 3 | 4 | 5 |
| | | | $\pm12$ | $\pm25$ | $\pm50$ | $\pm100$ |
| 3 | | 同一平面上多个滑块顶面高度 $H$ 的变动量 | 精度等级 | | | |
| | | | $\mu$m | | | |
| | | | 2 | 3 | 4 | 5 |
| | | | 5 | 7 | 20 | 40 |
| 4 | | 与导轨基准侧面同侧的滑块侧面与导轨基准侧面间距离 $W_1$ 的极限偏差（只适用基准导轨） | 精度等级 | | | |
| | | | $\mu$m | | | |
| | | | 2 | 3 | 4 | 5 |
| | | | $\pm15$ | $\pm30$ | $\pm60$ | $\pm150$ |
| 5 | | 同一导轨上多个滑块侧面与导轨基准侧面 $W_1$ 的变动量（只适用基准导轨） | 精度等级 | | | |
| | | | $\mu$m | | | |
| | | | 2 | 3 | 4 | 5 |
| | | | 7 | 10 | 25 | 70 |

注：① 精度检验方法如表中简图所示；

② 由于导轨轴上的滚道是用螺栓将导轨轴紧固在专用夹具上精磨的，在自由状态下可能会存在弯曲，因此精度检验时应将导轨轴用螺栓固定在专用平台上测量；

③ 当基准导轨副上使用滑块数超过 2 件时，除首尾两件滑块外，中间滑块不作第 4 和第 5 项检查，但中间滑块的 $W_1$ 值应小于首尾两滑块的 $W_1$ 值。

### 5．直线滚动导轨的选型

选型工作首先是设计合适的直线导轨装配结构形式，然后从制造商的样本资料中选定合适的型号规格。通常按照以下步骤进行。

① 根据使用条件，确定平行使用的导轨的根数、导轨之间的距离、每根导轨上滑块的数量，并选定直线导轨的系列。

② 初选导轨的公称尺寸及长度。一般是根据导轨的承载重量，先按经验确定导轨的规格，然后进行寿命计算。导轨的承载重量与导轨规格一般有表 1-3.3 所列出的经验关系。该表列出的只是经验数据，有时还要根据结构的具体尺寸综合考虑。

表 1-3.3　　　　　　　　　导轨承载重量与导轨规格对应的经验关系

| 承载重量/N | 3 000 以下 | 3 000～5 000 | 5 000～10 000 | 10 000～25 000 | 25 000～50 000 | 50 000～80 000 |
|---|---|---|---|---|---|---|
| 导轨公称尺寸 | 30 | 35 | 45 | 55 | 65 | 85 |

③ 工作载荷及额定寿命校核。额定寿命主要与导轨的额定动负荷 $C_a$ 和导轨上每个滑块所承受的工作载荷 $F$ 有关。额定动负荷 $C_a$ 值可以从样本上查到。每个滑块所承受的工作载荷 $F$ 则要根据导轨的安装形式和受力情况进行计算。

导轨在一定的载荷下行走一定的距离，90%的支承不发生点蚀，这个载荷称为直线滚动导轨的额定动负荷；这个行走距离称为直线滚动导轨的距离额定寿命。如果把这个行走距离换算成时间，则得到时间额定寿命。

距离额定寿命 $H$ 和时间额定寿命 $H_h$ 可以用式（1-2.2）～式（1-2.4）计算

$$H = 50 \left( \frac{f_h f_t f_c f_a}{f_w} \frac{C_a}{F} \right)^3 \text{km（适用于滚珠导轨）} \tag{1-3.1}$$

$$H = 100 \left( \frac{f_h f_t f_c f_a}{f_w} \frac{C_a}{F} \right)^{10/3} \text{km（适用于滚柱导轨）} \tag{1-3.2}$$

式中：$f_h$——硬度系数，一般要求滚道的硬度不得低于 58HRC，可按图 1-3.10 查取；

$f_t$——温度系数，可按图 1-3.11 查取；

$f_c$——接触系数，可按表 1-3.4 查取；

$f_a$——精度系数，可按表 1-3.5 查取；

$f_w$——载荷系数，可按表 1-3.6 查取；

$C_a$——额定动载荷，N，可从滚动导轨块的产品样本或有关设计手册中查到；

$F$——计算载荷，N。

$$H_h = \frac{H \times 10^3}{2 \times l \times n \times 60} \approx \frac{8.3H}{ln} \text{h} \tag{1-3.3}$$

式中：$l$——行程长度，m。

$n$——每分钟往返次数。

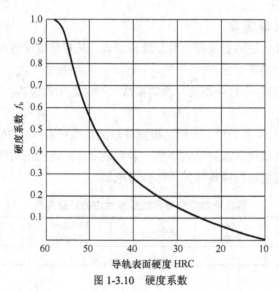

图 1-3.10 硬度系数

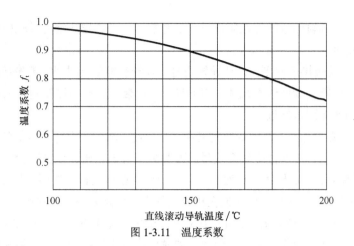

图 1-3.11　温度系数

表 1-3.4　接触系数

| 每根导轨上的滑块数 | 1 | 2 | 3 | 4 | 5 |
|---|---|---|---|---|---|
| $f_c$ | 1.00 | 0.81 | 0.72 | 0.66 | 0.61 |

表 1-3.5　精度系数

| 精度等级 | 2 | 3 | 4 | 5 |
|---|---|---|---|---|
| $f_a$ | 1.0 | 1.0 | 0.9 | 0.9 |

表 1-3.6　载荷系数

| 工作条件 | 无外部冲击或震动的低速运动场合，速度小于 15m/min | 无明显冲击或震动的中速运动场合，速度小于 15～60m/min | 有外部冲击或震动的高速运动场合，速度大于 60m/min |
|---|---|---|---|
| $f_w$ | 1～1.5 | 1.5～2.0 | 2.0～3.5 |

通过上述计算，如果计算结果满足设计寿命要求，则可以选用；如果不满足，则重新选更大的公称尺寸，重新进行额定寿命的校核。

当设计条件给出导轨预期寿命 $H_h$ 时，则由 $H_h$ 算出距离额定寿命 $H$，然后根据距离额定寿命 $H$ 的计算公式计算出额定动载荷 $C_a$，根据算出的额定动载荷从直线滚动导轨副产品样本中选取相应型号的滚动导轨，如果额定静载荷较大，则应选滚动块的额定载荷 $\geq 2C_a$。

④ 选定预紧力等级。根据直线导轨机构的使用条件，即运动阻力要求、负载大小、是否存在震动冲击、刚度、精度要求等，选择采用间隙结构还是预紧结构。如果采用预紧结构则需要选定合适的预紧力等级。

⑤ 确定润滑与防尘措施。根据使用环境，考虑直线导轨机构是否需要采用特殊的防尘措施。根据需要可以使用导轨上专用的油封板，特殊场合（如含有大量的粉尘、灰尘、切削砂尘等），就必须采用波纹套管或伸缩护罩将导轨全部封住。

**6．精密导轨的设计原则**

对几何精度、运动精度和定位精度要求都较高的精密导轨（如数控机床和测量机的导轨），在设计时应遵循如下一些原则。

① 误差补偿原则。满足下列 3 项要求，以使导轨系统实现误差相互补偿。

导轨间必须设置中间弹性环节，如滚动体塑料带（片）或流体膜等；导轨间要有足够的预紧力，以便补偿接触误差；导轨的制造误差应小于中间弹性体（元件）的变形量。

② 精度互不干涉原则。制造和使用时导轨的各项精度互不影响才易得到较高的精度。如矩形

导轨的直线性与侧面导轨的直线性在制造时互不影响，平—V导轨组合导轨横向尺寸的变化不会影响导轨的工作精度。

③ 动、静摩擦因数接近原则。设计导轨副时应使导轨接触面的动、静摩擦因数尽量接近，以便获得高的重复定位精度和低速平稳性，滚动导轨、镶装塑料板或贴塑料片的普通滑动导轨，摩擦因数小且静、动摩擦因数接近。

④ 导轨副自动贴合原则。要使导轨精度高，必须使导轨副有自动贴合的特性，水平导轨可以靠运动构件的重量来贴合；其他导轨必须附加弹簧力或者滚轮压力使其贴合。

⑤ 全部接触原则。固定导轨的长度必须保证动导轨在最大行程的两个极限位置，与固定导轨全长接触（不会超出固定导轨），以保证在接触过程中导轨副始终全部接触。

⑥ 补偿力变形和热变形原则。导轨及其支承件受力或温度变化时会产生变形，设计导轨及其支承件时，力求使其变形后成为要求的形状。如龙门式机床的横梁导轨，将其制成中凸形，以补偿主轴箱（或刀架）重量造成的弯曲变形。

### 7. 导轨间隙的调整

导轨接合面配合的松紧对机电一体化产品的工作性能影响很大。配合过紧不仅操作费力，还会加快磨损；配合过松则影响运动精度，甚至会产生震动。因此除在安装过程中应仔细调整导轨的间隙外，在使用一段时间后因磨损还需重调，常用镶条和压板来调整导轨。

镶条应放在导轨受力小的一侧面，常用平镶条和楔形镶条两种。

① 平镶条。平镶条靠调节螺钉1移动镶条2的位置而调整间隙，工作原理如图1-3.12所示。

② 楔形镶条。楔形镶条两个面分别与动导轨和支承导轨均匀接触，所以比平镶条刚度高，但加工较困难。楔形镶条的斜度为1:100～1:40，镶条越长斜度应越小，以免厚度相差太大。安装位置如图1-3.13所示。

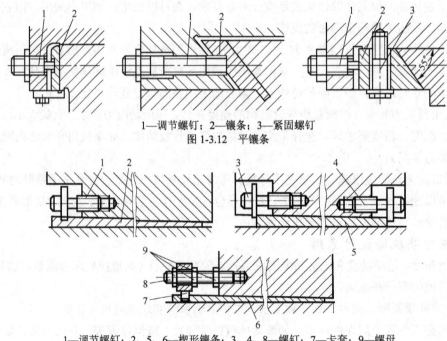

1—调节螺钉；2—镶条；3—紧固螺钉
图 1-3.12　平镶条

1—调节螺钉；2、5、6—楔形镶条；3、4、8—螺钉；7—卡套；9—螺母
图 1-3.13　楔形镶条

### 三、支承的选用

支承包括机身、基座、支柱、横梁等，它的主要功能是支撑固定连接件或相对运动的部件。为保证零部件之间的相对位置或相对运动精度，支承件需要满足静刚性、抗震性、热稳定性、工艺性等方面的技术要求，通常支承件的结构设计包含以下内容。

① 选取有利的截面形状。

② 设置隔板和加强筋。

③ 选择合理的壁厚。

④ 选择合理的结构以提高连接处的局部刚度和接触刚度。

⑤ 提高阻尼比。

⑥ 用模拟刚度试验类比法设计支承。

⑦ 支承件的结构工艺性。

支承件不仅在一定程度上决定着机电一体化产品的性能和质量，也在很大程度上决定着产品的外形和占地空间。在设计支承部件时，必须在材料、结构、加工等方面综合考虑，才能满足各项技术要求。

## 实 践 指 导

### 1. 直线导轨的安装要点

① 导轨平行度。两根或两根以上导轨平行使用时，如不能严格保证导轨间的平行度，则机构在工作时会对滚动体产生额外的载荷，加剧导轨及滚珠磨损，使滑块运动变得不灵活，甚至卡死。为保证导轨间的平行度，如图 1-3.9 所示两根导轨都采用侧面基准面定位并夹紧时，则直接通过安装基础上两个侧面定位基准面加工后的平行度来保证；如果是如图 1-3.8 所示的情况，则另一根导轨需要采用百分表打表的方法精确校准，确保导轨之间的平行度。

② 导轨等高，使导轨运行灵活。

③ 螺钉的拧紧次序及扭力。拧紧螺钉主要掌握螺钉拧紧的次序及拧紧扭矩，如果随意拧紧螺钉，可能使导轨发生轻微的弯曲。螺钉拧紧的次序推荐两种方法。

a. 使待安装的导轨及导轨定位基准侧面都位于安装操作者的左侧，将导轨侧面基准贴紧安装基础上的装配定位基准面，用夹紧夹具将导轨从侧面夹紧。首先从中间开始，右手使用扭矩扳手拧紧螺钉，并交替依次向两端延伸，如图 1-3.14（a）所示，数字表示拧紧次序。

b. 其他要求同方法 a，不同之处为首先从操作者的最远端开始，依次向近端拧紧，如图 1-3.14（b）所示。拧紧螺钉的旋转力可以产生一个使导轨压向左侧基准面的压力，使导轨基准面与安装基准面充分贴紧。

导轨装配过程中，不是一次将螺钉拧紧，而是先将导轨初步固定，最后再按规定的扭矩及规定的次序依次拧紧螺钉。

### 2. 典型安装步骤——双导轨平行使用，单侧基准定位安装方式

① 装配面及装配基准的清洁。用油石清理装配面与装配基准面的毛刺，并用干净的布将装配面与装配基准面上的油污、灰尘擦拭干净，涂上低黏度碇子油，如图 1-3.15（a）所示。

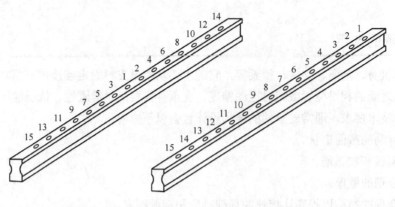

（a）从中间开始　　　　　　　　　　　（b）从最远端开始

图 1-3.14　导轨螺钉拧紧次序

② 导轨的初步固定。设置导轨的基准侧面与安装台阶的基准面相对，如图 1-3.15（b）、（c）所示，检查螺栓的位置，确定螺孔位置正确，避免螺钉装配时干涉情况的发生（先不拧紧）。注意一定要先确定两根导轨的安装基准面，制造商一般都在该侧面作有专门的标记。

③ 固定基准侧导轨。通过夹紧夹具将基准侧导轨的安装基准侧面紧靠在安装基础的定位基准面上，按次序逐个预紧固定螺钉。

④ 暂时固定基准侧及从动侧导轨的全部滑块。将负载工作台按螺钉安装孔位置对准各滑块后，将负载工作台轻轻地放在滑块上，然后用螺钉将负载工作台暂时固定（暂不拧紧），如图 1-3.15（d）所示。

⑤ 固定基准侧导轨全部滑块。将基准侧导轨各滑块的装配基准面紧贴在负载工作台的定位基准上，用扭矩扳手按规定的扭矩将基准侧导轨各滑块的螺钉拧紧。注意螺钉拧紧时要交叉多次进行，如图 1-3.15（f）所示。

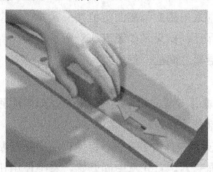

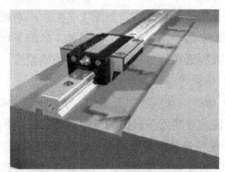

（a）检查安装面　　　　　　　　　　　（b）导轨的基准侧面与安装台阶的基准面相对

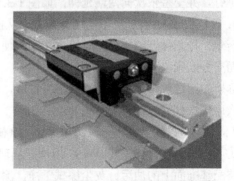

（c）检查螺栓的位置，确定螺孔位置正确　　　　（d）预紧固定螺钉，使基准面与侧面紧密相接

图 1-3.15　典型安装步骤

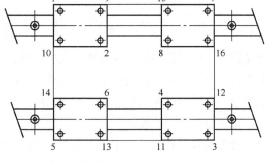

（e）最终拧紧安装螺栓　　　　　　　（f）依次拧紧滑块的紧固螺钉

图 1-3.15　典型安装步骤（续）

⑥ 固定从动侧导轨一个滑块。用扭矩扳手将从动侧导轨的其中一个滑块用螺钉拧紧，另外一个滑块的螺钉暂不拧紧。

⑦ 根据基准侧导轨打表找正从动侧导轨位置。移动负载工作台，使直线导轨机构运动基本顺畅，然后将百分表座固定在工作台上，百分表头紧贴在从动侧导轨的侧面基准上，在全长度上边移动工作台，边用测力计测定移动工作台所需要的轴向拖动力。同时观察百分表指针的跳动情况，用塑料锤轻轻敲击从动侧导轨阻滞点的一侧，调整从动导轨的方向，直到百分表指针的跳动量（也就是两根导轨的平行度误差）满足要求为止。

⑧ 固定从动侧导轨。完成从动侧导轨的打表找正后，再按规定的次序逐个拧紧从动侧导轨的螺钉。

⑨ 固定从动侧导轨剩余的滑块。

⑩ 用小锤将埋栓逐个轻轻敲入导轨上的螺钉安装孔内，直到埋栓的上方与导轨面为同一平面为止。敲击埋栓时必须在锤子与埋栓之间放入一块塑料垫块，防止损伤导轨表面。

# | 任务四　定位控制机构的结构与原理 |

## 能 力 目 标

1. 了解具体定位控制机构的动作次序及工作原理。
2. 能对换刀装置进行装配调试。

## 工 作 内 容

1. 简述数控回转刀架工作过程。
2. 数控机床刀库形式有哪几种？各应用于什么场合？
3. 分析刀架定位方式。
4. 识读刀库结构图。
5. 数控车床轴径加工尺寸不稳定，可能有什么原因？
6. 数控机床换刀机械手夹不紧刀具，可能有什么原因？

# 相 关 知 识

定位控制是位置控制的一种形式，在机械设备控制中有很重要的地位。在设备的技术改造、新产品的设计开发中有广泛的应用。如自动生产线的工位定点、机床的刀架位置控制、顺序控制等，定位是否精准直接关系到设备的控制精度和稳定性以及运转寿命。

以下选用自动换刀装置来介绍定位机构原理。

自动换刀装置是数控机床加工中心的重要执行机构，它的形式多种多样，目前常见的有回转刀架换刀、更换主轴头换刀、带刀库的自动换刀等。而回转刀架换刀（见图 1-4.1）主要用于数控车床，更换主轴头换刀、带刀库的自动换刀（见图 1-4.2）主要用于加工中心。

图 1-4.1 塔式回转刀架        图 1-4.2 机械手换刀

## 一、回转刀架原理分析

回转刀架换刀是数控机床使用的比较简单的一种自动换刀装置，常用的类型有四方刀架、六角刀架，即在其上装有四把、六把或更多的刀具。

回转刀架在结构上必须具有良好的强度和刚度，以承受粗加工时的切削抗力。由于车削加工精度在很大程度上取决于刀尖位置，对于数控车床而言，加工过程中刀具位置不进行人工调整，因此更有必要选择可靠的定位方案和合理的定位结构，以保证回转刀架在每次转位之后，具有尽可能高的重复定位精度（一般为 0.001～0.005mm）。下面简要介绍其中几种。

### 1．定位销定位：经济型数控车床方刀架工作原理

WZD4 型刀架为典型的端齿盘式四工位自动回转刀架，在经济型数控车床及普通车床数控化改造中应用广泛，其特点为：换刀迅速可靠，造型美观，夹紧力恒定。结构原理如图 1-4.3 所示。

该刀架可安装四把不同的刀具，转位信号由加工程序指定。刀架动作原理及过程如下。

① 刀架抬起。当换刀指令发出之后，小型电机 1 启动正转，通过平键套筒联轴器 2 使蜗杆轴 3 转动，从而带动蜗轮丝杠 4 转动（蜗轮的上部外圆柱加工有外螺纹，所以该零件称蜗轮丝杠）。刀架体 7 内孔加工有内螺纹，与蜗轮丝杠旋合。蜗轮丝杠内孔与刀架中心轴外圆是动配合，在转位换刀时，中心轴固定不动，蜗轮丝杠环绕中心轴旋转。当蜗轮丝杠转动时，由于刀架底座 5 和刀架体 7 上的端面齿处在啮合状态，且蜗轮丝杠轴向固定，这时刀架体 7 抬起。

② 刀架转位。当刀架体抬至一定距离后，端面齿脱开。转位套 9 用销钉与蜗轮丝杠 4 连接，随蜗轮丝杠一同转动，当端面齿完全脱开，转位套正好转过 160°（见图 1-4.3（c）），球头销 8 在弹簧力的作用下进入转位套 9 的槽中，带动刀架体转位。

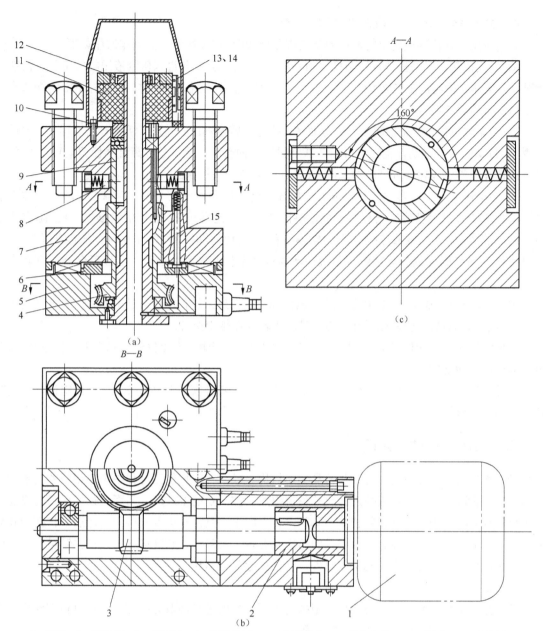

1—电机；2—联轴器；3—蜗杆轴；4—蜗轮丝杠；5—刀架底座；6—粗定位盘；7—刀架体；8—球头销；
9—转位套；10—电刷座；11—发信体；12—螺母；13、14—电刷；15—定位销
图 1-4.3 WZD4 型刀架结构

③ 刀架定位。刀架体 7 转动时带着电刷座 10 转动，当转到程序指定的刀号时，定位销 15 在弹簧的作用下进入粗定位盘 6 的槽中进行粗定位，同时电刷 13、14 接触导面使电机 1 反转，由于粗定位槽的限制，刀架体 7 不能转动，使其在该位置垂直落下，刀架体 7 和刀架底座 5 上的端面齿啮合实现精确定位。

④ 刀架反锁压紧。电机继续反转，此时蜗轮停止转动，蜗杆轴 3 继续转动，随夹紧力增加，转矩不断增大，达到一定值时，在传感器的控制下，电机 1 停止转动（译码装置由发信体 11、电刷 13、14 组成，电刷 13 负责发信，电刷 14 负责位置判断。如出现刀架过位或不到位时，可松开螺母 12 调整发信体 11 与电刷 14 的相对位置。）

### 2. 液压缸转位：一般转塔回转刀架

利用液压缸转位实现定位的转塔刀架结构原理如图1-4.4所示。其动作次序如下。

① 刀架抬起。当数控装置发出换刀指令后，压力油由 a 孔进入压紧液压缸的下腔，活塞 1 上升，刀架体 2 抬起，使定位用的活动插销 10 与固定插销 9 脱开。同时，活塞杆下端的端齿离合器 5 与空套齿轮 7 结合。

② 刀架转位。当刀架抬起后，压力油从 c 孔进入转位液压缸左腔，活塞 6 向右移动，通过连接板 13 带动齿条 8 移动，使空套齿轮 7 做逆时针方向转动。通过端齿离合器使刀架转过 60°。活塞的行程应等于齿轮 5 分度圆周长的 1/6，并由限位开关控制。

③ 刀架压紧。刀架转位之后，压力油从 b 孔进入压紧液压缸上腔，活塞 1 带动刀架体 2 下降。齿轮 3 的底盘上精确地安装有 6 个带斜楔的圆柱固定插销 9，利用活动插销 10 消除定位销与孔之间的间隙，实现反靠定位。刀架体 2 下降时，定位活动插销 10 与另一个固定插销 9 卡紧，同时齿轮 3 与齿圈 4 的锥面接触，刀架在新的位置定位并夹紧。这时，端齿离合器与空套齿轮 5 脱开。

④ 转位液压缸复位。刀架压紧之后，压力油从 d 孔进入转位液压缸的右腔，活塞 6 带动齿条复位，由于此时端齿离合器已脱开，齿条带动齿轮 3 在轴上空转。

如果定位和夹紧动作正常，推杆 11 与相应的触头 12 接触，发出信号表示换刀过程已经结束，可以继续进行切削加工。

回转刀架除了采用液压缸转位和定位销定位之外，还可以采用电机带动离合器定位，以及其他转位和定位机构。

## 二、刀库与机械手认识

带刀库的自动换刀系统由刀库和刀具交换机构组成。首先把加工过程中需要使用的全部刀具分别安装在标准刀柄上，在机外进行尺寸预调整后，按一定的方式放入刀库中去。换刀时先在刀库中进行选刀，并由刀具交换装置从刀库和主轴上取出刀具，在进行交换刀具之后，将新刀具装入主轴，把旧刀具放回刀库。存放刀具的刀库具有较大的容量，它既可以安装在主轴箱的侧面或上方，也可作为单独部件安装到机床以外，并由搬运装置运送刀具。

### 1. 刀库类型

刀库是自动换刀装置的主要部件，根据刀库所需要的容量和取刀的方式，可以将刀库设计成多种形式，常用的刀库形式如图1-4.5所示。

图1-4.5（a）～（d）所示为单盘式刀库，为适应机床主轴的布局，刀库的刀具轴线可以按不同的方向配置（见图1-4.5（a）～（c）），图1-4.5（d）所示为刀具可做90°翻转的圆盘刀库，采用这种结构能够简化取刀动作。单盘式刀库的结构简单，刀库的容量通常为15～30把，取刀比较方便，因此应用最为广泛。

图1-4.5（e）所示为鼓轮弹仓式（又称刺猬式）刀库，其结构十分紧凑，在相同的空间内，它的刀库容量较大，但选刀和取刀的动作较复杂。

图1-4.5（f）所示为链式刀库，其结构紧凑、有较大的灵活性，刀库容量大，选刀和取刀动作十分简单。当链条较长时，可以增加支承链轮的数目，使链条折叠回绕，提高了空间的利用率。

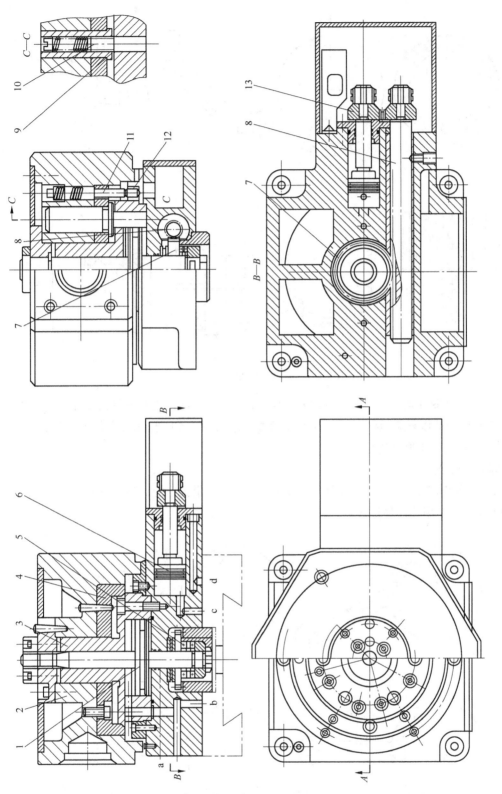

1、6—活塞；2—刀架体；3、4—定位件；5—离合器；7—齿轮；8—齿条；
9、10—插销；11—推杆；12—触头；13—连接板
图1-4.4 数控车床六角回转刀架

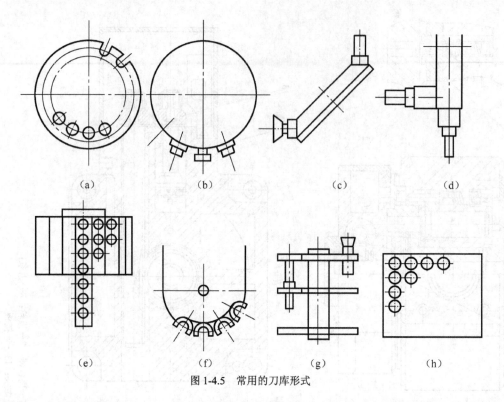

图 1-4.5　常用的刀库形式

图 1-4.5（g）和图 1-4.5（h）所示分别为多盘式和格子式刀库，它们虽然也具有结构紧凑的特点，但选刀和取刀动作复杂，应用较少。刀库的容量一般为 10～60 把，但随着加工工艺的发展，目前刀库的容量有进一步增大的趋势。

### 2．机械手形式

由于机械手换刀灵活、动作快，而且结构简单，因此应用最为广泛。换刀机械手也有多种形式，图 1-4.6 所示为常用的几种形式。

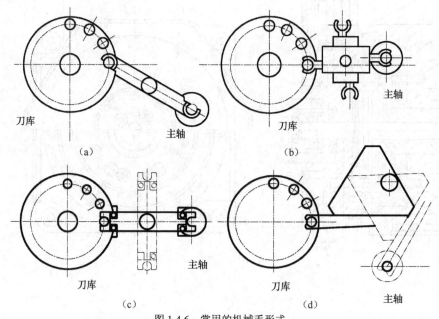

图 1-4.6　常用的机械手形式

图 1-4.6（a）～（c）所示为双臂回转机械手，能同时抓取和装卸刀库及主轴（或中间搬运装置）上的刀具，动作简单，换刀时间短。图 1-4.6（d）虽然不是同时抓取刀库和主轴上的刀具，但换刀准备时间及将刀具返回刀库的时间与机加工时间重复，因而换刀时间也很短。

抓刀运动可以是旋转运动，也可以是直线运动。图 1-4.6（a）所示为钩手，抓刀运动为旋转运动；图 1-4.6（b）所示为抱手，抓刀运动为两个手指旋转；图 1-4.6（c）、（d）所示为叉手，抓刀运动为直线运动。由于抓刀运动的轨迹不同，各种机械手的应用场合也不同，抓刀运动为直线时，在抓刀过程中可以避免与相邻的刀具碰撞，所以当刀库中刀具排列较密时，常用叉刀手。钩刀手和抱刀手抓刀运动的轨迹为圆弧，容易和相邻的刀具碰撞，因而要适当增加刀库中刀具之间的距离，合理设计机械手的形状及其安装位置。

钩刀机械手换刀一次所需的基本动作如图 1-4.7 所示。

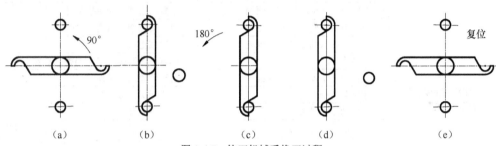

图 1-4.7　钩刀机械手换刀过程

① 抓刀，手臂旋转 90°，同时抓住刀库和主轴上的刀具。
② 拔刀，主轴夹头松开刀具，机械手同时将刀库和主轴上的刀具拔出。
③ 换刀，手臂旋转 180°，新旧刀具交换。
④ 插刀，机械手同时将新旧刀具分别插入主轴和刀库，然后主轴夹头夹紧刀具。
⑤ 复位，转动手臂，回到原始位置。

## 三、转塔刀架故障分析与维护

### 1. 换刀机构维护要点

刀库及换刀机械手结构较复杂，且在工作中又频繁运动，所以故障率较高，目前机床上有 50% 以上的故障都与之有关。如刀库运动故障，定位误差过大，机械手夹持刀柄不稳定，机械手动作误差过大等。这些故障最后都造成换刀动作卡位，整机停止工作。因此刀库及换刀机械手的维护十分重要。

刀库及换刀机械手的维护要点如下所述。
① 严禁把超重、超长的刀具装入刀库，防止在机械手换刀时掉刀或刀具与工件、夹具等发生碰撞。
② 顺序选刀方式必须注意刀具放置在刀库中的顺序要正确，其他选刀方式也要注意所换刀具是否与所需刀具一致，防止换错刀具，导致事故发生。
③ 用手动方式往刀库上装刀时，要确保装到位，装牢靠，并检查刀座上的锁紧装置是否可靠。
④ 经常检查刀库的回零位置是否正确，检查机床主轴回换刀点位置是否到位，发现问题要及时调整，否则不能完成换刀动作。
⑤ 要注意保持刀具刀柄和刀套的清洁。

⑥ 开机时，应先使刀库和机械手空运行，检查各部分工作是否正常，特别是行程开关和电磁阀能否正常动作。检查机械手液压系统的压力是否正常，刀具在机械手上锁紧是否可靠，发现不正常时应及时处理。

### 2．转塔刀架故障分析

转塔刀架的常见故障诊断如表 1-4.1 所示。

表 1-4.1　　　　　　　　　　　　　　　转塔刀架常见故障诊断

| 序号 | 故障现象 | 故障原因 | 排除方法 |
|---|---|---|---|
| 1 | 转塔刀架没有抬起 | 控制系统没有控制信号 | 电气维修 |
| | | 抬起电磁铁断线或抬起阀杆卡死 | 修理清除污物，更换电磁阀 |
| | | 压力不足 | 检查油箱并重新调定压力 |
| | | 抬起液压缸研损或密封圈损坏 | 修复研损部分或更换密封圈 |
| | | 与转塔相连的机械部分研损 | 修复研损部分或更换零件 |
| 2 | 转塔转位速度缓慢或不转位 | 检查是否有转位信号输出 | 检查转位继电器是否吸合 |
| | | 转位电磁阀断线或阀杆卡死 | 修理或更换 |
| | | 压力不够 | 检查是否液压故障，调整到额定压力 |
| | | 转位速度节流阀是否卡死 | 清洗节流阀或更换 |
| | | 液压泵研损卡死 | 检修或更换液压泵 |
| | | 凸轮轴压盖过紧 | 调整调节螺钉 |
| | | 抬起液压缸体与转塔平面产生摩擦、研损 | 松开连接盘进行转位试验；取下连接盘配磨平面轴承下的调整垫，并使相间间隙保持在 0.04mm |
| | | 安装附具不配套 | 重新调整附具安装，减少转位冲击 |
| 3 | 转塔转位时碰牙 | 抬起速度或抬起延时时间短 | 增加延时时间 |
| 4 | 转塔不到位 | 转位盘上的撞块与选位开关松动，使转塔到位时传输信号超期或滞后 | 拆下护罩，使转塔处于正位状态，重新调整撞块与选位开关的位置并紧固 |
| | | 上下连接盘与中心轴花键间隙过大，产生位移偏差大 | 重新调整连接盘与中心轴的位置；间隙过大可更换零件 |
| | | 转位凸轮与转尾盘间隙大 | 塞尺测试，调整转塔的左右窜动量及摆动量 |
| | | 转位凸轮在轴向窜动 | 调整并紧固固定转位凸轮的螺母 |
| | | 转位凸轮轴轴向预紧力过大或有机械干涉，使转塔不到位 | 重新调整预紧力，排除干涉 |

### 3．故障分析实例

下面以 WZD4 型转塔刀架为例，简单介绍一种故障原因分析方法，结构原理如图 1-4.3 所示，假设转塔刀架发生故障不能使用。

（1）诊断及检测

① 观察刀架体与刀架底座之间四周间隙是否均匀，且是否有扩大。

② 观察刀架结构。

③ 启动手动换刀，观察现象。

④ 手动调整蜗杆轴，观察现象。

假设观察现象为：刀架体 7 已抬升，但周边间隙均匀，用手摆动刀架，无晃动现象。手动换刀时，电机有启动声但不能回转，刀架纹丝不动，将内六角扳手插入蜗杆轴端部，顺时针方向转不动，逆时针方向用力方可将蜗杆轴转动一定量。

（2）故障判断

刀架体与刀架底座之间四周间隙均匀，说明刀架中心轴无弯曲损坏；启用手动换刀功能时，电机有启动声，可大胆排除电机故障；根据刀架抬升一段距离并扭转近 45°、启动手动换刀功能刀架无回转、用内六角扳手正转蜗杠时刀架不能转动这几方面的现象，结合其机械原理，可判断为刀架内部机械卡死。可能出现的情况如下。

① 端面齿盘损坏，造成刀架体与刀架底座卡死。

② 蜗轮丝杠与刀架体的螺旋副咬死，甚至螺纹变形。

③ 定位销弯曲变形或者断裂，卡在粗定位盘槽中。

④ 蜗杆轴轴承开裂或蜗杆副损坏。

（3）故障查询

检查电机运转是否正常：将电机拆下，试运转，转动正常。检查刀架内部机械装置：将蜗杠轴旋出，刀架体拆开。

① 观察蜗杆轴、蜗轮以及轴承，无损坏，说明蜗杆副和蜗杆轴承故障可排除。

② 查看端面齿盘，无刮伤及变形现象，此项可排除。

③ 检查刀架体与中心轴的螺旋副，无损坏，此项可排除。

④ 拆粗定位盘时，比较紧，拆出后，发现一支定位销卡在粗定位盘槽中，另外一支卡在刀架体中，均明显弯曲变形，用手根本不能晃动。

由此可诊断出刀架卡死的原因为撞刀导致定位销弯曲变形，卡在粗定位盘槽和刀架体内。

（4）故障排除及相应调试

① 定位销更换。定位销弯曲变形，卡在刀架体与粗定位盘锥孔中难以取出，可分别在刀架体与粗定位盘上垫上不脱毛布料，采用大力钳拔出，续而重新制作。定位销尺寸如图 1-4.8 所示，用 45 钢加工，并进行相应的安装及调试。

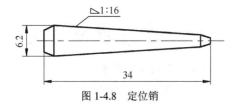

图 1-4.8　定位销

定位销涂上黄油装入刀架体中，试用手压弹簧，观察弹簧是否能灵活将定位销弹出；再将定位销单独配入粗定位盘槽内，配合深度为 10～13mm，手晃动感觉配合间隙，配合深度在 13mm 左右时应是零间隙。

② 安装刀架。刀架安装时的注意事项如下。

刀架安装时用不脱毛的棉布擦拭干净（防毛料脱落及灰尘），给机械部件上黄油（润滑不良而磨损）。定位销在安装时不能刮伤，否则刀架转位又可能出现卡死的现象；注意刀架体与刀架底座的端齿盘必须啮合，否则刀架不能旋转到位。安装时注意中心轴螺母锁紧力度（过紧，刀架会因预紧力过大而不能转动；过松则刀架锁不紧）。可结合手动换刀功能调试到最佳状态。

检查、试用并调整安装后，启动手动功能回转刀架检查，出现刀架不定期过位或不到位、刀架不能锁紧，甚至用手可以晃动的现象，确认安装机械部位无问题后可用调整霍尔元件相对位置的方法解除。结合手动换刀功能，通过反复调节发信体 11，改变其与电刷 14 的相对位置来调整。最后，在加工之前采用试切的方式检查，若刀架的锁紧力度正常，则可以正常投入使用。此次维修则成功完成。

# 项目二
# 液压与气动技术

液压控制系统是以电机提供动力基础，使用液压泵将机械能转化为压力能，推动液压油。通过控制各种阀门改变液压油的流向，从而推动液压缸动作。

液压传动由于其在功率重量比、无级调速、自动控制、过载保护等方面的独特技术优势，已成为机电系统传动及控制的重要技术手段。

自18世纪产业革命开始，气动技术逐渐应用于工业中，如矿山用的风钻、火车制动、汽车自动化生产线等。液、气、电控制技术在机电一体化系统中的融合，使其在国民经济各行业中发挥更大的作用。

## | 任务一　机械手液压系统分析 |

### 能 力 目 标

1. 能对机电一体化设备中液压系统进行分析。
2. 能对机电一体化设备中液压系统进行安装、调试。

### 工 作 内 容

1. 理解液压原理图。
2. 安装及连接液压系统。
3. 分析后述的机械手液压传动系统（见图2-1.2），并回答下列问题。

① 手臂升降、伸缩、回转及手腕回转的速度是如何调节的？调速时，泵的溢流阀处于什么工作状态？

② 元件12、元件19的作用是什么？

③ 为什么手臂升降缸和手臂伸缩液压缸选用电液换向阀，而其他执行元件选用电磁换向阀？

④ 系统中设置元件8、9的作用是什么？

⑤ 分析机械手液压传动系统如何解决定位问题。

# 相 关 知 识

## 一、工业机械手认识

机器人是典型的机电一体化设备，如图 2-1.1 所示，它能在高温、高压、多粉尘、易燃、放射性等恶劣环境中，以及在笨重、单调、频繁的操作中代替人力作业，并由于其工作的高度柔性、可靠性、操作简便性等特点，在工业自动化高速发展中得到广泛应用，目前在汽车制造、工程机械、机车车辆、电子信息、生物制药等领域中工业机器人都发挥着作用。

工业机械手是模仿人的手部动作，按给定程序实现自动抓取、搬运和操作的自动装置。

机械手一般由执行机构、驱动机构、控制系统、检测装置等组成，智能机械手还具有感觉系统和智能系统。驱动系统多采用电液气混合控制。

按照功能区分，机械手可以分为以下几种。

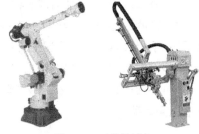

图 2-1.1 工业机械人

① 简易型工业机械手。简易型工业机械手分固定程序和可变程序两种。固定程序由凸轮转鼓或挡块转鼓控制，可变程序用插销板或转鼓控制来给定程序。近年来，普遍采用可编程控制器组成控制系统。这种机械手多为气动或液动，结构简单，价格便宜，改变程序较易实现。简易型工业机械手只适用于程序较简单的点位控制，但作为一般单机服务的搬运作业已足够。

② 记忆再现型工业机械手。机械手由人通过示教装置领动一遍，由记忆元件把程序记录下来，以后机械手就自动按记忆的程序重复进行循环动作。目前工业应用多为电液伺服驱动。与简易型工业机械手相比较，记忆再现型工业机械手有较多自由度，能进行程序较复杂的作业，通用性广。

③ 计算机数字控制的工业机械手。可通过更改记忆介质来改变工业机械手的动作程序，还可进行多机控制（DNC）。计算机可以是可编程逻辑控制器或微型计算机。

④ 智能工业机械手。该机械手由电子计算机通过各种传感元件等进行控制，具有视觉、热觉、触觉等。

## 二、液压控制原理分析

### 1. 液压系统组成

液压传动技术在工农业生产中应用广泛，液压传动技术水平的高低已成为一个国家工业发展水平的一项重要标志。

一个完整的液压系统由 5 个部分组成，即动力元件、执行元件、控制元件、辅助元件和液压油，各部分作用如下。

① 动力元件是将原动机的机械能转换成液体的压力能的器件。在液压系统中，液压泵向整个液压系统提供动力，是动力元件。液压泵的结构一般有齿轮泵、叶片泵、柱塞泵等。

② 执行元件是将液体的压力能转换为机械能，驱动负载做直线往复运动或回转运动的元器件。液压系统中常用的执行元件有液压缸、液压马达等。

③ 控制元件，即各种液压阀，在液压系统中控制和调节液体的压力、流量和方向。根据控制功能的不同，液压阀可分为压力控制阀、流量控制阀和方向控制阀。压力控制阀又分为溢流

阀（安全阀）、减压阀、顺序阀、压力继电器等，流量控制阀分为节流阀、调速阀等，方向控制阀分为单向阀、换向阀等。根据控制方式不同，液压阀可分为开关式控制阀、定值控制阀和比例控制阀。

④ 辅助元件包括油箱、滤油器、油管及管接头、密封圈、压力表、蓄能器、油位油温计等。

⑤ 液压油是液压系统中传递能量的工作介质，有各种矿物油、乳化液、合成型液压油等几大类。

### 2．机械手动作循环

JS01 工业机械手是圆柱坐标式、全液压驱动机械手，液压系统图如图 2-1.2 所示，它具有手臂的升降、伸缩、回转和手腕回转 4 个自由度，其动作循环为：插定位销→手臂前伸→手指张开→手指夹紧抓料→手臂上升→手臂缩回→手腕回转 180°→拔定位销→手臂回转 95°→插定位销→手臂前伸→手臂中停（此时主机的夹头下降夹料）→手指张开→（此时主机夹头夹料上升）→手指闭合→手臂缩回→手臂下降→手腕回转复位→拔定位销→手臂回转复位→待料卸荷（液压泵卸荷）。

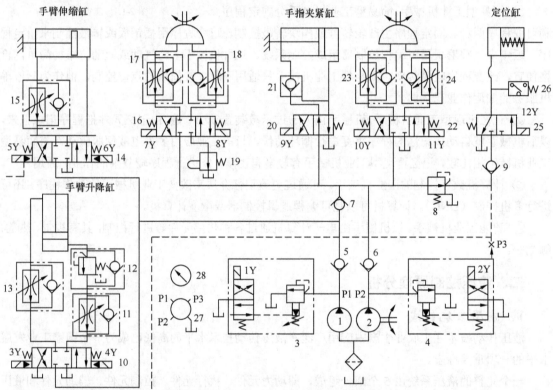

1—大流量泵；2—小流量泵；3、4—溢流阀；5、6、7、9—单向阀；8—减压阀；10、14、16、22—电液换向阀；11、13、15、17、18、23、24—单向调速阀；12—单向顺序阀；19—行程节流阀；20、25—电磁换向阀；21—液控单向阀；26—压力继电器；27—压力调节器；28—压力表

图 2-1.2　JS01 工业机械手液压系统原理图

执行机构完成的手部伸缩、手腕伸缩、手臂伸缩、手臂升降、手臂回转、回转定位等功能，均由液压缸驱动控制。

各执行机构的动作均由电控系统发出信号控制相应的电磁换向阀，按照程序依次步进动作。电磁铁的动作顺序见表 2-1.1。

表 2-1.1　　　　　　　　　　机械式动作次序

| 动 作 顺 序 | 1Y | 2Y | 3Y | 4Y | 5Y | 6Y | 7Y | 8Y | 9Y | 10Y | 11Y | 12Y | K26 |
|---|---|---|---|---|---|---|---|---|---|---|---|---|---|
| 插定位销 | + | | | | | | | | | | | + | − + |
| 手臂前伸 | | | | | + | | | | | | | + | + |
| 手指张开 | + | | | | | | | | + | | | + | + |
| 手指夹紧抓料 | + | | | | | | | | | | | + | + |
| 手臂上升 | | | + | | | | | | | | | + | + |
| 手臂缩回 | | | | | | + | | | | | | + | + |
| 手腕回转180° | + | | | | | | | | | + | | + | + |
| 拔定位销 | + | | | | | | | | | | | | |
| 手臂回转95° | + | | | | | | + | | | | | | |
| 插定位销 | + | | | | | | | | | | | + | − + |
| 手臂前伸 | | | | | + | | | | | | | + | + |
| 手臂中停 | | | | | | | | | | | | + | + |
| 手指张开 | + | | | | | | | | + | | | + | + |
| 手指闭合 | + | | | | | | | | | | | + | + |
| 手臂缩回 | | | | | | + | | | | | | + | + |
| 手臂下降 | | | | | + | | | | | | | + | + |
| 手腕回转复位 | + | | | | | | | | | | + | + | + |
| 拔定位销 | + | | | | | | | | | | | | |
| 手臂回转复位 | + | | | | | | | + | | | | | |
| 待料卸荷 | + | + | | | | | | | | | | | |

### 3．机械手液压控制原理

按下油泵启动按钮后，双联叶片泵 1、2 同时供油，电磁铁 1Y、2Y 带电，油液经溢流阀 3、4 至油箱，机械手处于待料卸荷状态。

当棒料到达待上料位置时，启动机械式进行插定位销动作。

（1）插定位销

插定位销是机械手常用的点位控制方式，以保证初始位置的准确性。

当棒料到达上料位置，使电磁铁 1Y 带电，2Y 不带电，液压泵 1 保持卸荷状态，液压泵 2 停止卸荷，同时 12Y 通电。定位缸单作用液压缸，它依靠弹簧弹力复位，此时进油路为：液压泵 2→单向阀 6→减压阀 8→单向阀 9→电磁换向阀 25（右位）→定位缸左腔。插定位销后，定位缸停止运动，使此支路的油压升高，使压力继电器 K26 发信，执行下一动作。

（2）手臂前伸，手指伸开，抓料

手臂是机械手的重要握持部件。它的作用是支撑腕部和手部（包括工件或夹具），并带动它们做空间运动。

压力继电器 K26 发信后，接通电磁铁 5Y，液压泵 1 和液压泵 2 经相应的单向阀汇流到电液换向阀 14 左位，压力油进入手臂伸缩缸右腔，手臂前伸。此时油路如下。

进油路：液压泵 1→单向阀 5→电液换向阀 14 左位 ┐
　　　　　　　　　　　　　　　　　　　　　　　　├→ 手臂伸缩缸右腔。
　　　　液压泵 2→单向阀 6→电液换向阀 14 左位 ┘

回油路：手臂伸缩缸左腔→单向调速阀15→电液换向阀14左位→油箱。

手臂前伸至适当位置，行程开关发信，进入手指张开动作控制。使电磁铁1Y、9Y带电，泵1卸荷，泵2供油，经单向阀6、电磁换向阀20左位，进入手指夹紧缸右腔。回油路从左腔通过液控单向阀21及电磁换向阀20左位进入油箱。

进油路：泵2→阀6→电磁阀20（左）→手指夹紧缸右腔。

回油路：手指夹紧缸左腔→阀21→电磁阀20（左）→油箱。

手指张开后，时间继电器启动计时，此时送料机构将棒料由送到手指区域，等待机械手抓料，时间继电器到时发信，使9Y断电，泵2的压力油通过阀20的右位进入缸的左腔，使手指夹紧棒料。

进油路：泵2→阀6→阀20（右）→阀21→手指夹紧缸左腔。

回油路：手指夹紧缸右腔→阀20（右）→油箱。

（3）手臂上升，缩回，手腕转动

当手指抓料后，手臂上升。此时，泵1和泵2同时供油到升降缸。主油路如下。

进油路：泵1→单向阀5 ┐
　　　　　　　　　　　├ 阀10（左）→阀11→阀12→手臂升降缸下腔。
　　　　　泵2→阀6→阀7 ┘

回油路：手臂升降缸上腔→阀13→阀10（左）→油箱。

手臂上升至预定位置，碰行程开关，行程开关信号启动手臂缩回动作，3Y断电，电液换向阀10复位，6Y通电，泵1和泵2一起供油至电液换向阀14右端，压力油通过单向调速阀15进入伸缩缸左腔，而右腔油液经阀14右端回油箱。

进油路：泵1→阀5 ┐
　　　　　　　　　├ 阀14（右）→阀15→手臂伸缩缸左腔。
　　　泵2→阀6→阀7 ┘

回油路：手臂伸缩缸右腔→阀14（右）→油箱。

手臂缩回至预定位置，碰行程开关，行程开关发信，6Y断电，阀14复位，1Y、10Y通电。此时，泵2单独供油至阀22左端，通过阀24进入手腕回转油缸，使手腕回转180°。此时油路如下。

进油路：泵2→阀6→阀22（左）→阀24→手腕回转缸。

回油路：手腕回转缸→阀24→阀22（左）→油箱。

当手腕旋转到位，碰块碰行程开关，进入下一动作次序。

（4）拔定位销，手臂回转，插定位销

手腕回转限位行程开关发信，10Y、12Y断电，阀22、25复位，定位缸油液经阀25左端回油箱，弹簧作用拔定位销。

回油路：定位缸左腔→阀25（左）→油箱。

定位缸支路无油压后，压力继电器K26发信，接通7Y。泵2的压力油进入阀6经换向阀16左端通过单向调速阀18最后进入手臂回转缸，使手臂回转95°。

进油路：泵2→阀6→换向阀16（左）→单向调速阀18→手臂回转缸。

回油路：手臂回转缸→单向调速阀17→换向阀16（左）→行程节流阀19→油箱。

手臂回转碰到行程开关时，7Y断电，12Y重又通电，插定位销同（1）的操作。

（5）手臂前伸，中停，手指张开

定位销定位后，手臂前伸，当手臂前伸碰到行程开关后，进入手臂中停，等待主机夹头下降夹料。当行程开关发信，5Y断电，伸缩缸停止动作，确保手臂将棒料送到准确位置。等待主机夹

头夹紧棒料，时间继电器延时，时间到时，时间继电器延时触点动作发出控制信号。

接到时间继电器控制信号后，1Y、9Y 通电，手指张开。主机夹头移走棒料后，继电器发信。

（6）手指闭合，手臂缩回，下降，手腕回转复位

接继电器信号，9Y 断电，手指闭合。

当手指闭合后，1Y 断电，使液压泵 1、2 同时供油，同时 6Y 通电，手臂快速缩回。油路如动作次序 6。

当手臂缩回碰行程开关，6Y 断电，4Y 通电，电液换向阀 10 右位工作，压力油经换向阀 10 和单向调速阀 13 进入升降缸上腔。油路如下。

进油路：泵 1→单向阀 5——┐阀 10（右）→阀 13→手臂升降缸上腔。
　　　　　泵 2→阀 6→阀 7─┘

回油路：手臂升降缸下腔→阀 12→阀 11（左）→阀 10（右）油箱。

手臂下降至预定位置，碰行程开关，4Y 断电，1Y、11Y 通电。此时，泵 2 单独供油至阀 22 右端，通过阀 23 进入手腕回转油缸，使手腕反转。

进油路：泵 2→阀 6→阀 22（右）→阀 23→手腕回转缸。

回油路：手腕回转缸→阀 23→阀 22（右）→油箱。

（7）拔定位销，手臂回转复位，待料卸荷

当手腕上的碰块碰到行程开关时，11Y、12Y 断电，阀 21、24 复位，定位缸油液经阀 24 左端回油箱，弹簧作用，拔定位销。

回油路：定位缸左腔→阀 24（左）→油箱。

定位缸支路无油压后，压力继电器 K25 发信，接通 8Y。泵 2 的压力油进入阀 6 经换向阀 16 右位，通过单向调速阀 17，最后进入手臂回转缸，使手臂反转复位。

进油路：泵 2→阀 6→换向阀 16（右）→单向调速阀 17→手臂回转缸。

回油路：手臂回转缸→单向调速阀 17→换向阀 16（右）→行程节流阀 19→油箱。

手臂反转到位后，启动行程开关，8Y 断电，2Y 接通。此时，两油泵同时卸荷，机械手动作循环结束，等待下一个循环。

机械手的动作也可由微机程序控制，与相关主机连为一体，其动作顺序相同。

## 三、液压系统特点及推广

JS01 工业机械手液压系统的特点如下。

### 1．双泵供油

双泵供油可实现液压源与负载要求的流量匹配。液压系统采用双联泵供油，额定压力为 6.3MPa，手臂升降及伸缩时两泵同时供油，流量为（35＋18）L/min，手臂及手腕回转，手指松紧及定位缸工作时，只由小流量泵 2 供油，大流量泵 1 自动卸荷。由于定位缸及控制油路所需的压力较低，在定位缸上串联减压阀 8，使之获得稳定的压力。

### 2．节流调速

节流调速，提供系统较高的速度刚性。手臂的伸缩和升降采用单杆双作用液压缸驱动，手臂的伸出和升降速度分别由单向调速阀 11、13 和 15 实现回油路节流调速。手臂及手腕的回转由摆动液压缸驱动，其正反向运动亦采用单向调速阀 17、18、23、24 回油节流调速。

### 3．死挡铁定位

死挡铁定位，行程节流阀缓冲，保证机械手工作平稳可靠。机械手的工作速度并非越快越好，速度越高，启停时的惯性力就越大，对系统的震动及冲击就越大，不仅会影响机械手的定位精度，严重时还会损伤机件，因此，机械手在定位前要求采取缓冲措施。

机械手手臂的伸缩、手腕的回转由死挡铁定位保证精度，端点到达前发信号切断油路，滑行缓冲，手臂伸缩缸和升降缸采用电液换向阀，调节换向时间，也增加缓冲效果。由于手臂的回转部分质量较大，转速高，运动惯性矩较大，故系统的手臂回转缸除采用单向调速阀回油节流调速外，还在回油路上安装行程节流阀 19 进行缓冲，最后由定位缸插销定位，满足定位精度要求。

### 4．锁紧回路

锁紧回路及平衡回路可提高系统的可靠性。为使手指夹紧工件后不受系统压力波动影响，保证牢固夹紧工件，采用液控单向阀 21 锁紧回路。手臂升降缸为立式液压缸，为支撑平衡手臂的运动部件的重量，采用了单向顺序阀 12 的平衡回路。

# 实 践 指 导

## 一、液压系统安装

液压系统由各液压元件组成，各液压元件之间由管道、接头和集成阀块等零部件有机衔接成一个完整的液压体系。因此，液压管道安装是否准确、牢固、可靠和整洁，对液压系统工作性能有着重要的影响。液压系统安装质量的好坏是液压系统能否可靠工作的关键，所以必须科学、正确、合理地完成安装过程中的每个环节，才能使液压系统正常运行，充分发挥其效能。

### 1．安装前的准备工作

安装液压站之前，需做好 3 个方面的准备。

① 了解安装要求，明确安装现场施工程序及施工进度方案。

② 熟悉技术文件及技术资料，包括液压系统原理图、液压控制装置集成回路、电气原理图、各部件总装图、管道布置图、液压元件及辅件清单和有关产品样本等。

③ 落实好安装人员，并按照清单准备好液压元件、机械、工具等有关物品，对液压元件的规格、质量按照规定进行细致检查，检查不合格的元件和物品不得装入液压系统。

### 2．安装程序及方案的确定

根据液压设备的平面布置图对号吊装就位、测量及调整设备安装中心线及标高点，以保证液压泵的吸油管、油箱的放油口具有正确方位。安装好的设备要有适当的防污染措施，设备就位后需对设备底座下方进行混凝土浇筑。

### 3．液压元件及管件质量检查

① 外观检查及要求。

② 液压元件的拆洗及测试。只对内部污染或出厂、库存时间过久，密封件可能自然老化的元件根据情况进行拆洗及测试。

拆洗前必须熟悉元件的构造、组成及工作原理；元件拆解时建议对各零件拆下的次序进行记录，以便组装时正确、顺利安装；清洗时，一般先用洁净的煤油清洗，再用液压系统的工作油液清洗；不符合要求的零件和密封件必须更换；组装时要特别注意不使各零件被再次污染或异物落入元件内部；油箱、油路板及油路块的通油孔道也必须严格清洗并妥善保管。

经拆洗的元件应尽可能进行测试试验。一般主要液压元件的测试项目如表 2-1.2 所示。

表 2-1.2　　　　　　　　　　　　　液压元件拆洗后测试项目表

| 元 件 名 称 | | 测 试 项 目 |
|---|---|---|
| 液压泵、液压马达 | | 额定压力、流量下的容积效率 |
| 液压缸 | | 最低启动压力；缓冲效果；内外泄漏 |
| 液压阀 | 压力阀 | 调压状况，启闭压力，外泄漏 |
| | 换向阀 | 换向状况，压力损失；内外泄漏 |
| | 流量阀 | 调节状况，外泄漏 |
| 冷却器 | | 通油和通水检查 |

### 4．液压系统安装及其要求

（1）液压泵的安装

液压泵安装时，尽管结构不同，但安装方面存在许多共同之处。

安装时注意传动轴的旋转方向；泵轴和电机（传动机构）轴的同轴度应在 0.1mm 以内，歪斜角不得大于 1°。安装联轴器时，不要敲击，免得损伤液压泵的转子等整机。安卸要准确、坚固；紧固液压泵、电机或传动机构的地角螺栓时，螺栓受力平均并坚固牢靠；用手转动联轴节时，应感到液压泵转动轻紧，无卡阻或异样现象，而后才能够配管。

（2）液压缸安装

液压缸一定严格按照设计图样和制造厂的规定进行，并坚固牢靠，不得有任何松动。安装时有下列要求。

安装前应仔细检查液压缸活塞杆是否弯曲，液压缸活塞杆带动工作台移动时要灵巧，在全部行程内无任何卡阻现象；若结构允许，缸的进出油口的位置应在最上方，应装有放气方便的放气阀；密封圈不要装得太紧，特别是 U 形密封圈不可装得过紧。

（3）液压管道的安装

液压系统管道的主要作用是传输载能工作介质。一般应在所连接的设备及各液压装备部件、元件的组装、固定完毕后再进行管道的安装。全部管道分两次安装，其大致顺序为：预安装→耐压试验→拆散→酸洗→正式安装→循环冲洗→组成液压系统。

安装管道时应特别注意防振、防漏问题。在管道安装过程中，所选管材应符合设计图样规定，并应根据其材料、形状及焊接要求对管材进行加工。

## 二、液压系统调试

新制造和安装的液压系统必须进行调试，使其在正常运转状态下能够满足主机工艺目的和要求，当液压系统经维修、保养并进行重新装配后，也必须进行调试才能投入运转使用。

### 1．调试类型及准备

液压系统调试有出厂试验和总体调试两种类型。不论哪一种类型，都应在调试前做好两项准备工作。

① 根据使用说明书和有关技术资料，了解液压系统及主机的结构、功能、工作顺序、使用要求、操作方法，了解机械、电气等与液压系统的联系，认真研究液压系统各组成元件的作用，读懂液压原理图，弄清楚液压执行元件等在主机实际安装位置及其结构、性能、调整

部位，仔细分析液压系统在各工况下的压力、速度变化及功率利用情况，熟悉液压工作介质的牌号及要求。

② 对液压系统和主机进行外观检查，以避免某些故障的发生。外观检查如发现问题，则应在改正后进行调试。

### 2．调试的一般顺序

一般先手动再自动，先调低压，然后调高压；先调控制回路再调主回路；先调轻载，后调重载；先调低速，再调高速；先调静态指标，再调动态指标。调试时需要操作人员具备扎实的理论基础和实际经验。系统的静态、动态测试记录可作为日后系统运行状况评估的依据。

对 JS01 工业机械手液压系统进行客户现场总体调试的基本步骤如下。

① 开箱验收，清点到货内容是否与装箱单相符。

② 把机组和各部件安装就位并找正、固定。

③ 连接机器中的液压执行器，冲洗较长的管子和软管。

④ 检查电源电压，连接动力线路和控制线路。检查泵的旋转方向。

⑤ 向油箱灌注规定的油液。

⑥ 点动驱动电机，检查旋转方向。

⑦ 在可能的最高点给液压系统放气。旋松放气塞（阀）或管接头，操作换向阀并使执行器伸缩若干次，逐步加大负载，提高压力阀的设定值。当油箱中不再有泡沫、执行器不再爬行，系统不再有异常噪声时，表明放气良好，旋紧放气塞（阀）等。

⑧ 在管路内充满油液而所有的执行器都外伸的情况下，补油到最低液面标志。

⑨ 进行机器跑合。逐渐提高设定值，直至按说明书最终调整压力控制阀、流量控制阀等，使机器满载荷运行几个小时，检测稳态工作温度。

⑩ 重新拧紧螺栓和接头，防止泄漏。清理或更换滤芯。

# |任务二　电液伺服系统应用|

## 能 力 目 标

1．了解液压伺服系统功能。

2．能进行液压伺服系统的分析。

3．能进行液压伺服系统的安装及调试。

4．能进行简单的液压伺服系统设计。

## 工 作 内 容

1．绘制喷漆机器人液压系统原理图及机械结构图。

2．调试喷漆机器人液压系统。

3．分析喷漆机器人液压系统性能。

# 相 关 知 识

## 一、电液伺服机构认识

### 1．液压伺服系统

液压伺服属于伺服系统中的一种，它不仅具有液压传动的各种优点，还具有高动态、高精确性、高的系统刚性、高功率密度等特点。液压伺服系统广泛应用于国防、航空、机械制造等行业中。

### 2．液压伺服系统分类

液压伺服系统可根据不同的方法进行分类。

按照控制信号的传递方式不同，可以分为机液伺服系统、电液伺服系统、气液伺服系统 3 种。

按照系统控制的物理量不同，可以分为位置控制、速度控制、力控制等。

按照控制元件的种类及驱动方式，可以分为节流控制系统、容积式控制系统，即阀控制系统、泵控制系统。

### 3．液压伺服系统工作原理

液压伺服系统是使系统的输出量，如位移、速度、力等，能自动、快速而准确地跟随输入量的变化而变化，与此同时，输出功率被大幅度放大，以驱动大负载实现相应的运动。

（1）电液伺服系统

下面将以一个对管道流量进行连续控制的电液伺服系统为例，分析说明其工作原理，工作原理如图 2-2.1 所示。

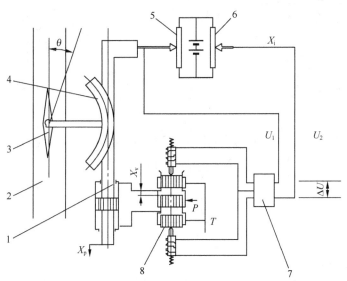

1—液压缸；2—流体管道；3—阀板；4—齿轮、齿条；5—流量传感电位器；
6—给定电位器；7—放大器；8—电液伺服阀
图 2-2.1　管道流量（或静压力）的电液伺服系统

在大口径流体管道 2 中，阀板 3 的转角 $\theta$ 变化会产生节流作用而起到调节流量 $q_{\mathrm{T}}$ 的作用。阀板的转动由液压缸 1 带动齿条、齿条带动齿轮 4 来实现。系统的输入量是电位器 6 的给定值 $X_{\mathrm{i}}$，对应给定值 $X_{\mathrm{i}}$，有一定的电压输给放大器 7，放大器将电压信号转换为电流信号输送到伺服阀的电磁线圈上，使阀芯相应地产生一定的开口量 $X_{\mathrm{v}}$。开口量 $X_{\mathrm{v}}$ 使液压油进入液压缸上腔，推动液压缸向下移动。液压缸下腔的油液则经伺服阀流回油箱。液压缸的向下移动，使齿轮、齿条带动阀板产生转动。同时，液压缸活塞杆也带动电位器 5 的触点下移 $X_p$。当 $X_p$ 所对应的电压与输入信号 $X_i$ 所对应的电压相等时，两电压之差为零。这时，放大器的输出电流也为零，伺服阀关闭，液压缸带动阀板停在相应的流量 $q_T$ 位置。

在控制系统中，将被控制对象的输出信号回输到系统的输入端，并与给定值进行比较而形成偏差信号以产生对被控对象的控制作用，这种控制形式称为反馈控制。若反馈信号与给定信号符号相反，这种反馈称为负反馈。用负反馈产生的偏差信号进行调节，是反馈控制的基本特征。而图 2-2.1 所示的控制中，电位器 5 就是反馈装置，偏差信号就是给定信号电压与反馈信号电压在放大器输入端产生的 $\Delta U$。

任何一个电液控制系统，都可抽象为由一些基本元件构成，图 2-2.2 给出了该管道流量控制对应的方框图。控制系统常用方框图表示系统各元件之间的联系，方框中用文字表示了各元件。

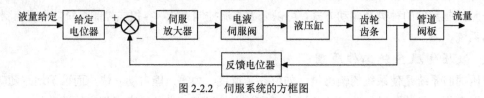

图 2-2.2　伺服系统的方框图

图 2-2.3 所示为液压伺服靠模加工系统控制原理应用的实例。其中，仿形刀架的活塞杆固定在刀架底座上，伺服阀阀芯在弹簧的作用下通过阀杆将杠杆上的触头压在样件上。

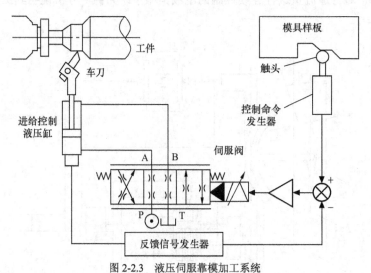

图 2-2.3　液压伺服靠模加工系统

（2）机液伺服系统

由机构（如杠杆等）和液压元件（如控制阀、液压缸等）组成的闭环控制系统，称为机液伺服系统。图 2-2.4 所示为一机液伺服系统。工程应用中有车辆液压助力转向控制、内燃机的转速控制、拖拉机的牵引阻力自动调整等。

机液伺服系统的优点是结构简单、工作可靠、抗污染能力强、造价低廉。缺点是机械连接件较多，因此不可避免地带来了间隙、摩擦和刚性问题。但由于其所具有的优点，机液伺服系统有悠久的应用历史和航空、航天、工程机械、汽车、机床控制、农业机械等多领域内的广泛应用。

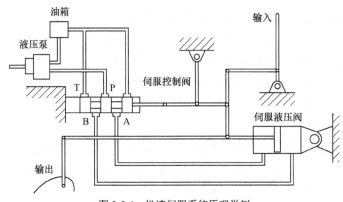

图 2-2.4 机液伺服系统原理举例

### 4．伺服阀

液压伺服阀是一种通过改变输入信号，连续、成比例地控制流量和压力的液压控制阀。根据输入信号的方式不同，分为机液伺服阀和电液伺服阀。

机液伺服阀是将小功率的机械动作转变为液压输出量（流量或压力）的机液转换元件。机液伺服阀大都是滑阀式结构，在船舶的舵机、机床的仿形装置、飞机的助力器上应用最早。

电液伺服阀既是电液转换元件，又是功率放大元件，它的作用是将小功率的电信号输入转换为大功率的液压能（压力和流量）输出，实现执行元件的位移、速度、加速度及力控制。

（1）组成

电液伺服阀通常由电气—机械转换装置、液压放大器和反馈（平衡）机构 3 部分组成。反馈和平衡机构使电液伺服阀输出的流量或压力获得与输入电信号成比例的特性。压力的稳定通常采用压力控制阀，如溢流阀等。

（2）分类

电—液比例阀和伺服阀按其功能可分为压力式和流量式两种。压力式比例/伺服阀将输给的电信号线性地转换为液体压力；流量式比例/伺服阀将输给的电信号转换为液体流量。单纯的压力式或流量式比例/伺服阀应用不多，往往是压力和流量结合在一起应用更为广泛。

按照液压放大级数，可以分为单级伺服阀、两级伺服阀、三级伺服阀。其中，单级伺服阀结构简单，通常只适用于低压、小流量和负载动态变化不大的场合。两级伺服阀克服了单级伺服阀的缺点，是最常用的形式。三级伺服阀通常是由一个两级伺服阀作前置级控制第三级功率滑阀。功率级滑阀阀芯位移通过电气反馈形成闭环控制，实现功率级滑阀阀芯的定位。三级伺服阀通常只用在大流量的场合。

按照第一级阀的结构形式可分为滑阀、单喷嘴挡板阀、双喷嘴挡板阀、射流管阀和偏转板射流阀。

按照反馈形式可分为滑阀位置反馈、负载流量反馈和负载压力反馈 3 种。

按照力矩马达是否浸泡在油中可分为湿式力矩马达和干式力矩马达。湿式可使力矩马达受到油液的冷却，但油液中存在的铁污物使力矩马达特性变坏；干式则可使力矩马达不受油液污染的影响，目前的伺服阀都采用干式。

## 二、喷漆机器人系统设计

喷漆型机器人适用于汽车、电子、家电、机械、建筑、陶瓷等行业中，喷涂各种材料。由于一般喷涂作业工作条件恶劣，大多是在有害气体和灰尘污染严重的环境中工作，采用喷漆机器人可以使工人从恶劣的工作环境中解脱出来，并可实现工序的自动化，提高生产效率、提高产品喷涂质量。因此，喷涂机器人具有很好的经济效益和社会效益。

喷漆机器人设计的内容主要包括确定基本参数、确定操作机的结构形式、选择驱动系统的种类和微型计算机控制系统。

### 1. 结构及原理分析

HRGP-1A 型喷漆机器人采用分离活塞式作动器和灵巧的挠性手腕结构、高精度电液伺服系统和微机控制系统。机器人具有 6 个自由度，控制系统采用示教再现方式来实现 CP 控制和 PTP 控制。操作机构采用多关节式。它的工作模式如下。

① 一个直线缸通过摇杆机构驱动腰部旋转运动。

② 另两个直线油缸分别驱动三连杆机构和四连杆机构，从而实现垂直臂的前后摆动和水平臂的上下俯仰运动，使喷枪可达到活动范围内的任意位置。

③ 腕部采用挠性手腕结构，分别由两个小型直线油缸驱动，可实现手腕的左右、上下摆动。

④ 胸部的旋转运动由一个摆动油缸驱动，可使喷枪实现姿态的变化。

机器人的驱动采用电液伺服系统，通过伺服阀将电信号转化为液压流量，向作动器提供液压动力。每一个作动器内都装有旋转变压器作为反馈元件，以构成闭环伺服控制。微型计算机系统控制各自由度的运动，以实现操作机的连续轨迹控制。

喷漆机器人的工作分为示教和再现两个过程。

示教，即操作人员用手操纵操作机构的关节和手腕，根据喷漆工件的型面进行示教。此时，中央处理器通过旋转变压器将示教过程检测到的参数，存储到存储器中，即把示教喷漆的空间轨迹记录下来。

再现，即由计算机控制机器人的运动，中央处理器将示教时记录的空间轨迹信息取出，经过插补运算发送位置控制信号，并与采样得到的位置反馈信号进行比较，得到位置控制的误差信号，该信号经过调节后，控制操作机按照示教的轨迹运动。

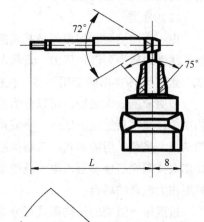

### 2. 基本参数确定

操作机构为 6 个自由度的多关节式结构，驱动系统为电液伺服驱动，控制部分采用微型计算机控制。

示教分为人手示教和示教盒示教。

喷漆机器人的外形尺寸及工作范围如图 2-2.5 所示。

### 3. 操作机设计

在进行喷漆机器人操作机设计时，要对与工作范围有关的总体尺寸及各部件尺寸进行计算和运动分析。

（1）腰部回转机构设计

腰部采用四连杆机构，回转角度为 93°，工作原理如图 2-2.6 所示。本结构工作可靠，结构简单。

（2）平衡系统设计

喷漆机器人水平臂和垂直臂都采用悬管梁结构，并由

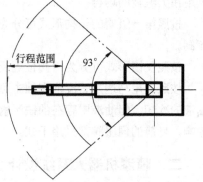

图 2-2.5　喷漆机器人外形示意图

伺服液压缸提供动力，使水平臂及垂直臂运动并完成一定的动作。在工作过程中，由伺服液压缸平衡其重力，但在示教过程中，要求伺服液压缸卸荷，由人工进行操作，此时需要由弹簧平衡机构减小操作示教时的力，同时防止水平臂及垂直臂的碰撞，保护机器。因此采用弹簧平衡机构，以保证无论处于何种姿势，平衡力矩都不小于重力矩。垂直臂的平衡机构如图 2-2.7 所示。

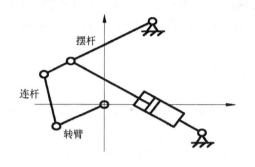

图 2-2.6　腰部回转机构示意图

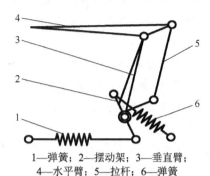

1—弹簧；2—摆动架；3—垂直臂；
4—水平臂；5—拉杆；6—弹簧

图 2-2.7　平衡机构原理图

（3）挠性手腕

挠性手腕是由 3 副万向节和 2 对伞状齿轮啮合组成，它的运动由左右两个直线作动器控制，使手腕能够上、下、左、右各 88°摆动。手腕由摆动液压缸驱动，可以做 210°转动。

**4．电液伺服系统设计**

机器人具有 6 个自由度，每个自由度分别由一套电液伺服系统驱动。机器人运动时，各运动参数都会发生变化，动力参数也随之变化。根据喷漆工艺的要求，操作机必须具有运动速度高、工作稳定、位置重合精度高等性能，以满足复杂形面喷漆要求，为此，要求各电液伺服系统的快速响应特性一致，各系统不因复合运动出现超前或滞后，并具有高的速度刚性，保证机器人在喷漆中速度一致，不受其他系统的影响。电液伺服系统方框图如图 2-2.8 所示。

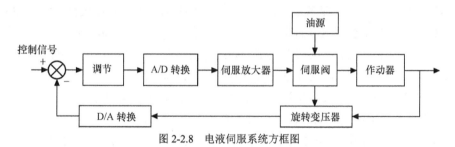

图 2-2.8　电液伺服系统方框图

伺服系统采用分离活塞式作动器，以使机器人在示教过程中轻便、灵活、示教力小。分离活塞式作动器工作原理为：示教时活塞与活塞杆分离，减小摩擦力，示教完成后，启动液压泵，随着油压的升高，推动分离活塞，压紧为一体。再现开始后，伺服阀控制压力油流动，推动活塞，带动活塞杆推动负载工作。

机器人腰部的伺服阀选用 FF106-63 型，额定流量为 63L/min，额定压力为 21MPa。垂直臂、水平臂、腕关节均选用伺服阀，额定流量为 20L/min，额定压力为 7MPa。

**5．控制系统**

喷漆机器人采用示教再现的操作方式，控制用的 CPU 为 8088，主要用于系统管理、插补运算、坐标变换、存储及动作控制、故障检测等。

### 三、液压系统维护

液压系统的正常运转与维护关系密切。液压系统运行中最常见的故障有：油箱油量不足、滤油器堵塞、进油管路密封不严、泵轴转向不正确、油液黏度不合适、系统压力不正常等。这些故障虽然容易发现，如果操作及维护人员不执行维护规程，不观察、不检查，这些故障将会造成整个设备停机，甚至造成更大的经济损失，因此，严格执行设备的维护规定，及时发现和排除故障是非常重要的。

下面将简单陈述液压系统日常维护的原则及注意事项。

#### 1．熟悉掌握液压系统工作原理

熟悉和掌握液压系统工作原理是系统检查及维护的基础，并应熟悉液压系统中每一元件的结构及工作特性。

① 熟悉液压系统的容量，即每一元件的额定压力、额定转矩、额定速度，如果负载超过系统的额定值，就会增加系统发生故障的可能性。

② 熟悉正确的工作压力，能用压力表检查和调定压力。

③ 熟悉伺服系统正确的信号电平、反馈电平、震动及增益等。如果这些数据在液压原理图中没有标出，应该在系统正常时把它测出来，并标注在图上，以供以后参考。

④ 熟悉一般性的故障先兆，并能根据实践经验，分析检查，确定故障原因。

#### 2．使用与维护的一般注意事项

① 正确使用与维护液压工作介质。液压油液的污染是液压系统的主要故障源，因此液压工作介质要在干净处存放，所用器皿（如油桶、漏斗、油管、抹布等）应保持干净，过滤器的滤芯应经常检查清洗和更换，经常检查并根据工作情况定期更换油液。

② 油温控制在合适范围。低温下，油液应达到20℃以上才准许顺序动作，油温高于60℃时应注意系统的工作情况。油温过高将使液压系统泄漏增大、稳定性变差甚至影响主机的动作精度等。

③ 应防止空气进入系统。空气进入液压系统将影响执行器的工作稳定性，引起系统的震动和噪声等。因此，应经常检查油箱液面高度，使其保持在液位计最低和最高液位之间，应尽量防止系统内各处压力低于大气压力。同时要使用良好的密封装置，失效时要及时更换，管接头及各接合面处的螺钉均应紧固得当，并能通过排气阀及时排除系统中的空气。

④ 停机4h以上的设备，应先使液压泵空载运行5min，再启动执行器工作。

⑤ 不允许任意调整电气控制系统的互锁装置、移动各限位开关、挡块、行程撞块的位置。

⑥ 液压系统出现故障时，不能擅自乱动，应通知有关部门分析原因并消除。

除以上几点，还应该按照有关规定，做好各类液压件备件的管理工作。

# 任务三　气动机械手控制系统分析

## 能 力 目 标

1．了解气动机械手结构。

2．熟悉气动机械手的控制。

3. 能对气动机械手进行安装及调试。

4. 了解气动控制一般维护。

## 工 作 内 容

1. 元件、材料、气路图、电路图、程序清单及图纸。

2. 检查与连接气动回路。

3. 进行气缸工作行程的调试。

4. 实现机械手的自动控制。

## 相 关 知 识

气动技术由于其成本低廉、工作效率高、干净且无污染、节约能源、使用与维修方便等，已在各个领域得到广泛使用，气动技术已经成为实现自动化的重要手段。

目前国内广泛使用的气动系统中，主要是程序动作的逻辑控制系统，气动伺服系统随着计算机技术、微电子技术及控制理论的发展，已广泛应用于冶金、煤气、石油化工等各种过程控制系统。

### 一、气压传动常用元件及基本回路

气动系统由气源、执行元件、控制元件和辅助元件组成，由于采用的元件和连接方式不同，气动系统可以实现各种不同的功能。

气动控制系统也是由一些基本的回路组成，这些基本回路包括压力回路、速度回路、顺序动作回路、气液联动回路、安全保护和操作回路等。

#### 1．气源装置

驱动各种气动设备进行工作的动力是由气源装置提供的。气源装置的主体是空气压缩机。由于空气压缩机产生的压缩空气所含的杂质较多，因而不能直接为设备所用。因此，通常所说的气源装置还包括气源净化装置。

气源系统的组成如下。

（1）空气压缩机

空气压缩机是将机械能转换成气体压力能的装置（见图 2-3.1（a）），它的选用依据是气压传动系统所需要的工作压力和流量两个主要参数。

压力：气源的工作压力应比气动系统的最高工作压力高 20%左右，如果系统中某些地方的工作压力要求较低，可以采用减压阀供气。空气压缩机的额定排气压力分为低压（0.7～1MPa）、中压（1～10MPa）、高压（10～100MPa）。常见的使用压力为 0.7～1.25MPa。

流量：选择空气压缩机的气量要和所需的排气量相匹配，并留有 10%的余量。供气量经验计算公式为

$$q_c = \psi K_1 K_2 \sum q_f \qquad (2\text{-}3.1)$$

式中：$q_c$——空气压缩机的计算供气量；

$q_f$——单台气动设备的平均自由空气耗量；

$\psi$——气动设备利用系数；

$K_1$——漏损系数，一般取 $K_1=1.15\sim1.5$；

$K_2$——备用系数，一般取 $K_2=1.3\sim1.6$。

（2）气源净化装置

气源净化装置是气动控制系统中的基本组成器件，它的作用是除去压缩空气中所含的杂质及凝结水，调节并保持恒定的工作压力。元器件及图形符号如图 2-3.1（b）、（c）所示。

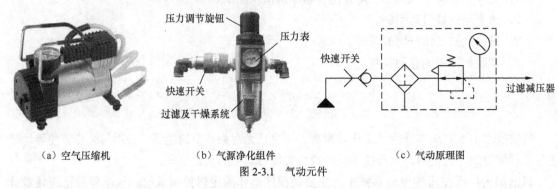

（a）空气压缩机  （b）气源净化组件  （c）气动原理图

图 2-3.1 气动元件

在使用时，应注意经常检查过滤器中凝结水的水位，在超过最高标线以前，必须排放，以免被重新吸入。气源处理组件的气路入口处安装一个快速气路开关，用于启/闭气源，当把气路开关向左拔出时，气路接通气源，反之把气路开关向右推入时气路关闭。

气源处理组件输入气源来自空气压缩机，输出的压缩空气通过快速三通接头和气管输送到各工作单元。

### 2．气动执行元件

气动执行元件是将压缩空气的压力能转化为机械能的元件。它驱动机构做直线往复、摆动或回转运动，其输出为力或转矩。气动执行元件可分为气缸和气动马达。

（1）气缸的分类

常见的气缸形式如图 2-3.2 所示。按压缩空气作用在活塞端面上的方向，可分为单作用气缸、双作用气缸；按结构特点可分为活塞式气缸、叶片式气缸、薄膜式气缸、气—液阻尼缸等；按安装方式可分为耳座式、法兰式、轴销式和凸缘式；按功能分普通气缸、特殊气缸（如气—液阻尼缸、薄膜式气缸、冲击气缸、摆动式气缸、伺服气缸等）。

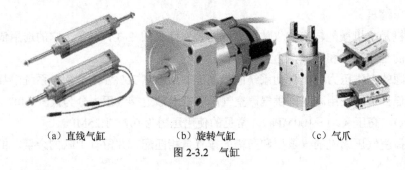

（a）直线气缸  （b）旋转气缸  （c）气爪

图 2-3.2 气缸

（2）气动马达的分类

最常用的气动马达有叶片式（又称滑片式）、活塞式、薄膜式 3 种，如图 2-3.3 所示。其中叶片式气动马达又被称为滑片式气动马达，在气动马达中的应用最为广泛，其次应用较多的是活塞式气动马达。

（a）叶片式气动马达　　　（b）活塞式气动马达　　　（c）气动伺服马达

图 2-3.3　气动马达

气动马达与液压马达相比转速较高，转矩较小。叶片式气动马达和活塞式气动马达相比则各自有不同的优势特点，叶片式气动马达相比之下拥有更高的转速但转矩较小，活塞式气动马达则是转速较低转矩较大。

### 3．气动控制元件

气动控制阀是调节压缩空气的压力、流量、流动方向和发送信号的，根据其作用不同，可以分为方向控制阀、压力控制阀、流量控制阀，还有无相对运动部件的射流元件和有内部可动部件的逻辑元件，它们都能实现一定的控制功能，如图 2-3.4 所示。

（a）压力、速度控制阀　　　（b）消声器　　（c）换向阀　　（d）油雾分离器

图 2-3.4　气动控制阀

具体可分为以下几类。

① 方向控制阀。按其作用特点又可分为单向型控制阀和换向型控制阀。

② 压力控制阀。控制压缩空气的压力和依靠空气压力来控制执行元件动作顺序。可以分为调压阀（减压阀）、顺序阀、安全阀等。

③ 流量控制阀。通过改变阀的流通面积来实现流量控制的元件。节流阀是流量控制阀中最常用的一种。

④ 气动逻辑元件。用压缩空气为工作介质，通过元件的可动部件在气控信号作用下动作，改变气体流动方向以实现一定逻辑功能的流体控制元件。

气动逻辑元件的分类如下。

按工作压力来分，有高压元件（0.2～0.8MPa）、低压元件（0.02～0.2MPa）和微压元件（<0.02MPa）3 种；按逻辑功能来分，有是门元件、或门元件、与门元件、非门元件、双稳元件等；按结构形式来分，有截止式、膜片式、滑阀式等。

 注　意

实际上，气动方向阀也具有逻辑元件的各种功能，所不同的是它的输出功率较大，尺寸大；而气动逻辑元件的尺寸较小。

### 4．气动基本回路

（1）换向控制回路

通过控制进气方向而改变活塞运动方向的回路称为方向控制回路。

根据使用的气缸、控制阀的不同，方向控制回路有图2-3.5所示的几种。

图2-3.5（a）利用一个二位三通阀实现单作用气缸的换向。

图2-3.5（b）、（d）为使用二位五通阀的换向回路，其中图2-3.5（d）为用手动阀作为先导阀来控制主阀的换向，先导阀也可以用机控阀或电磁阀。

图2-3.5（c）用两个二位三通阀代替一个二位五通阀的换向。

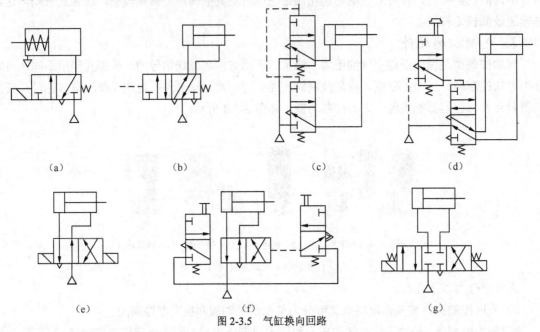

（a）　　　　　　（b）　　　　　　（c）　　　　　　（d）

（e）　　　　　　　　（f）　　　　　　　　（g）

图2-3.5　气缸换向回路

图2-3.5（e）、（f）、（g）分别使用双电二位四通阀、双气二位四通阀、双电三位四通阀来实现换向控制。也可用一个二位五通阀控制双作用气缸的运动方向。

（2）速度控制回路

速度控制回路主要调节气缸的运动速度或实现气缸的缓冲等。由于目前气动系统中，所使用的功率都不太大，故调速常用节流调速。常用的速度控制回路如图2-3.6所示。

图2-3.6（a）利用两个单向节流阀对单作用气缸的活塞杆的伸出、缩回实行速度控制。

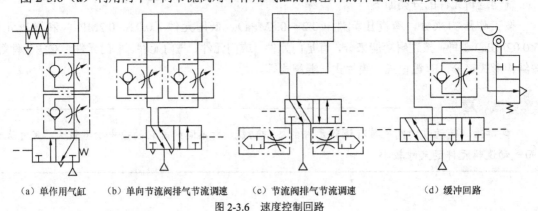

（a）单作用气缸　　（b）单向节流阀排气节流调速　　（c）节流阀排气节流调速　　（d）缓冲回路

图2-3.6　速度控制回路

图 2-3.6（b）所示为排气节流调速方式。压缩空气进气经单向节流阀的单向阀，排气只能经节流阀排气，调节节流阀的开度，便可改变气缸运动时的速度。这种控制方式，活塞运行稳定，是最常用的方式。

图 2-3.6（d）中，当活塞向右运动时，缸右腔气体经二位二通行程阀排出，当活塞运动到末端压下行程阀时，缸右腔气体只能经单向节流阀排出，实现缓冲活塞运动速度。改变行程阀的安装位置，即可改变开始缓冲的位置。

图 2-3.7 所示为速度换接回路，它利用两个二位二通阀与单向节流阀并联，当撞块压下行程开关时，发出电信号，使二位二通阀换向，改变排气通路，从而使气缸速度改变。行程开关的位置可根据需要选定。图中二位二通阀也可使用行程阀。

（3）压力控制回路

压力控制是保障气动系统具有某一规定的压力，通过调压阀的作用，可实现各种压力的控制。

① 一次压力控制回路。如图 2-3.8 所示，控制储气罐的压力，使之不超过规定的压力值，常用电接点压力表或者外控溢流阀控制。当储气罐的压力超过规定压力值，溢流阀接通，压力机输出的压缩空气直接由溢流阀排入大气。

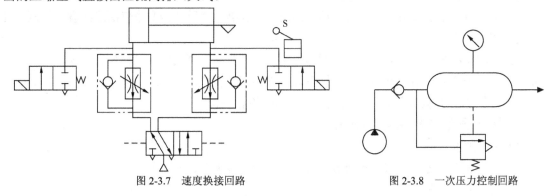

图 2-3.7　速度换接回路　　　　　　　　　　　图 2-3.8　一次压力控制回路

② 二次压力控制回路。原理图如图 2-3.9 所示。主要对气源压力进行控制，气源装置通过减压阀（空气过滤器、减压阀、油雾器组成的气动三大件）后才能进入气动设备。

③ 高低压转换回路。利用两个溢流减压阀与换向阀，可以实现两个不同的输出压力的转换，如图 2-3.10 所示。

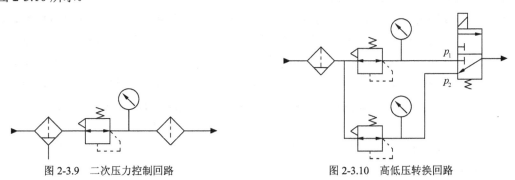

图 2-3.9　二次压力控制回路　　　　　　　　图 2-3.10　高低压转换回路

## 二、气动机械手的调试

气动机械手具有结构简单、轻巧高速、动作平稳可靠、无污染等优点，在工作环境洁净、工作负载较小的场所广泛使用。下面以一实训设备上的气动控制机械手为例，分析其气动控制原理。

该机械手装置能实现升降、旋转、手臂伸缩、气动手指夹紧/松开 4 个自由度的动作，结构如图 2-3.11 所示。其具体构成如下。

① 提升气缸：双作用气缸，用于整个机械手提升和下降。上升、下降的位置由磁性开关检测。

② 回转气缸：双作用的气缸，用于控制手臂正反转，气缸的旋转角度可以在 0~180° 之间任意调节，调节是通过节流阀下方两颗固定缓冲器进行的。

③ 双杆气缸：双作用气缸，控制手爪的伸出及缩回。

④ 气动手爪：双作用气缸，控制手爪的夹紧及松开。

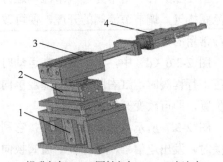

1—提升气缸；2—回转气缸；3—双杆气缸；
4—气动手爪
图 2-3.11　气动机械手示意图

### 1．气动机械手动作循环分析

根据实训设备实际结构及产品使用说明书，对机械手进行结构分析。

经分析，机械手安装调试分为机械部件的连接及安装，气路连接和电气配线敷设、控制功能的实现、调试运行。

机械手动作次序为：启动按钮→手臂伸出→抓料夹紧→手臂缩回→立柱旋转→立柱上升→手臂伸出→气爪松开放料→手臂缩回→立柱下降→立柱回转复位。

选择三菱 PLC 作为控制元件，并选用顺控指令进行编程。

### 2．机械手气动控制回路分析

（1）运行速度控制

气缸运行速度由进气口节流阀调节进气量，进行速度调节。

（2）运动方向控制

4 个自由度的控制气缸均为双作用气缸，每一气缸由一个二位五通阀控制其运动方向。其中提升气缸、旋转气缸、手爪伸出气缸使用的是二位五通单电阀，驱动手指气缸的电磁阀采用的是二位五通双电控电磁阀。

五通双电控电磁阀动作原理如下。

给正动作线圈通电，则正动作气路接通，即使给正动作线圈断电后正动作气路仍然是接通的，将会一直维持到给反动作线圈通电为止。同理，给反动作线圈通电，则反动作气路接通，即使给反动作线圈断电后反动作气路仍然是接通的，将会一直维持到给正动作线圈通电为止。因此，二位五通双电控电磁阀具有"自锁"功能。即单电控电磁阀在无电控信号时，阀芯在弹簧力的作用下会被复位，而双电控电磁阀，当两端都无电控信号时，阀芯位置取决于前一个电控信号。

4 个电磁阀集中安装在汇流板上，汇流板中排气口末端连接消声器。

（3）位置检测

检测气缸活塞是否运动到规定位置，并根据活塞位置的信号控制气动系统工作，是气动控制的重要问题。检测气缸中活塞的位置常用的方法及检测器件如表 2-3.1 所示。

表 2-3.1　　　　　　　　　　　　　　　　活塞位置检测

| 检测器件 | 检测方法 | 特　　点 |
|---|---|---|
| 位置开关 | 机械接触 | 安装空间较大，不受磁性影响，检测位置调整困难 |
| 接近开关 | 阻抗变化 | 安装空间较大，不受污蚀影响，检测位置调整困难 |
| 光电开关 | 光的变化 | 安装空间较大，不受磁性影响，检测位置调整困难 |
| 磁性开关 | 磁场变化 | 安装空间小，不受污蚀影响，检测位置调整容易 |

通过对比，选用磁性开关实现气缸阀芯位置检测。如提升气缸中，1B1 和 1B2 是安装在两个极限工作位置的磁感应接近开关，当提升气缸阀芯运动到其中一个极限位置时，该端的磁性开关检测到信号，发出电信号。

### 3．机械手气动回路原理

机械手气动回路原理图如图 2-3.12 所示。

### 4．机械部件安装

提升机构组装如图 2-3.13 所示。

把气动摆台固定在组装好的提升机构上，然后在气动摆台上固定导杆气缸安装板，安装时注意要先找好导杆气缸安装板与气动摆台连接的原始位置，以便有足够的回转角度。

连接气动手指和导杆气缸，然后把导杆气缸固定到导杆气缸安装板上。完成抓取机械手装置的装配。装配完成后如图 2-3.14 所示。

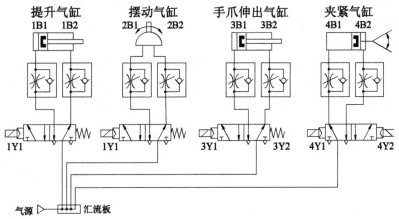

图 2-3.12　机械手气动回路原理图

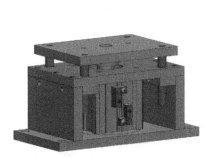

图 2-3.13　提升机构组装图

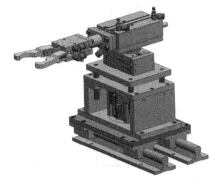

图 2-3.14　机械部件装配完成的机械手

最后，检查摆台上的导杆气缸、气动手指组件的回转位置是否满足在其余各工作站上抓取和放下工件的要求，进行适当的调整。

### 5．连接机械手气动回路

机械手气路的连接需要完成气源组件的安装、电磁阀的安装、气管安装3项主要内容。

① 气源组件的安装。按照图2-3.1进行气源组件的安装。

② 电磁换向阀的安装。电磁换向阀除作个体安装外，还可以集中安装在汇流极底座上，如图2-3.15所示。

电磁阀底座上有3排通道，中间连通一排为进气通道，与侧边进气孔连通，其余两排为排气通道，与侧边的排气孔连通。

图2-3.15　电磁阀底座板

 **注　意**

电磁换向阀必须安装在密封胶垫上，安装时，电磁换向阀与底座的进、排气孔一定要对准，并用螺栓压紧，不能有漏气现象。

③ 气管连接。气管连接时，应注意：气管切口平整，切面与气管轴线垂直，并尽量避免气管过长或过短；走线应尽量避开设备工作区域，防止对设备动作造成干扰，各气缸与电磁换向阀连接气管的走线方向、方式应一致；气管应利用塑料扎带进行捆扎，捆扎不宜过紧，防止气管受压变形。

### 6．气动控制回路调试

（1）气动管路的调试

管路系统清洗完毕，即可进行调试。气动管路调试内容之一为密封性试验，以检查管路系统全部连接点的外部密封性。密封性试验前管路系统要全部连接好。试验用压力源可采用高压气瓶，气瓶的输出气体压力不低于试验压力，用皂液涂敷法或压降法检查密封性，系统应保压2h。当发现有外部泄漏时，必须将压力降到零，才能进行元器件的拆卸及调整。

（2）机械手电气控制回路调试

为了能对机械手实现自动控制，本任务采用三菱PLC实现相应的逻辑控制，PLC的输入输出的外部接线参考如图2-3.16所示。

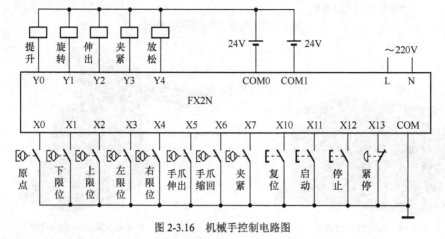

图2-3.16　机械手控制电路图

其中，输入输出地址分配如表2-3.2所示。

表 2-3.2　　　　　　　　　　机械手控制地址分配

| 输 入 信 号 | 地址 | 输 入 信 号 | 地址 | 输 出 信 号 | 地址 |
|---|---|---|---|---|---|
| 原点行程开关 | X0 | 手爪缩回到位开关 | X6 | 提升台控制电磁阀 | Y0 |
| 提升台下限位开关 | X1 | 手爪夹紧状态开关 | X7 | 旋转电磁阀 | Y1 |
| 提升台上限位开关 | X2 | 复位按钮 | X10 | 手爪伸出电磁阀 | Y2 |
| 左转到位开关 | X3 | 启动按钮 | X11 | 手爪夹紧电磁阀 | Y3 |
| 右转到位开关 | X4 | 停止按钮 | X12 | 手爪放松电磁阀 | Y4 |
| 手爪伸出到位开关 | X5 | 紧急停止按钮 | X13 | | |

编写 PLC 控制机械手动作的程序，并将编好的程序输入 PLC，检查机械装配、控制回路、气动回路正确无误后，通电调试。

注意事项：机械手初始位置设置。

任何有程序控制的机械设备或装置都要有初始位置，它是设备或装置运行的起点。初始位置的设定应结合设备或装置的特点和实际运行状况进行，不能随意设置。

机械手的初始位置要求所有气缸活塞杆均缩回。由于机械手的所有动作都是通过气缸来完成的，因此初始位置也就是机械手正常停止的位置。因为停止的时间有可能比较长，如果停止时气缸的活塞杆处于伸出状态，活塞杆表面长时间暴露在空气中，容易受到腐蚀和氧化，导致活塞杆表面粗糙度升高，引起气缸的气密性变差，当气缸活动时活塞杆伸缩运动，由于表面粗糙度升高，就好像拿一把锉刀在锉气缸内的密封圈，时间长了就会引起气缸漏气。一旦漏气，气缸就不能稳定地工作，严重时还会造成气缸损坏。因此初始位置要求所有气缸活塞杆均缩回，保证了气缸的正常使用寿命。从安全的角度出发，气缸的稳定工作也保证了机械手的安全运行。由于机械手的旋转气缸没有活塞杆，初始位置机械手的悬臂气缸如果停留在右限位，也是可以的。

### 7．气动控制回路维护方案的制订及实施

正确的使用和对气动系统进行及时维护与保养，可以确保设备的使用寿命。气动系统日常维护的主要内容是冷凝水和系统润滑的管理。

气动系统的使用及维护时应注意以下几点。

① 开机前后要放掉系统中的冷凝水。

② 检查油雾器油面高度及调节情况，定期给油雾器加油。

③ 随时注意压缩空气的清洁度，对空气过滤器的滤芯要定期清洗。

④ 定期检查各部件有无异常，开机前检查各调节手柄是否在正确位置，机控阀、行程开关、挡块的位置是否正确、牢固，对导轨、活塞杆等外露部分的配合表面进行擦拭。

⑤ 设备长期不用时，应将各手柄放松，以防弹簧永久变形，而影响元件的调节性能。

# 项目三
# 位置检测技术

检测技术是实现机电一体化产品自动控制的基础技术之一，机电一体化系统大都需要通过检测机械部件的运动以实现闭环自动控制，因此，系统往往需要采用大量的检测器件与测量装置。

检测技术包括被测量感知、信号转换、信息处理等方面内容，其中信号转换、信息处理为机电一体化控制的共性基础技术。而被测量感知是检测技术的关键。在自动控制系统中，用来感受（检测）被测量并按照一定规律将其转换为可用输出信号的器件或装置通称传感器。传感器的种类非常多，其被测量可以是位置、速度、加速度等机械运动量，电压、电流等电量，压力、流量、温度等过程控制变化量等；其工作原理又可以分为机械式、电气式、辐射式、流体式等，难以一一尽述。

机电一体化控制系统的传感器大多数都用于位置、速度等机械运动量的检测，并利用光电转换和电磁感应原理制作，本项目将介绍其中最为常用的产品。

## | 任务一　熟悉检测开关 |

### 能 力 目 标

1. 了解检测开关的原理与功能。
2. 掌握接近开关的原理与连接要求。
3. 了解霍尔开关的工作原理。

### 工 作 内 容

学习后面的内容，回答以下问题。

1. 机电一体化系统常用的传感器有何特征？可分为哪几类？
2. 检测开关的作用是什么？常用的检测开关有哪几类？
3. 常用的接近开关怎样连接负载？
4. 霍尔开关有何特点？

# 相 关 知 识

## 一、传感器特点与分类

机电一体化控制系统是以微电子控制机械运动为主要特征的自动控制系统，所使用的传感器一般具有以下特点。

① 机电特征。机电一体化控制系统的控制器为微电子控制装置，控制对象为机械部件运动。因此，控制装置内部所使用的传感器以电量检测为主；而控制装置外部使用的传感器则多数是用于位置、速度等机械运动量检测的器件与装置。换言之，机电一体化系统中的传感器也同样具有"机电"特征。

② 输出量为电信号。为了与微电子控制装置匹配，尽管系统所使用的检测器件可能利用了电磁感应原理、光电转换原理，但其最终输出应是可供微电子线路处理的电信号。

由于机电一体化控制装置（如伺服驱动器、变频器等）内部使用的电量传感器（电压、电流互感器等）一般直接由控制装置生产厂家配套且集成于控制装置内部，而温度、压力类传感器则多用于过程控制系统，本书不再对此进行介绍。

机械装置的运动要素包括停止位置、移动位置（动态轨迹）、移动速度等，从用途上说，机电一体化传感器可以归纳为如下 3 类。

① 检测开关类。在 PLC 逻辑顺序控制等机电一体化控制系统中，多数场合只要求判断运动部件是否到达（或处在）固定不变的位置，传感器只需要提供"是"或"否"两种信号，即输出"通"与"断"两种状态。因此，它只是一种能根据运动部件的位置发信的"检测开关"，如行程开关、接近开关、光电开关、霍尔开关等就属于此类。

② 位置检测类。在 CNC 轨迹控制等机电一体化控制系统中，控制装置需要动态、连续检测机械运动部件的实际位置，才能实现刀具在任意位置的定位与运动轨迹的控制。因此，其位置检测信号输出必须为涵盖整个运动范围的连续信号，此类检测器件称为"位置检测装置"，如位置检测编码器（简称编码器）、直线位置检测光栅（简称光栅）等。

③ 速度检测类。传统的速度检测有专门的传感器，如测速发电机、差动变压器等，此类传感器的功能单一，且其测量精度一般较低，目前已经渐趋淘汰。

当代机电一体化系统中的速度检测通常以测量精度高、制造简单的位置检测装置（编码器、光栅等）直接代替，位置测量信号只需要通过微分运算，便可以很方便地转换为速度、加速度信号，这样不仅提高了精度，而且系统还可以省略专门的速度检测器件，节约成本。

## 二、接近开关

### 1. 检测开关的分类

检测开关的本质只是一种能够根据运动部件的位置自动输出通/断信号的开关。机电一体化控制系统常用的检测开关一般为图 3-1.1 所示的机械式或感应式开关，光电式由于成本较高，通常只在特殊场合使用。

机械式检测开关一般用于行程位置的检测，并需要通过机械的碰撞动作进行发信，故称为行程开关或微动开关。行程开关与微动开关是最简单的检测开关，它们只是用机械挡块代替了按钮开关的手指按压操作，本书不再对此进行说明。

（a）行程开关与微动开关　　　　　　　　（b）接近开关

图 3-1.1　检测开关

感应式检测开关可通过感应挡块依靠电磁感应发信，只要两者相互接近便可以产生检测信号，故称接近开关。

### 2. 工作原理

从原理上说，常用的接近开关有高频振荡型（电感式）与静电电容型（电容式）两类，前者要求的发信体为金属导磁材料，后者可以用于金属、非金属（木、纸、树脂、玻璃等）的检测。

高频振荡型接近开关的内部集成有电子振荡线路、振荡线圈、检测线圈、信号放大电路等，其工作原理如图 3-1.2 所示。振荡线圈中通过高频振荡电流产生高频磁场，当金属导磁检测体接近振荡线圈时，检测体内部将产生涡流并引起高频磁场的变化，从而在检测线圈中产生感应信号，这一感应信号经过放大，可以转换为各种形式的输出。

静电电容型接近开关是利用静电感应原理设计的检测开关，其工作原理如图 3-1.3 所示。检测开关是利用检测体接近时电容器两极间的介质变化，使得电容量发生变化，从而获得检测信号的检测器件。因此，其检测体可以是非金属材料，但以使用接地的金属材料作为检测体时的灵敏度为最高。

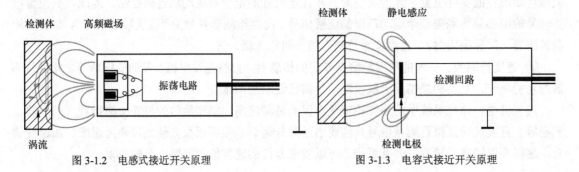

图 3-1.2　电感式接近开关原理　　　　　　　图 3-1.3　电容式接近开关原理

### 3. 输出特性

接近开关的输出特性一般为晶体管通断信号，它只有"导通"与"截止"两种状态。接近开关的检测体可以从水平方向或垂直方向接近，检测体垂直接近时的动作位置称为开关的"动作距离"，其值与检测体的材料、体积等有关（但体积大到一定值后距离将不再变化，见图 3-1.4）。产品样本中的动作距离是指厚度为 1mm、边长与检测头直径基本相同的标准铁质检测体的动作距离值，常用的 $\phi12mm$ 以下圆柱形接近开关一般为 0～5mm，$\phi18～\phi30mm$ 的开关可为 5～20mm。

接近开关的动作具有滞后特性，即开关一旦动作，需要退出到离动作点一定距离的位置才能撤销信号，这一区间称为信号回归区间。

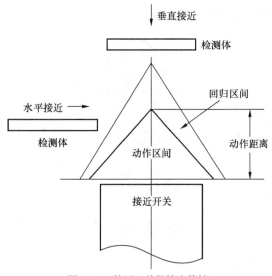

图 3-1.4　接近开关的输出特性

### 4．输出连接

接近开关的输出线一般有 2 线、3 线与 4 线 3 种，输出线路有晶体管集电极开路输出（分 NPN 与 PNP 输出两种）、电压输出、通断输出（交流或直流）等。

3 线式晶体管集电极开路输出和 2 线式直流通断输出为常用器件，其连接要求如图 3-1.5 所示，图中的电源电压一般为 DC 10～30V。开关动作时内部晶体管接通，否则晶体管截止；开关的负载电流一般在 100mA 以下。

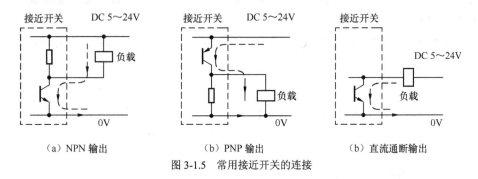

（a）NPN 输出　　　　　（b）PNP 输出　　　　　（b）直流通断输出

图 3-1.5　常用接近开关的连接

## 三、霍尔开关

接近开关具有使用寿命长、负载驱动电流大、使用方便等优点，但其内部需要振荡线路、振荡线圈、检测线圈、信号放大电路等部件，其体积较大、价格较高，为此，在一般场合（如经济型数控车床的电动刀架）经常使用霍尔开关。

霍尔开关是基于霍尔效应的检测开关，如图 3-1.6 所示。试验表明，如果将通电的半导体（或金属）薄片置于磁场中，由于洛仑兹力的作用，在垂直于电流和磁场的方向上将产生电动势（称霍尔电压 $U_H$），这一物理现象称为霍尔效应。利用这一霍尔电压，便可以控制负载电流的大小，生成开关型的通断信号。

霍尔开关在通常情况下被做成类似于晶体管的外形，其连接原理如图 3-1.6（c）所示，电源与输出有时使用公共端（3 引脚器件）。霍尔开关的体积可以做得很小（边长达到 2mm 以下），其价格十分低廉，但要求检测体必须为永久磁铁。

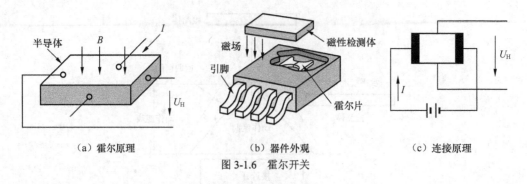

（a）霍尔原理 （b）器件外观 （c）连接原理

图 3-1.6 霍尔开关

# 实 践 指 导

## 一、接近开关产品简介

接近开关是机电一体化系统最为常用的位置检测器件，出于可靠性等方面的考虑，目前国内市场常用的有日本 OMRON、KOYO，德国 BALLUFF、SIEMENS 等公司的产品。其中 BALLUFF、OMRON 的产品规格齐全，种类众多；KOYO 的接近开关性能好、可靠性高；以上产品在我国的使用均较广。

以 KOYO（光洋）接近开关为例，该公司的接近开关有电感式和电容式两类，以电感式为主：其外形分圆柱形、矩形两种；开关可以采用 2 线式或 3 线式连接，输出形式有电平输出、NPN 集电极开路输出、PNP 集电极开路输出、交流开关输出等；外形材料可以是金属或树脂；开关的防护等级通常为 IP67。

根据产品生产时间的不同，KOYO 接近开关产品有 APS-*-和 APS*-两大常用系列，不同系列产品的型号意义如下：

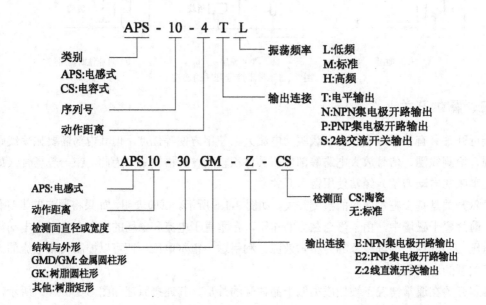

## 二、接近开关主要参数

常用的 KOYO 接近开关主要技术参数如表 3-1.1 所示。

表 3-1.1                  KOYO 接近开关主要技术参数

| 外形与结构 | | | | 动作距离/mm | 电源/V | 连接 | 型　号 |
|---|---|---|---|---|---|---|---|
| 电感式 | | M8 | 金属 | 屏蔽 | 2 | DC10～30 | 2 线 | APS2-8GMC-Z |
| | | M8 | 金属 | 非屏蔽 | 4 | DC10～30 | 2 线 | APS4-8GMC-Z |
| | | M12 | 金属 | 屏蔽 | 2 | DC10～36 | 2 线 | APS2-12GM-Z |
| | | M12 | 金属 | 屏蔽 | 2 | DC10～50 | 3 线 | APS2-80A-2 |
| | | M12 | 金属 | 屏蔽 | 3 | DC10～30 | 2 线 | APS3-12GMC-Z |
| | | M12 | 金属 | 屏蔽 | 3 | DC10～30 | 3 线 | APS3-12GMD-Z |
| | | M12 | 金属 | 非屏蔽 | 5 | DC10～36 | 2 线 | APS5-12GM-Z |
| | | M12 | 金属 | 非屏蔽 | 8 | DC10～36 | 2 线 | APS8-12GMC-Z |
| 电感式 | | M12 | 树脂 | 非屏蔽 | 2 | DC10～28 | 3 线 | APS-30-2 |
| | | M12 | 树脂 | 非屏蔽 | 4 | DC10～28 | 3 线 | APS-30-4 |
| | | M12 | 树脂 | 非屏蔽 | 5 | DC10～36 | 2 线 | APS5-12GK-Z |
| | | M12 | 树脂 | 非屏蔽 | 5 | DC10～30 | 3 线 | APS5-12GK |
| 电感式 | | 矩形上面检测 | 树脂 | 非屏蔽 | 4 | DC10～30 | 2 线 | APS4-12U-Z |
| | | | 树脂 | 非屏蔽 | 4 | DC10～30 | 3 线 | APS-11-4 |
| | | | 树脂 | 非屏蔽 | 4 | DC10～30 | 3 线 | APS4-12M |
| | | 矩形前端检测 | 树脂 | 非屏蔽 | 3 | DC10～30 | 2/3 线 | APS3-16F |
| | | | 树脂 | 非屏蔽 | 4 | DC10～30 | 2 线 | APS4-12BF-Z |
| | | | 树脂 | 非屏蔽 | 4 | DC10～30 | 3 线 | APS-10-4 |
| | | | 树脂 | 非屏蔽 | 4 | DC10～30 | 3 线 | APS4-12S |
| | | | 树脂 | 非屏蔽 | 7 | DC10～30 | 3 线 | APS4-13-7 |
| | | | 树脂 | 非屏蔽 | 10 | DC10～30 | 2/3 线 | APS10-30F |
| | | | 树脂 | 非屏蔽 | 15 | DC10～30 | 3 线 | APS-14-15 |
| 电容式 | | M22 | 树脂 | 非屏蔽 | 5 | DC10～30 | 3 线 | CS-31-5 |
| | | M30 | 金属 | 非屏蔽 | 15 | DC10～30 | 3 线 | CS-85-15 |
| | | 矩形 | 树脂 | 非屏蔽 | 5 | DC10～30 | 3 线 | CS-16-5 |

# | 任务二 熟悉光栅与光电编码器 |

## 能 力 目 标

1. 了解光栅的原理。
2. 了解光电编码器的原理。
3. 掌握光栅、光电编码器的连接技术。

# 工 作 内 容

学习后面的内容，回答以下问题。

1. 光栅是利用什么原理放大栅距的？放大后的栅距如何计算？

2. 光栅与编码器是如何提高检测精度与判别转向的？

3. 光栅输出信号有哪几种形式？简述其接口电路原理。

4. 光电编码器输出信号有哪几种形式？简述其接口电路原理。

5. 串行编码器有何优点？

# 相 关 知 识

光栅和光电编码器是机电一体化系统最为常用的非接触式位置、速度检测器件，它们可以动态、连续地检测机械运动部件的实际位置与速度。根据通常的习惯，用于直线测量的光栅直接称"光栅"，而用于角位移测量的光栅则称光电编码器。

光栅和光电编码器都是利用光电效应来检测位置变化量的器件，其测量精度可达 $0.1\mu m$ 甚至更高，两者只是结构上的区别，其工作原理相同。

光栅的结构

## 一、光栅

### 1. 外形与结构

光栅的外形与结构如图 3-2.1 所示，光栅内部由光源、标尺光栅、指示光栅、光敏元件、透镜、放大电路等组成，标尺光栅的长度与测量范围相同，光源、指示光栅、光敏元件、透镜、放大电路等安装在读数头上。

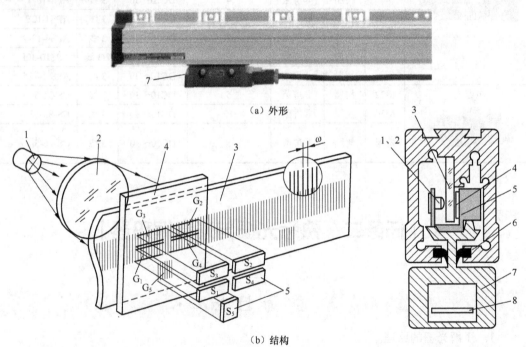

（a）外形

（b）结构

1—光源；2—透镜；3—标尺光栅；4—指示光栅；5—光敏元件；6—密封橡胶；7—读数头；8—放大电路

图 3-2.1 光栅的外形与结构

　　标尺光栅与指示光栅上均刻有密集的平行条纹，条纹间的距离称为节距 $\omega$ 或栅距，一般而言每毫米的条纹数有 50 条、100 条或 200 条。标尺光栅与指示光栅的节距相同，光栅面相互平行，但条纹成一定的角度，以便生成后述的莫尔条纹。

　　光栅的光源一般为长寿命的白炽灯，光线经透镜后变为平行光束。光敏元件可以将光强转变成与之成比例的电压信号，这一信号经过放大电路放大后可以进行较长距离的传输。在绝大多数光栅上，光敏元件一般布置有图示的 $S_1 \sim S_5$ 5 只，其中的 $S_1 \sim S_4$ 用来产生 $u_a$、$u_a^{\cdot}$、$u_b$、$u_b^{\cdot}$ 4 组计数信号，$S_5$ 用来产生零标记（零脉冲）。通过光敏元件的布置，可以使得 $u_a$ 与 $u_a^{\cdot}$、$u_b$ 与 $u_b^{\cdot}$ 互为反信号；$u_a$ 与 $u_b$、$u_a^{\cdot}$ 与 $u_b^{\cdot}$ 互差 1/4 节距；而零标记的间隔距离一般为整数，如 10mm、20mm 等。

### 2．工作原理

　　由于光栅的条纹非常密集，如果仅仅依靠光直射所产生的光强进行位置检测，不但容易产生误差，而且光敏元件的布置也将变得非常困难，因此，实际光栅需要利用莫尔条纹进行检测。

光栅的工作原理

　　利用光学原理，如果在布置时将指示光栅与标尺光栅的条纹相差一个很小的角度 $\theta$，这样就会产生图 3-2.2 所示的明暗相间的条纹，这一条纹称为莫尔条纹。

　　莫尔条纹的方向与光栅刻线大致垂直；当标尺光栅左右移动时，莫尔条纹就沿垂直方向上下移动；光栅移动一个节距 $\omega$ 时，莫尔条纹就相应地移动一个节距 $W$。

　　光学分析表明，当光栅夹角 $\theta$ 很小时，莫尔条纹的节距 $W$ 与夹角 $\theta$、指示光栅节距 $\omega$ 有以下近似关系：

$$W \approx \frac{\omega}{\theta}$$

图 3-2.2　莫尔条纹

　　因此，利用莫尔条纹可以将指示光栅的节距与条纹宽度同时放大 $1/\theta$ 倍，也就是说当光栅节距为 0.01mm 时，如果夹角 $\theta = 0.01$rad，便可以将光栅的节距与条纹宽度同时放大 100 倍，使得莫尔条纹节距为 1mm，从而大大提高检测分辨率。

莫尔条纹的另一个显著特点是具有平均效应，由于莫尔条纹是由很多条刻线同时生成，制造缺陷所引起的条纹间断、条纹宽度并不会对莫尔条纹带来很大的影响，因此其位置测量精度比光直射检测要高得多。

### 3．信号处理

在进行光栅信号处理时要注意以下几点。

① 提高测量精度。提高光栅测量精度的一种方法是增加光栅条纹的密度，但是，如果条纹密度超过 200 条/mm，其制造将变得十分困难，因此，在实际测量系统中一般是通过与光栅配套的"前置放大器"进行信号的电子细分处理，来提高光栅的测量精度。在部分光栅上，也有将前置放大器布置于光栅读数头的情况，此时光栅的放大电路与细分电路集成一体。

② 检测运动方向与速度。光栅的运动方向可以通过检测 $U_a/U_b$ 的相位确定，由于 $U_a/U_b$ 的空间位置差 1/4 节距，因此，输出信号的相位相差 90°。如果 $U_a$ 超前 $U_b$ 为正向运动，那么 $U_a$ 滞后 $U_b$ 即为反向。光栅的速度可以通过对输出脉冲的 D/A 转换直接实现，单位时间内的输入脉冲数便代表了光栅的移动速度。

③ 确定绝对位置。以上光栅的输出信号为以节距为周期的信号，转换后的计数脉冲数量实际上只能反映运动距离而不能确定实际位置（绝对位置），因此它是一种"增量式"的位置检测信号。为此，光栅上需要每隔一定的距离增加一组零标记刻线，以便控制装置能够通过零脉冲的计数确定光栅移动的区间，从而计算出绝对位置值。

### 4．输出信号

光栅常用的输出信号有如图 3-2.3 所示的正余弦输出、线驱动差分信号输出、TTL 电平输出 3 种；在高精度位置检测的场合，目前也经常使用串行数据输出，其输出形式与后述的编码器相同。

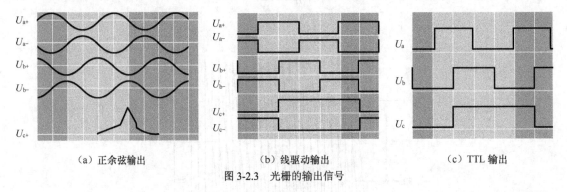

（a）正余弦输出　　　　　　　（b）线驱动输出　　　　　　　（c）TTL 输出

图 3-2.3　光栅的输出信号

只放大而未经细分处理的光栅输出信号一般为图 3-2.3（a）所示的周期为 1 个节距、幅值为 $1V_{P-P}$ 左右的近似正余弦波，由于输出信号 $U_a/U_b$ 的幅值随着光栅的移动而改变，因此很容易通过 A/D 转换等方法将其转换成为数字量或细分脉冲信号，而且其细分倍率可以做得很高。例如，如果将节距为 0.02mm 的光栅信号进行 1024 细分，其检测精度便可以达到 0.02μm，足以满足数控机床的高精度位置测量要求。

经过放大、细分处理后的线驱动差分输出是图 3-2.3（b）所示的 6 相脉冲信号，线驱动输出的接口通常采用 26LS31、MC3487 或类似规格的集成线驱动芯片，信号输出符合 RS422 接口标准规范，输出接口电路如图 3-2.4（a）所示。

经过放大、细分处理后的 TTL 电平输出通常为图 3-2.3（c）所示的 3 相脉冲信号，输出接口采用类似于图 3-2.4（b）的"推拉电路"。

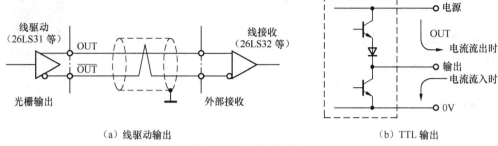

（a）线驱动输出 　　　　　　　　　　（b）TTL 输出

图 3-2.4　光栅的输出接口

## 二、光电编码器

### 1．结构与原理

光电编码器与光栅只是结构上的区别，其原理完全相同。由于编码器用于检测角位移，因此它是一种 360°回转的位置测量元件。

光电编码器的结构如图 3-2.5 所示，编码器内部同样由光源、标尺光栅、指示光栅、光敏元件、透镜、放大电路等组成，只不过编码器的标尺光栅为旋转的圆盘而已。

增量式光电编码器测量系统的工作原理

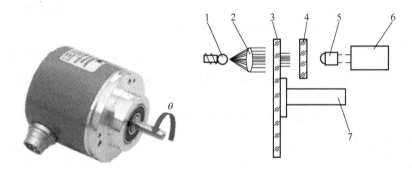

（a）外形　　　　　　　　　　（b）结构

1—光源；2—透镜；3—标尺光栅；4—指示光栅；5—光敏元件；6—放大电路；7—回转轴

图 3-2.5　光电编码器的外形与结构

光电编码器在输出脉冲数较少时经常采用光直射的检测形式，此类编码器无指示光栅。

作为数控机床的辅助位置检测装置，有时也使用标尺光栅上直接刻有多圈循环二进制编码条纹、格莱码条纹的光电编码器，它的每圈刻线代表一个二进制位的信号，这样的编码器可以在任何时刻直接识别转角的绝对位置（角度），因而它是真正的绝对编码器。但是，此类编码器因体积的限制，其二进制码位数（刻线圈数）不能做得过多，因此，常用于伺服电机的转子位置、回转刀架/刀库的刀号/刀位等辅助位置测量。

绝对式光电编码器——光电式码盘的工作原理

### 2．输出与处理

光电编码器的信号输出形式同样有线驱动差分信号输出、TTL 电平输出、集电极开路输出、正余弦输出、串行数据输出等。其中，线驱动差分信号输出、TTL电平输出的接口与光栅类似；集电极开路输出与接近开关类似，可以参见前述的说明。

绝对式光电
编码器——接触式码盘
的工作原理

使用正余弦输出的编码器多见于伺服电机内置型编码器（如 SIEMENS 1FT6/1FK7 交流伺服电机），其 $U_a/U_b$ 信号与光栅类似，但零位信号 $U_c$ 一般为脉冲输出；在部分编码器中还带有图 3-2.6（a）所示的每转 1 周期的绝对位置编码信号 A/B。

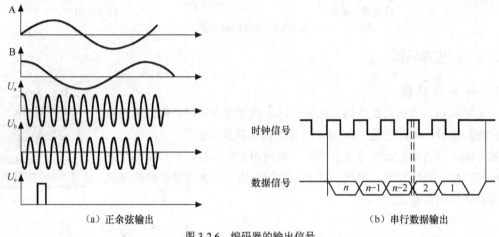

（a）正余弦输出　　　　（b）串行数据输出

图 3-2.6　编码器的输出信号

采用串行数据输出的编码器具有分辨率高（可达到 100 万脉冲/转以上）、连接线少等优点，已经越来越多地用于机电一体化系统。例如，交流伺服电机的内置编码器几乎都采用了串行数据输出。

串行数据输出的编码器内部带有串行数据转换电路，其输出为图 3-2.6（b）所示的、时钟频率为 1MHz 左右的串行数据，编码器的连接线一般只需要 2 根电源线与 2 根数据线。为了使得数据输出与外部接收电路同步，对于通用型串行数据输出编码器，一般需要连接用于数据同步的时钟脉冲信号。

# 实践指导

## 一、常用的光栅产品

光栅多用于高精度数控机床或其他精密加工等机电一体化产品的直线位移的直接测量，由于光栅对生产工艺与设备的要求较高，高精度的光栅目前国内尚不能生产。光栅产品以德国 HEIDENHAIN 公司最为著名，其产品规格齐全，技术水平、市场占有率均居世界首位。此外，日本 SONY、西班牙 FAGOR 等公司的产品在国内也有一定的销量。

以 HEIDENHAIN 产品为例，该公司的光栅在结构上分为密封式与敞开式两类，其测量分辨率可达 0.005μm，最大测量长度可达 30m。常用产品的型号意义如下。

除以上常用产品外，该公司还有 LIP300、LIP400、LIP500 系列敞开式光栅，LS600 系列手动机床测量用光栅等产品。

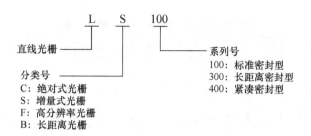

HEIDENHAIN 常用光栅产品的主要技术参数如表 3-2.1 所示。

表 3-2.1　　　　　　　　　　HEIDENHAIN 光栅主要技术参数

| 型　　号 | 位置测量输出 | 周期/μm | 测量精度/μm | 分辨率/μm | 测量范围/mm | 参考点形式 |
|---|---|---|---|---|---|---|
| LS183<br>LS193F/M | 绝对位置；EnDat2.2 标准接口，或 FANUC、三菱接口 | 20 | ±5 | 0.005 | 140～4 240 | — |
| | | | ±3 | 0.005 | 140～3 040 | — |
| LF183 | 峰-峰值 1V 正余弦信号 | 4 | ±2/3 | 0.1 | 140～3 040 | 距离编码或节距信号 |
| LS187 | 峰-峰值 1V 正余弦信号 | 20 | ±3/5 | 0.1 | 140～3 040 | 距离编码或节距信号 |
| LS177 | TTL 脉冲信号 | 4/2 | ±3/5 | 0.1 | 140～3 040 | 距离编码或节距信号 |
| LS382 | 峰-峰值 1V 正余弦信号 | 40 | ±5 | 0.1 | 440～3 040 | 距离编码或节距信号 |
| LS487<br>LS493F/M | 绝对位置；EnDat2.2 标准接口，或 FANUC、三菱接口 | 20 | ±3/5 | 0.005 | 70～2 040 | — |
| LF481 | 峰-峰值 1V 正余弦信号 | 4 | ±3/5 | 0.1 | 50～1 220 | 距离编码或节距信号 |
| LF487 | 峰-峰值 1V 正余弦信号 | 20 | ±3/5 | 0.1 | 70～2 040 | 距离编码或节距信号 |
| LS477 | TTL 脉冲信号 | 4/2 | ±3/5 | 0.1 | 70～2 040 | 距离编码或节距信号 |
| LS388C | 峰-峰值 1V 正余弦信号 | 20 | ±10 | 1 | 70～1 240 | 距离编码 |
| LS328C | TTL 脉冲信号 | 20 | ±10 | 5 | 70～1 240 | 距离编码 |

## 二、常用的光电编码器

光电编码器多用于高精度数控机床或其他精密加工等机电一体化产品的转角测量或直线位移的间接测量，德国 HEIDENHAIN 公司同样是全球最著名的光电编码器产品生产企业，其产品规格齐全，技术水平、市场占有率均居世界首位。此外，日本 KOYO、西班牙 FAGOR 等公司的产品在国内也有一定的销量。

以 HEIDENHAIN 产品为例，该公司的光电编码器在结构上分为标准轴独立安装与空心轴电机内置两类，其绝对位置编码器的测量分辨率可达 25bit，可选择 EnDat2.1（5V）、EnDat2.2（3.6～14V）、SSI（5V 或 10～30V）、PROFIBUS（9～36V）等标准串行接口输出；增量编码器的刻度可达 5 000 线，输出信号可以为 DC5V 线驱动脉冲、10～30V 线驱动脉冲、10～30V HTL 脉冲或峰-峰值 1V 正余弦信号。

HEIDENHAIN 常用光电编码器产品的主要技术参数如表 3-2.2 所示。

表 3-2.2            HEIDENHAIN 光电编码器主要技术参数

| 型　　号 | 类　　别 | 结　　构 | 测量精度 | 备　　注 |
|---|---|---|---|---|
| ECN125 | 绝对编码器 | $\phi$50 空心轴 | 25bit | EnDat2.2 接口 |
| ECN113 | 绝对编码器 | $\phi$50 空心轴 | 13bit | EnDat2.2 接口或 SSI 接口 |
| ECN425 | 绝对编码器 | $\phi$12 空心轴 | 25bit | EnDat2.2 接口 |
| ECN413 | 绝对编码器 | $\phi$12 空心轴 | 13bit | EnDat2.2 接口或；SSI 接口、PROFIBUS 接口 |
| ECN1023 | 绝对编码器 | $\phi$6 空心轴 | 23bit | 3.6～14V EnDat2.2 接口 |
| ECN1013 | 绝对编码器 | $\phi$6 空心轴 | 13bit | EnDat2.2 接口 |
| ROC425 | 绝对编码器 | $\phi$6 或 $\phi$10 实心轴 | 25bit | EnDat2.2 接口 |
| ROC413 | 绝对编码器 | $\phi$6 或 $\phi$10 实心轴 | 13bit | EnDat2.2 接口或；SSI 接口、PROFIBUS 接口 |
| ROC418 | 绝对编码器 | $\phi$6 或 $\phi$10 实心轴 | 18bit | EnDat2.1 接口 |
| ROC1023 | 绝对编码器 | $\phi$4 实心轴 | 23bit | EnDat2.2 接口 |
| ROC1013 | 绝对编码器 | $\phi$4 实心轴 | 13bit | EnDat2.2 接口 |
| ERN120 | 增量编码器 | $\phi$50 空心轴 | 1 000～5 000P/r | DC 5V 线驱动脉冲 |
| ERN130 | 增量编码器 | $\phi$50 空心轴 | 1 000～5 000P/r | 10～30V HTL 脉冲 |
| ERN180 | 增量编码器 | $\phi$50 空心轴 | 1 000～5 000P/r | 峰-峰值 1V 正余弦信号 |
| ERN420 | 增量编码器 | $\phi$12 空心轴 | 250～5 000P/r | DC 5V 线驱动脉冲 |
| ERN430 | 增量编码器 | $\phi$12 空心轴 | 250～5 000P/r | 10～30V HTL 脉冲 |
| ERN460 | 增量编码器 | $\phi$12 空心轴 | 250～5 000P/r | 10～30V 线驱动脉冲 |
| ERN480 | 增量编码器 | $\phi$12 空心轴 | 1 000～5 000P/r | 峰-峰值 1V 正余弦信号 |
| ERN1020 | 增量编码器 | $\phi$6 空心轴 | 100～3 600P/r | DC 5V 线驱动脉冲 |
| ERN1030 | 增量编码器 | $\phi$6 空心轴 | 100～3 600P/r | 10～30V HTL 脉冲 |
| ERN1080 | 增量编码器 | $\phi$6 空心轴 | 100～3 600P/r | 峰-峰值 1V 正余弦信号 |
| ROD426 | 增量编码器 | $\phi$6 实心轴 | 1～5 000P/r | DC 5V 线驱动脉冲 |
| ROD436 | 增量编码器 | $\phi$6 实心轴 | 1～5 000P/r | 10～30V HTL 脉冲 |
| ROD466 | 增量编码器 | $\phi$6 实心轴 | 50～5 000P/r | 10～30V 线驱动脉冲 |
| ROD486 | 增量编码器 | $\phi$6 实心轴 | 1 000～5 000P/r | 峰-峰值 1V 正余弦信号 |
| ROD420 | 增量编码器 | $\phi$10 实心轴 | 50～5 000P/r | DC 5V 线驱动脉冲 |
| ROD430 | 增量编码器 | $\phi$10 实心轴 | 50～5 000P/r | 10～30V HTL 脉冲 |
| ROD480 | 增量编码器 | $\phi$10 实心轴 | 1 000～5 000P/r | 峰-峰值 1V 正余弦信号 |
| ROD1020 | 增量编码器 | $\phi$4 实心轴 | 100～3 600P/r | DC 5V 线驱动脉冲 |
| ROD1030 | 增量编码器 | $\phi$4 实心轴 | 100～3 600P/r | 10～30V HTL 脉冲 |
| ROD1080 | 增量编码器 | $\phi$4 实心轴 | 100～3 600P/r | 峰-峰值 1V 正余弦信号 |

# |任务三　熟悉磁栅与磁编码器|

## 能 力 目 标

1. 了解磁栅的原理。
2. 了解磁编码器的原理。
3. 掌握磁栅、磁编码器的输出连接技术。

## 工 作 内 容

学习后面的内容，回答以下问题。

1. 磁栅由哪些部分组成？其磁头安装有何要求？
2. 怎样加强磁栅的检测信号？其磁头安装有何要求？

## 相 关 知 识

　　磁栅、磁编码器是利用电磁感应原理来测量位置的检测元件，它们与光栅、光电编码器的区别只是测量原理不同，其功能与用途一致。根据通常的习惯，用于直线测量的磁栅直接称为"磁栅"，而测量角位置的磁栅则称为磁编码器。

　　磁栅、磁编码器的测量精度可达 0.2μm 左右，与光栅和光电编码器相比，磁栅的最大优点是其检测信号较强，故可用于高速检测。磁编码器目前已经大量用于数控机床的高速主轴等机电一体化装置，在高速、高精度检测上的应用已越来越广泛，这是一种很有发展潜力的位置检测器件。

## 一、磁栅

### 1．结构

磁栅的结构原理如图 3-3.1 所示，它由磁性标尺、磁头和检测电路 3 部分组成。

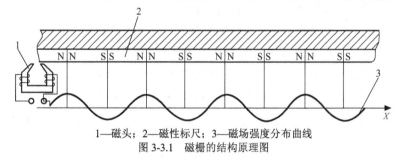

1—磁头；2—磁性标尺；3—磁场强度分布曲线
图 3-3.1　磁栅的结构原理图

（1）磁性标尺

　　磁性标尺是在玻璃、不锈钢、铜、铝、合成材料等非导磁材料（图中加斜线部分）的基体上，采用涂敷、化学沉积、电镀等方法，覆盖上一层 10～20μm 厚的磁性材料，形成一层均匀的磁性膜，然后用录磁方法使磁性膜录上等距周期性磁化信号。

　　磁性标尺的基体可以为长条形、带状或线状。磁化信号的节距λ一般为 0.05mm、0.10mm、

0.20mm、1mm 等。

（2）磁头

磁栅所使用的磁通响应型磁头是一种利用饱和铁芯的二次谐波调制器件，它用软磁材料（如坡莫合金等）制成。

磁头是利用电磁感应原理进行磁电转换的器件，它可以检测磁化信号的磁场强度并将其转换成电信号。为了在低速甚至静止时也能进行位置检测，磁栅必须使用磁通响应型磁头（又称磁调制式磁头），普通的录音机上的过渡响应型磁头不能用作数控机床的位置检测。

（3）检测电路

检测电路是进行信号放大、整形、细分与输出转换的电路，转换后的测量信号同样可以以线驱动差分、TTL 电平、集电极开路、正余弦信号、串行数据等形式输出。

**2．工作原理**

磁栅的电磁感应原理检测原理如图 3-3.2 所示。磁栅的磁头上分别有两个"激磁绕组"与两个"拾磁绕组"，激磁绕组用来产生激磁磁通，两个绕组所产生的磁通方向相反；拾磁绕组用来获得电磁感应信号。

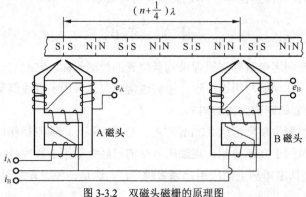

图 3-3.2　双磁头磁栅的原理图

根据电磁学原理，当激磁绕组中通入高频激磁电流后，它所产生的激磁磁通将与磁性标尺上的固定磁通进行叠加，形成强度随标尺位置变化的合成磁通。由于磁路的非饱和性，在合成磁通的作用下，磁头的拾磁绕组中将得到频率为激磁电流两倍、强度随标尺位置变化的二次调谐波感应电势信号，这一信号放大后便可以作为位置检测信号。

数控机床所使用的磁栅通常采用"鉴幅"测量方式，为了能够辨别磁头的移动方向，需要同时安装两个间距为（$n \pm 1/4$）$\lambda$ 的磁头（见图 3-3.2，$n$ 为整数）；单个磁头的输出信号一般较弱，为此，也可使用多个磁头串联的多间隙磁头，通过信号的叠加来增强输出信号。

对于磁化信号节距为 $\lambda$ 的标尺，如果磁头离开N极点的距离为 $X$，则该点的磁通强度近似于 $B \sin \dfrac{2\pi X}{\lambda}$，如果对图 3-3.2 中磁头 A 和 B 的激磁绕组分别加入频率、相位、幅值相同的激磁电流 $i_A = i_B = \sin \dfrac{\omega t}{2}$，则在相对间距为 $\lambda/4$ 的磁头 A、B 的拾磁绕组上便可以得到如下二次调谐波感应电势

$$E_{SCA} = E_0 \sin \frac{2\pi X}{\lambda} \sin \omega t$$

$$E_{SCB} = E_0 \cos \frac{2\pi X}{\lambda} \sin \omega t$$

这一输出信号经过放大并通过检波电路滤去高频载波信号 $\sin \omega t$，便可以得到如下相位差为

$\pi/2$ 的交变电压信号

$$U_{SCA} = U_0 \sin \frac{2\pi X}{\lambda}$$

$$U_{SCB} = U_0 \cos \frac{2\pi X}{\lambda}$$

由此可见，磁栅的输出信号与光栅完全一致，因此可以通过光栅同样的放大、细分处理后转换为位置脉冲测量输出。

## 二、磁编码器

磁编码器与磁栅的区别主要在形状上，其结构如图 3-3.3 所示。

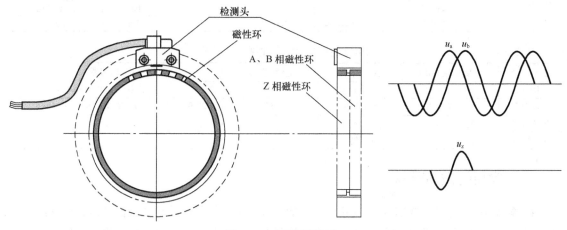

图 3-3.3　磁编码器的原理

磁编码器的磁性标尺为磁性环，用于 A、B 两相输出发信的磁性环上均匀布置有 64～1 024 个磁体，磁体与磁体之间为非导磁材料；检测头（磁头）上安装有相对间距为λ/4（相位差为 90°）的磁头 A、B，两相磁感应元件与每转输出 1 周期的 Z 相磁感应元件。

当磁性环旋转 1 周，A、B 两相检测头上即可以输出 64～1 024 周期的正弦波信号；用于 Z 相检测的磁性环上只布置有 1 个磁体，磁性环每旋转一转，Z 相检测头上只输出 1 周期的正弦波信号。

与光电编码器一样，磁编码器通过内部或外部的前置放大器整形与细分，同样可以转换为 1 024～4 096 或更多的位置脉冲，并以线驱动差分、TTL 电平、集电极开路、正余弦信号、串行数据等形式输出。

## 实 践 指 导

### 一、常用的磁栅产品

磁栅同样可用于机电一体化产品的直线位移的直接测量，磁栅的测量范围大，允许的移动速度高，但测量精度相对较低，故多用于位置显示，在数控机床或其他精密加工设备上作为闭环位置反馈装置的情况相对较少。

国内市场的磁栅以德国 SIKO、日本 SONY 公司产品为常用。表 3-3.1 和表 3-3.2 分别为 SIKO 公司磁栅检测头和磁带（磁性标尺）的主要技术参数表。

表 3-3.1                SIKO 磁栅检测头主要技术参数

| 型　号 | 位置测量输出 | | 最高速度/<br>（m/min） | 测量精度（系<br>统）/μm | 分辨率/μm | 配套磁性标尺 |
|---|---|---|---|---|---|---|
| MSK1000 | 线驱动脉冲（RS422 规格） | | 38.4 | ±10 | 0.2 | MB100 |
| MSK1000 | 线驱动脉冲（RS422 规格） | | 192 | ±10 | 1 | MB100 |
| MSK1000 | 线驱动脉冲（RS422 规格） | | 384 | ±10 | 2 | MB100 |
| MSK1000 | 线驱动脉冲（RS422 规格） | | 960 | ±10 | 5 | MB100 |
| LE100/1 | 峰-峰值 1V 正余弦信号 | | 1 200 | ±10 | 1 | MB100 |
| MSA111C | SSI 接口 | 峰-峰值 1V 正余弦增量<br>输出 | 600 | ±10 | 1 | MBA111 |
| | | 串行绝对位置输出 | 120 | ±10 | 1 | MBA111 |
| ASA110H | SSI 接口（串行绝对位置输出峰—峰<br>值+1V 正余弦增量输出）和线驱动增<br>量脉冲（RS422 规格） | | 48 | 25 | 0.5 | MBA110 |
| | | | 240 | 25 | 1 | MBA110 |
| | | | 480 | 25 | 10 | MBA110 |
| | 绝对位置输出最高速度为 30m/min | | 480 | 25 | 12.5 | MBA110 |

表 3-3.2               SIKO 磁栅磁性标尺主要技术参数

| 型　号 | 测量长度/mm | 类　别 | 测量精度/μm | 参考点节距 |
|---|---|---|---|---|
| MB100 | 100～4 000 | 增量刻度 | 10 | 0.02/0.08/0.14/0.2/0.26/0.32/0.38/0.44/0.5 |
| MB100 | 100～90 000 | 增量刻度 | 50 | 0.02/0.08/0.14/0.2/0.26/0.32/0.38/0.44/0.5 |
| MBA110 | 200～4 000 | 绝对刻度 | 10 | — |
| MBA110 | 200～4 090 | 绝对刻度 | 10 | — |

## 二、常用的磁编码器

磁编码器多用于高速数控机床或其他精密加工等机电一体化产品的主轴的转速、位置测量。磁编码器是一种新颖的位置测量器件，与光电编码器比较，其允许的最大转速更高，但其生产厂家较少，产品规格目前也较单一。

德国 SIKO、HEIDENHAIN 公司是较著名的磁编码器产品生产企业，其常用产品的主要技术参数如表 3-3.3 和表 3-3.4 所示。

表 3-3.3               SIKO 磁编码器主要技术参数

| 型　号 | 最高转速/（r/min） | 连接轴 | 测量输出 | 输　出　形　式 |
|---|---|---|---|---|
| IH28M | 3 000 | $\phi 8$ | 1 000P/r 增量 | 线驱动（RS422 规格）或 10～30V HTL 脉冲 |
| IV28M/1 | 3 000 | $\phi 6$ | 1 000P/r 增量 | 线驱动（RS422 规格）或 10～30V HTL 脉冲 |
| IH58M | 6 000 | 中空$\phi 22$ | 2 560P/r 增量 | 线驱动（RS422 规格）或 10～30V HTL 脉冲 |
| IV58M | 6 000 | $\phi 10$ | 2 560P/r 增量 | 线驱动（RS422 规格）或 10～30V HTL 脉冲 |
| WH58M | 6 000 | 中空$\phi 22$ | 12bit 绝对 | 串行输出，RS485/SSI/CANbus/Propibus 接口 |
| WV58M | 6 000 | $\phi 6/\phi 10$ | 12bit 绝对 | 串行输出，RS485/SSI/CANbus/Propibus 接口 |

表 3-3.4               HEIDENHAIN 磁编码器主要技术参数

| 型　号 | 最高转速/（r/min） | 中空内径 | 测　量　输　出 | 输　出　形　式 |
|---|---|---|---|---|
| ERM2484 | 42 000 | $\phi 40$ | 512λ/r 增量 | 1V$_{P-P}$ 正余弦信号 |
| ERM2484 | 36 000 | $\phi 55$ | 600λ/r 增量 | 1V$_{P-P}$ 正余弦信号 |
| ERM2485 | 33 000 | $\phi 40$ | 512λ/r 增量 | 1V$_{P-P}$ 正余弦信号 |
| ERM2485 | 27 000 | $\phi 55$ | 600λ/r 增量 | 1V$_{P-P}$ 正余弦信号 |
| ERM2984 | 35 000 | $\phi 55$ | 256λ/r 增量 | 1V$_{P-P}$ 正余弦信号 |

# 学习领域二

# 运动控制技术

# 项目四
# 步进驱动系统

运动控制（Motion Control）是以机械装置的位移、速度或加速度为控制对象的自动控制技术，它包括了传统意义上的伺服驱动系统和电气传动系统两方面内容，前者以位置控制为主要目的，亦称位置随动系统；后者以速度控制为主要目的，亦称调速系统。

运动控制系统的执行装置一般为电机，以步进电机作为执行装置的系统称为开环步进驱动系统，简称步进驱动系统，它可以用于简单的速度与位置控制。

步进驱动系统的实质是一种对控制装置输出的位置指令脉冲进行功率放大并转换为机械部件运动的"脉冲放大器"，系统由驱动器（脉冲功率放大器）与步进电机（执行装置）两部分组成。

## |任务一　熟悉步进电机工作原理|

### 能 力 目 标

1. 了解步进电机的结构。
2. 熟悉三相三拍、三相六拍运行原理。
3. 掌握步进电机的工作特性。

### 工 作 内 容

学习后面的内容，并回答以下问题。

1. 什么叫步进电机？它是怎样实现速度与位置控制的？
2. 什么叫"三相三拍"与"三相六拍"运行？
3. 步进电机的静态特性与动态特性有什么特点？

### 相 关 知 识

#### 一、三相单三拍运行原理

步进电机是一种可以使转子以规定的角度（称为步距角）断续转动或保持定位的特殊电机。

步进电机的绕组用脉冲信号驱动，来自位置控制器的定位脉冲经步进驱动器的放大，可以直接控制步进电机的角位移，角位移可以通过滚珠丝杠、齿轮齿条、同步皮带、蜗轮蜗杆等机械传动装置转换为直线运动或回转运动。

采用步进电机驱动的位置控制系统，只要改变定位脉冲的频率，便可控制步进电机的转速；改变定位脉冲的数量，便可控制位置。步进电机在运动停止时还可以利用绕组的通电，产生自锁转矩，保持定位点的不变。

步进电机按照结构可分为反应式、混合式和永磁式 3 类，以反应式与混合式步进电机为常用；反应式步进电机也称磁阻式步进电机。

三相反应式步进电机的工作原理如图 4-1.1 所示。图中电机的定子是安装有控制绕组的 6 个极，两个相对的极组成一相，构成 A、B、C 三相；电机转子是 4 个均匀分布的齿。

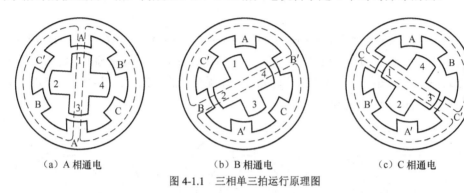

（a）A 相通电　　　　　　　　（b）B 相通电　　　　　　　　（c）C 相通电

图 4-1.1　三相单三拍运行原理图

当 A 相绕组通电时，根据电磁学原理，磁通总是沿磁阻最小的路径闭合，因此，转子齿 1/3 将和定子的 A/A′极对齐，如图 4-1.1（a）所示；当 A 相断电、B 相通电时，则转子齿 2/4 和定子 B/B′极对齐，转子将逆时针转过 30°，如图 4-1.1（b）所示；而当 B 相断电、C 相通电时，转子齿 1/3 将和定子的 C/C′极对齐，转子再次逆时针转过 30°，如图 4-1.1（c）所示；如此循环。因此，如果转子绕组能按 A→B→C→A 的顺序循环通电，电机便可以逆时针步进；而按 A→C→B→A 的顺序循环通电，电机则将顺时针步进。

以上电机定子绕组改变一次通电方式称为"一拍"，转子对应每拍所转过的角度（30°）称为"步距角"。当电机为三相，每次只控制单相绕组通电、需要经过三次切换完成一个循环的工作方式称为"三相单三拍"工作方式。

由步进电机的运行原理可见，步进电机旋转的前提是定子与转子必须保证"错位"，因此转子的齿数不能任意取值。对于 1 对极的 $m$ 相电机，其"错位量"应为转子齿距的 $1/m$，如转子齿数为 $z_r$，则其步距角（错位角）为

$$\alpha = \frac{360°}{mz_r}$$

如步进电机的通电切换频率（脉冲频率）为 $f$，则步进电机的转速为

$$n_s = \frac{360°}{mz_r} f(°/s) = \frac{60f}{mz_r}(r/min)$$

而转子的齿数则应满足

$$z_r = z_p\left(k \pm \frac{1}{m}\right)$$

式中：$z_r$——转子齿数；

$\quad\quad z_p$——定子齿数；

$\quad\quad m$——相数；

$\quad\quad k$——正整数。

步进电机既可以为三相，也可以为二相或者四相、五相、六相或更多；电机的相数和齿数越多，步距角就越小，每步移动量就越小，位置精度也就越高，但在同样脉冲频率下的转速也越低。

## 二、三相六拍运行原理

"单三拍"工作在两相绕组切换时不能形成有效的转矩，容易造成失步；且仅依靠单相绕组吸引转子，也容易使转子在平衡位置附近产生振荡；因此，实际电机一般采用"三相六拍"工作方式。

三相六拍工作的通电顺序为 A→AB→B→BC→C→CA→A 或 A→AC→C→CB→B→BA→A，即先接通 A 相绕组，然后同时接通 A、B 相；再单独接通 B 相，同时接通 B、C 相，依此循环。这种工作方式三相电机需经过六次切换才能完成一个循环，故称为"三相六拍"。步进电机的"三相六拍"运行原理如图 4-1.2 所示。

(a) A 相通电　　　　　　　(b) B 相通电　　　　　　　(c) C 相通电

图 4-1.2　三相六拍运行原理图

电机在 A 相绕组通电时，转子齿 1/3 和定子极 A/A′对齐，如图 4-1.2（a）所示；当 A、B 相同时通电时，转子齿 2/4 将在定子极 B/B′的吸引下逆时针转过 15°，到达转子齿 1/3 和定子极 A/A′与转子齿 2/4 和定子极 B/B′间的作用力平衡位置，如图 4-1.2（b）所示；而切换到 B 相绕组通电时，转子继续逆时针转过 15°，使转子齿 2/4 与定子极 B/B′对齐，如图 4-1.2（c）所示。

由此可见，采用三相六拍工作后，步进电机由 A 相绕组通电到 B 相绕组通电，需要经过 A、B 相同时通电这一中间状态（二拍），所以对于同样结构的步进电机其步距角与转速只有三相单三拍工作的一半。

## 三、小步距角电机运行原理

步进电机的步距角决定了驱动系统的最小位置移动量（位置控制精度），而以上简单结构的步进电机的步距角一般较大，在数控机床等对精度有要求的设备上需要采用"小步距角"的步进电机。

三相小步距角步进电机的结构如图 4-1.3 所示。其定子极被分成若干齿；转子上则均匀分布多个齿；定子与转

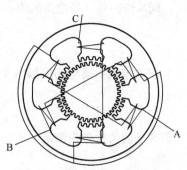

图 4-1.3　小步距角的步进电机结构

子的齿宽和齿距都相同；其工作原理可以用图 4-1.4 所示的展开图进行说明。

图 4-1.4 所示的电机转子均匀分布有 40 个齿，齿间距为 9°。定子每极布置有 5 个齿，齿间距同样应为 9°，由于电机的每极占 60°角，故极间有 19.5°的空隙。

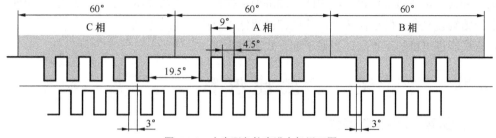

图 4-1.4 小步距角的步进电机展开图

当 A 相通电时，转子齿和定子 A 极上的齿对齐，而 B、C 极下的齿将和转子齿错位三分之一齿距（3°）。这时，如果由 A 相切换到 B 相通电，电机只要旋转 3°（展开图中为转子向左 3°）便可对齐齿；如果由 A 相切换到 C 相通电，电机同样只要旋转 3°（展开图中为转子向右 3°）便可对齐齿；因此，使得电机的步距角也由 30°变成了 3°，实现了"小齿距"的目的。小齿矩电机同样可以采用三相六拍的工作方式，这时的步距角也将减小为原来的一半，其原理与前述相同。

## 四、混合式步进电机

混合式步进电机的结构与反应式步进电机不同，反应式步进电机的定子与转子均为一体结构，而混合式电机的定子与转子都被分为图 4-1.5 所示的两段，极面上同样都分布有小齿。

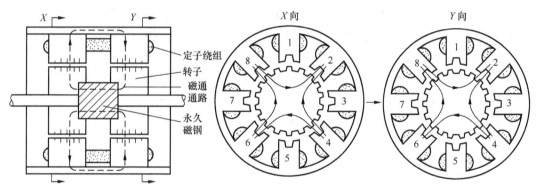

图 4-1.5 混合式步进电机结构

定子的两段齿槽不错位，上面布置有绕组。图 4-1.5 所示为两相 4 对极电机，其中的 1、3、5、7 为 A 相绕组磁极，2、4、6、8 为 B 相绕组磁极。每相的相邻磁极绕组绕向相反，以产生图 4-1.5 中 X、Y 向视图中所示的闭合磁路。

B 相与 A 相的情况类似。转子的两段齿槽相互错开半个齿距（见图 4-1.5），中间用环形永久磁钢连接，两段转子的齿的磁极相反。

根据反应式电机同样的原理，电机只要按照 A→$\overline{B}$→$\overline{A}$→B→A 或 A→B→$\overline{A}$→$\overline{B}$→A 的顺序通电，步进电机就能逆时针或顺时针连续旋转。

显然，同一段转子片上的所有齿都具有相同极性，而两块不同段的转子片的极性相反。混合式步进电机与反应式步进电机的最大区别在于当磁化的永久磁性材料退磁后，则会有振荡点和失步区。

混合式步进电机的转子本身具有磁性，因此在同样的定子电流下产生的转矩要大于反应式步进电机，且其步距角通常也较小，因此，经济型数控机床一般需要用混合式步进电机驱动。但混合转子的结构较复杂、转子惯量大，其快速性要低于反应式步进电机。

永磁式步进电机的运行原理类似于混合式步进电机。

# 实 践 指 导

## 一、步进电机的静态特性

静态是指步进电机通电状态不变，转子不动时的输出特性。当步进电机某相通以直流电静止时，将产生静态保持转矩。

如果在电机轴上施加负载转矩，电机转子可以在转过一个小角度后重新稳定，这一角度称为"失调角"；由失调角所产生的电磁转矩称为静态转矩；静态转矩与失调角间的关系曲线称为矩角特性。

如果将转子的一个齿距用 $2\pi$ 的电角度表示，则当负载转矩为 0 时，电机定转子齿对准，失调角为 0，静态转矩亦为 0；当错位 1/4 齿距时，失调角为 $\pm\pi/2$，定子齿对转子齿的拉力为最大，静态转矩达到最大值；而当错位达到 1/2 齿距时，失调角为 $\pm\pi$，相邻两个定子齿将对转子齿产生同样的拉力，但两者的方向相反，故产生的静态转矩又为 0。因此，步进电机的矩角特性曲线近似于正弦曲线（见图 4-1.6）。

在失调角为 $-\pi/2 \sim \pi/2$ 的区域，随着失调角的增加电机输出的静态转矩同时增加，一旦负载转矩减小，则可以在电磁转矩的作用下，回到平衡点 0，这一区域称为静稳定区。

失调角为 $-\pi/2 \sim \pi/2$ 时，静态转矩达到最大值，这一转矩称为最大静态转矩，也是电机保持静态平衡所允许施加的最大负载转矩值。

静态转矩与绕组电流的关系称为静态转矩特性，当电流较小时，转矩与电流的平方成正比；随着电流的增加，磁路渐趋饱和，转矩上升变缓；当电流较大时，曲线趋向水平。图 4-1.7 所示为三相步进电机在单相通电状态下的静转矩特性。

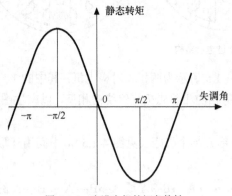

图 4-1.6　步进电机的矩角特性

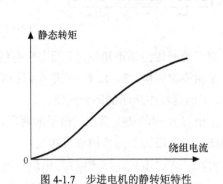

图 4-1.7　步进电机的静转矩特性

## 二、步进电机的动态特性

步进电机的动态特性将影响到系统的快速性与工作可靠性。动态特性与电机性能、负载、驱动电源、通电方式等因素有关。

步进电机的绕组以脉冲形式通断，电机最大动态转矩和脉冲频率的关系称为矩频特性，国产普通电机的矩频特性如图 4-1.8 所示。

由于步进电机的绕组存在电感，其电流受电气时间常数的影响将呈指数上升。如果脉冲频率较低，绕组电流可达到稳态值；但当脉冲频率很高时电流将不能达到稳态值，动态转矩将迅速下降。因此，脉冲频率越高动态转矩也就越小。步进电机运行时的负载转矩必须小于该频率所对应的最大动态转矩，电机才能正常运行。

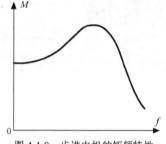

图 4-1.8 步进电机的矩频特性

此外，步进电机在连续工作与启制动情况下的动态转矩是不同的。步进电机的启动频率是指电机在一定负载下能不失步启动的最高频率；连续工作频率又称运行频率，是指步进电机启动后连续施加脉冲时能不失步运行的最高频率。

启动频率与连续工作频率、绕组的时间常数、负载转矩、负载惯量、步距角等诸多因素相关，而且连续工作频率要远大于启动频率。

有关步进电机矩频特性的更多内容将在任务三中进行介绍。

# | 任务二　了解步进驱动器原理 |

## 能 力 目 标

1. 了解步进驱动器的功能。
2. 熟悉单电压驱动、双电压驱动与 PWM 调压驱动电源。

## 工 作 内 容

学习后面的内容，并回答以下问题。

1. 步进驱动器需要具备哪些功能？
2. 驱动电源是怎样提高启动电流的？
3. 在功率晶体管关断时，电机绕组是如何泄放电流的？

## 相 关 知 识

### 一、步进驱动器的功能

采用步进驱动的运动控制系统结构如图 4-2.1 所示。来自 CNC 或 PLC 位置控制模块的位置指令脉冲为步进驱动器的输入信号，驱动器的输出控制步进电机的运动。

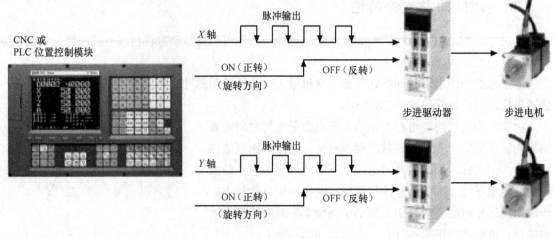

图 4-2.1　步进驱动系统的组成

步进电机需要按顺序对各相绕组进行轮流通断，因此，来自位置控制装置（CNC、PLC 等）的指令脉冲需要转换为能够控制步进电机不同相绕组电流的大功率信号，实现这一变换的装置称为步进驱动器。

步进驱动器的输入来自位置控制装置的指令脉冲，输出连接到电机绕组，这样的驱动器应具有以下功能。

① 电压隔离：为了防止驱动器的高压、大电流损坏位置控制装置，驱动器与控制装置间一般都需要通过光电耦合器件进行"电隔离"。

② 脉冲分配：步进驱动器需要将来自控制装置的位置指令脉冲转换为控制多个不同绕组的循环脉冲，即实现"环形分配"功能，因此，驱动器需要利用专门的集成电路或通过响应的软件生成环形分配脉冲。

③ 功率放大：驱动步进电机绕组需要高压、大电流信号，而控制装置输出的指令与环形分配器处理后的信号是低电平数字脉冲信号，故必须通过相应的控制电路对其进行功率放大，转换为可以直接驱动步进电机运行的大功率脉冲。

## 二、驱动电源的工作原理

步进驱动器的功率放大电路常称为"驱动电源"，它是步进驱动器的关键部件。驱动电源的形式多样，理想的驱动电源应在通电时立即使绕组电流达到额定值，而在断电时电流又能马上消失。

图 4-2.2 所示为最基本的步进电机单电压驱动电源的电路原理图。

图 4-2.2 中的 $U_{CP}$ 代表步进电机的绕组通断控制信号；W 代表电机绕组。图中的 VD 与 $R_D$ 为续流回路，用于绕组断开时的放电；$R_S$ 为限流电阻，用来限制绕组电流，并起到减小绕组电气时间常数的作用；电容 C 用来提高导通瞬间的启动电流，提高电机响应速度。电路的工作原理如下。

当 $U_{CP}$ 为高电平时，功率晶体管 VT 的 $V_{be}$ 具有正向电压，VT 饱和导通；$V_{ce}$ 接近 0V；电源电压 U 加到绕组 W 上，并通过绕组 W、限流电阻 $R_S$、功率晶体管 VT 构成回路，电机绕组产生电磁力，使得

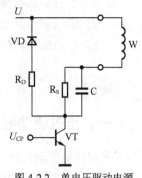

图 4-2.2　单电压驱动电源

电机转过一个步距角。在 VD 与 $R_D$ 的续流回路上，由于 VD 被反向偏置，因此无电流。

在功率晶体管 VT 饱和导通的瞬间，由于电容 C 上的电压（0V）不能突变，限流电阻 $R_S$ 被瞬间短路，因此，绕组在启动瞬间可以得到很大的启动电流，而产生很大的启动转矩。在绕组通电后，电容 C 开始充电，电压逐步上升，最终成为断开状态，启动过程结束，绕组将通过限流电阻 $R_S$ 构成电流回路保持持续通电。

当 $U_{CP}$ 为低电平时，功率晶体管 VT 的 $V_{be}$ 为 0，VT 截止、ce 极断开；绕组 W 的电流回路被切断。

由于绕组具有电感特性，在断开瞬间的电流不能突变，而功率晶体管 VT 截止时 ce 极间的电阻相当于无穷大，因此，将在 ce 极间产生瞬间高压，以至于损坏功率晶体管。为此，需要通过 VD 与 $R_D$ 为绕组提供电流泄放的续流回路，以便在功率晶体管 VT 截止的瞬间，使得绕组电流可以通过 VD 与 $R_D$ 形成回路而泄放。

单电压驱动电源虽然可以通过电容来提高导通瞬间的启动电流，但启动电压较低、电流的实际维持时间很短，启动效果并不理想。此外，在步进旋转与停止时，电机绕组具有同样大的电流，这样容易引起停止时的电机发热，因此，在实际驱动器中需要加以改进。

## 实 践 指 导

### 一、双电压驱动电源

为了解决单电压驱动电源存在的问题，实际使用时经常采用双电压驱动电源（亦称高低压驱动）。

图 4-2.3 所示为常用的定时控制高低压驱动电源工作原理图。驱动电源有两组电源向电机绕组供电，高压部分用来提高启动瞬间的绕组电流，低压部分用来维持绕组额定电流，电路的工作原理如下，工作时的控制信号及绕组的电压、电流波形如图 4-2.3 所示。

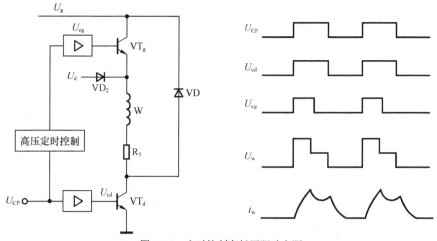

图 4-2.3　定时控制高低压驱动电源

图中的 $U_g$ 为高压，$U_d$ 为低压；$VT_g$ 为高压控制晶体管，$VT_d$ 为低压控制晶体管；VD 为续流二极管，$VD_2$ 是阻断二极管；$U_{CP}$ 为控制脉冲。

当 $U_{CP}$ 为高电平时，高/低压功率晶体管 $VT_g$/$VT_d$ 同时导通，高压 $U_g$ 加到电机绕组 W，低压 $U_d$ 被阻断二极管 $VD_2$ 阻断；绕组电流迅速上升；且启动电流维持不变。

当绕组到达额定工作电流后，如需要继续保持通电，则高压功率晶体管 $VT_g$ 自动断开，低压

功率晶体管 $VT_d$ 保持导通，低压 $U_d$ 经阻断二极管 $VD_2$ 加入到电机绕组 W，绕组切换到低压供电，维持额定电流不变。

当绕组断电时，高压功率晶体管 $VT_g$ 再次导通，绕组电流可通过续流二极管 VD、限流电阻 $R_S$ 与高压功率晶体管 $VT_g$ 构成回路而泄放。

以上线路可以在电机绕组通电或断开的瞬间，通过高压供电加快绕组电流的上升速度，较好地解决快速性与发热问题；线路的缺点是高压的幅值、加入的时间与启动电流的大小均保持固定不变，因此，在电机低频（低速）、轻载运行时，会产生启动冲击，带来运行时的振荡与噪声。

## 二、PWM 调压驱动电源

PWM 调压驱动电源的最大优点是驱动线路中的向绕组供电的电源电压可以根据要求进行自动调节，因此，它既可以实现高低压驱动功能，还可以根据步进电机的运行频率自动改变供电电压，解决系统快速性与低频工作的冲击、振荡与噪声问题。PWM 调压驱动电源的原理如图 4-2.4 所示。

线路只是对前述的单电压驱动电源增加了 PWM 自动调压环节，从而使得加到电机绕组的电压 $U_c$ 可以通过 PWM 控制自动调节。

PWM 控制信号的脉冲频率应大大高于步进电机运行信号 $U_{CP}$ 的脉冲频率，调压线路中的电感、电容等辅助器件只是用于 PWM 输出电压 $U_c$ 的滤波，保证 $U_c$ 的平稳，它对步进电机的工作没有大的影响。

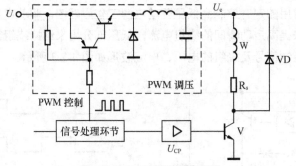

图 4-2.4　PWM 调压驱动电源

PWM 调压的关键是 PWM 控制信号的生成，它一方面需要通过 PWM 调制，产生高低压驱动的效果；另一方面还需要根据电机的实际运行频率，自动改变电压值，这样的电路通过硬件实现通常比较复杂。因此，在部分控制系统上（如 CNC 系统）也有直接利用软件进行处理的情况，此时，图中的 PWM 控制信号可以直接从上级控制器（CNC）上输出。

## | 任务三　步进驱动的应用与实践 |

## 能 力 目 标

1. 熟悉步进驱动系统的产品。
2. 能够选择步进驱动器与电机。

3. 掌握步进驱动系统的安装与连接要求。

4. 能够使用步进驱动器。

# 工 作 内 容

1. 选择步进驱动产品、完成驱动系统的连接。

2. 通过位置控制装置，进行步进驱动系统的运行试验。

3. 根据实验室条件，进行步进电机的静态特性与输出特性测试。

# 资 讯 & 计 划

通过查阅相关参考资料、咨询，并学习后面的内容，完成以下任务。

1. 了解常用的步进驱动产品及特点，并选择驱动器与电机。

2. 了解所选择的步进驱动产品的技术特性与电气连接要求。

# 实 践 指 导

## 一、SIEMENS 步进驱动产品

### 1. STEPDRIVE C/C+系列

STEPDRIVE C/C+系列步进驱动是我国 SIEMENS 合资公司生产、为 802S 经济型 CNC 配套的步进驱动产品，也可以与其他 CNC、PLC 等位置控制器配套使用，步进驱动器采用独立安装的结构，其外形如图 4-3.1 所示。

STEPDRIVE C/C+步进驱动器由电源、控制与功率放大 3 部分组成。电源部分用来产生驱动器所需的 DC24V、DC5V 等控制电压以及步进电机绕组驱动用的 DC120V 电压，控制部分包括"五相十拍"环形分配、恒流斩波控制、过电流保护等环节，功率放大部分用来产生电机绕组控制用的高压、大电流信号。驱动器的保护措施较完善，设计有过电压、欠电压、过载、对地短路、相间短路等保护措施。

STEPDRIVE C 与 C+步进驱动器的区别在输出功率上。STEPDRIVE C 每相绕组的最大输出为 DC120V/2.55A，适用于额定输出转矩 3.5~12N·m 的 90BYG55 系列与 110BYG55 系列五相十拍混合式步进电机；STEPDRIVE C+每相绕组的最大输出为 DC120V/5A，适用于额定输出转矩 18~25N·m 的 130BYG55 系列五相十拍混合式步进电机。

STEPDRIVE C 与 STEPDRIVE C+步进驱动器配套的 BYG55 系列步进电机绕组额定电压为 120V，步距角为 0.72°，电机最高运行频率为 20kHz（最高转速为 4 000r/min），在 4 kHz 以上时输出转矩将下降。电机在五相十拍工作时，步距角为 0.36°，每转对应 1 000 步。根据不同的型号，空载时可达到 32kHz，最大启动频率为 3.2 kHz。

### 2. FM STEPDRIVE 系列

FM STEPDRIVE 系列步进驱动是德国 SIEMENS 公司生产的进口高性能步进驱动产品，可与该公司生产的三相六拍 1FL3 系列步进电机配套使用，步进驱动器采用独立安装的结构，其外形如图 4-3.2 所示。

FM STEPDRIVE 步进驱动器的内部组成与 STEPDRIVE C/ C+系列基本相同，但驱动器的驱动电压可以达到 DC325V，最大输出电流同为 5A。

步进驱动器　　步进电机

图 4-3.1　STEPDRIVE C/C+系列步进驱动器与电机　　图 4-3.2　FM STEPDRIVE 系列步进驱动器与电机

FM STEPDRIVE 步进驱动器配套的 1FL3 系列步进电机绕组额定电压为 DC325V，步距角均为 0.72°，最高运行频率为 30kHz（电机最高转速为 6 000r/min），在 5kHz 以上时输出转矩将逐步下降。当电机在三相六拍工作时，步距角成为 0.36°，每转对应 1 000 步。根据不同的型号，电机空载时最高运行频率可达到 53kHz；最大启动频率为 5.3kHz。

## 二、步进驱动器的选择

步进驱动器与电机应按照负载的要求进行选择，系统的输出特性不仅与电机本身有关，而且还取决于驱动器的性能。选择步进驱动系统时必须综合考虑系统的启动特性与运行特性，值得注意的是：步进电机不具有过载性能，即当负载转矩超过电机输出转矩时将直接导致"失步"。

正规的步进驱动器生产厂家一般应提供运行特性、空载启动特性、带负载启动特性 3 条特性曲线。STEPDRIVE C/C+与 FM STEPDRIVE 步进驱动系统的输出特性如图 4-3.3 所示。

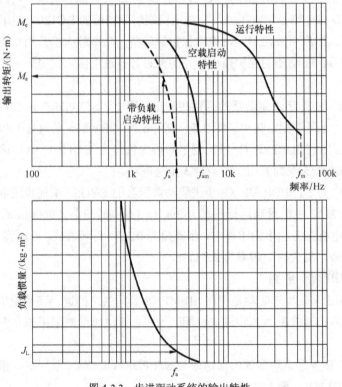

图 4-3.3　步进驱动系统的输出特性

步进驱动系统的运行特性是电机旋转时的矩频特性曲线,选择时必须保证在任何频率运行时,负载转矩都不能超过系统的输出转矩;特别要考虑高频运行时的输出转矩下降。

步进驱动系统的空载启动特性是电机在无负载启动时的矩频特性曲线。实际使用时由于机械传动装置的影响,电机不可能空载启动,为此,需要首先计算出系统的负载惯量,然后根据负载惯量 $J_L$ 将空载启动特性平移后才能得到正确的启动特性,最后,根据平移后的启动特性与启动频率确定启动时的输出转矩 $M_a$ 的值。

## 决 策 & 实 施

根据步进电机控制系统的要求,自主完成以下内容。

1. 根据步进驱动器与电机,设计系统连接电路。

2. 进行驱动器的设定与调整。

3. 利用外部脉冲进行驱动器的运行与试验。

## 实 践 指 导

### 一、SIEMENS 步进驱动器的连接

#### 1. 系统组成

STEPDRIVE C/C+与 FM STEPDRIVE 步进驱动系统一般由以下硬件组成。

① 电源变压器。STEPDRIVE C/C+步进驱动器的直流驱动电压为 DC120V,输入电源的电压为单相 AC85(1±0.1)V;驱动器不可直接与 380V 或 220V 的电网相连,必须安装 220V/85V 或 380V/85V 的单相变压器。FM STEPDRIVE 步进驱动器的直流驱动电压为 DC325V,输入电源的电压为单相 AC115/230(1±0.2)V。电源的连接端标记为 L/N/PE。

② 驱动器。根据要求选择 STEPDRIVE C、STEPDRIVE C+或 FM STEPDRIVE 驱动器之一,在驱动器上需要根据电机、通过设定开关进行驱动器输出电流的设定,使之与不同规格的步进电机匹配。驱动器的控制信号为来自上级控制器(如 CNC、PLC 等)的"脉冲+方向"信号。

③ 步进电机。可以根据要求选择如下不同的电机。

- STEPDRIVE C 步进驱动器:

国产 90BYG55 型步进电机,额定输出转矩 3.5N·m;

国产 110BYG55 型步进电机,根据型号的不同,额定转矩可以为 6/9/12N·m。

- STEPDRIVE C+步进驱动器:

国产 130BYG55 型步进电机,根据型号的不同,额定转矩可以为 18/28N·m。

- FM STEPDRIVE 步进驱动器:

SIEMENS 1FL3041/3042/3043 型步进电机,额定转矩分别为 2/4/6N·m;

SIEMENS 1FL3061/3062 型步进电机,额定转矩分别为 10/15N·m。

#### 2. 系统连接

STEPDRIVE C/C+驱动与 BYG55 步进电机组成的驱动系统连接如图 4-3.4 所示(FM STEPDRIVE 系列类似,但电机为 3 相连接)。

① 电源连接:根据要求将 AC85V 输入电源连接到驱动器的 L/N/PE 端。

② 电机连接：将驱动器上的 A+～E− 与电机上的对应端连接。

③ 控制信号连接：驱动器上的控制信号连接要求如下。

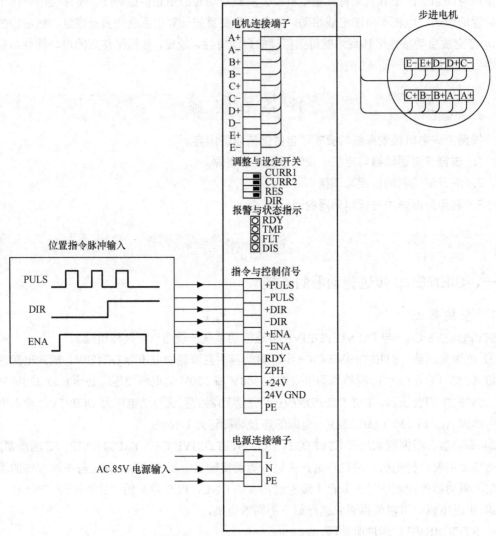

图 4-3.4　步进驱动器系统连接总图

+PULS/−PULS：位置指令脉冲，上升沿有效，最高频率不能超过 250kHz。

+DIR/−DIR：电机转向选择，"0" 为顺时针；"1" 为逆时针；转向可用驱动器的设定开关调整。

+ENA/−ENA：驱动器 "使能" 信号，输入 "0" 禁止驱动器输出，电机无输出转矩；输入 "1" 驱动器使能，电机绕组加入运行或保持电流。

以上输入为 DC5V 信号，具体要求如下。

高电平（"1" 信号）：$V_H \geqslant 3.7V/20mA$ 与 $4.5V/100\mu A$。

低电平（"0" 信号）：$V_L \leqslant 1V/20mA$。

+24V/+24VGND：驱动器准备好（RDY）信号输出用的 DC24V 电源输入。

RDY：驱动器 "准备好" 信号输出，当驱动器工作正常时，+24V 与 RDY 间的触点闭合。当使用多个驱动器时，信号可以按照图 4-3.5 所示的方式进行串联，并将最后一只驱动器的 RDY 输出作为全部驱动器准备好信号，输出到外部控制器（如作为 PLC 输入等）。

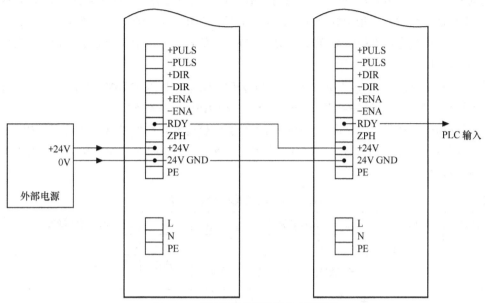

图 4-3.5　驱动器准备好信号的串联连接

## 二、驱动器的设定与调整

STEPDRIVE C/ C+步进驱动器正面安装有 4 只调整开关（见图 4-3.4），其作用如下。

调整开关 CURR1/CURR2：驱动器输出电流的设定，当驱动器用于不同规格电机时，以 STEPDRIVE C/ C+为例，开关设定与输出电流的对应关系如表 4-3.1 所示。

表 4-3.1　　　　　　　　　　STEPDRIVE C/C+输出电流的调整

| CURR1 | CURR2 | 输出相电流 | 适用驱动器 | 适 用 电 机 |
|---|---|---|---|---|
| OFF | OFF | 1.35A | STEPDRIVE C | 90BYG55/3.5N·m |
| ON | OFF | 1.90A | | 110BYG55/6N·m |
| OFF | ON | 2.00A | | 110BYG55/9N·m |
| ON | ON | 2.55A | | 110BYG55/12N·m |
| OFF | ON | 3.60A | STEPDRIVE C+ | 130BYG55/18N·m |
| ON | ON | 5.00A | | 130BYG55/25N·m |

调整开关 RES：无定义。

调整开关 DIR：改变电机转向，开关在 ON 与 OFF 间进行转换，可改变电机转向。DIR 开关的调整必须在切断驱动器电源的前提下进行。

## 检 查 & 评 价

按照以下步骤检查任务的决策与实施情况，验证系统的连接与设定。

1. 对照设计要求，检查驱动器的运行情况。

2. 根据系统输出特性，进行运行测试。

## 实 践 指 导

驱动器的工作状态可以通过指示灯进行检查，正常工作时的指示灯（见图 4-3.4）显示如下。

① 驱动器电源加入：指示灯 DIS 亮，电机无输出转矩，驱动器等待使能信号输入。

② 加入使能信号：在+ENA/−ENA 端加入 DC5V 信号后，指示灯 DIS 灭、RDY 亮，步进电机绕组通电，并且产生保持力矩。

③ 加入指令脉冲：在+PULS/−PULS 端与+DIR/−DIR 端输入 DC5V "脉冲+方向"信号，电机则按照要求旋转。指令脉冲可来自 CNC、PLC 或 DC5V 手轮输入。

④ 转向检查：如果电机转向不正确，可切断驱动器电源，利用 DIR 开关交换电机转向。

⑤ 故障分析：如果驱动器运行时出现故障，报警指示灯 FLT 或 TMP 亮，可按表 4-3.2 分析原因并排除故障。

表 4-3.2            STEPDRIVE C/C+的状态指示

| 指示灯代号 | 颜色 | 代表的意义 | 故障排除措施 |
|---|---|---|---|
| RDY | 绿 | 驱动器准备好 | 正常工作 |
| DIS | 黄 | 驱动器无报警，但无"使能"信号输入 | 检查"使能"信号（+ENA/−ENA）的输入连接 |
| FLT | 红 | 驱动器存在报警，可能的原因有：<br>1. 驱动器输入电压过低<br>2. 驱动器输入电压过高<br>3. 电机相间存在短路<br>4. 电机绕组对地短路<br>5. 电机过电流或过载 | 1. 检查驱动器输入电源的输入连接<br>2. 检查输入电源的电压值<br>3. 检查电机与驱动器间的连接<br>4. 检查电机的负载情况 |
| TMP | 红 | 驱动器过热 | 检查电柜温升与电机的负载情况 |

# 项目五
# 交流伺服系统

交流伺服驱动系统（简称交流伺服）是随晶体管脉宽调制（Pulse Width Modulated，PWM）技术与矢量控制理论发展起来的一种新型控制系统，与直流伺服驱动系统相比，它具有转速高、功率大、运行可靠、几乎不需要维修等一系列优点，因此，目前在数控机床上已经全面替代直流伺服驱动系统。

从 CNC 系统的角度看，本书所述的通用型交流伺服驱动系统也是以实现 CNC 位置指令脉冲的功率放大并将其转换为刀具或工作台运动为根本目的，它同样由驱动器与电机两部分组成，但它与步进驱动系统在执行元件、系统结构、控制形式方面有所不同。

伺服系统在数控机床中的作用

## | 任务一　熟悉交流伺服系统 |

### 能 力 目 标

1. 了解 BLDCM 与 PMSM 电机的运行原理。
2. 熟悉交流伺服电机的工作特性。
3. 了解 PMSM 控制与 PWM 逆变原理。
4. 熟悉 ΣV 系列交流伺服驱动产品。

### 工 作 内 容

学习后面的内容，并回答以下问题。
1. 与直流电机、BLDCM 电机相比，PMSM 电机有何特点？
2. 什么叫通用伺服与专用伺服？它们有何区别？
3. ΣV 系列交流伺服的输出功率范围是多少？对位置指令输入的要求是什么？

### 相 关 知 识

#### 一、伺服电机运行原理

#### 1. 运行原理

交流伺服驱动一般以交流永磁同步电机作为驱动电机，其基本构成与普通的感应电机（三相异步电机）并无太大的区别，但伺服电机的转子上布置有高性能的永磁材料，具有固定不变的转子磁极；其定子上则同样布置有三相绕组。

交流伺服电机的运行原理与直流电机类似，图 5-1.1 所示为两者的比较。

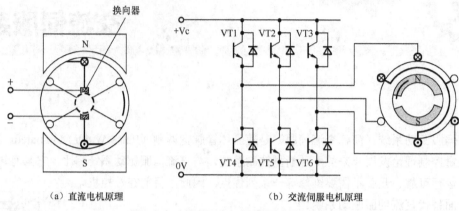

（a）直流电机原理　　　　　　　　　　（b）交流伺服电机原理

图 5-1.1　交流伺服电机与直流电机原理比较

图 5-1.1（a）所示为直流电机运行原理图，在直流电机中，定子为磁极（一般由励磁绕组产生，为了便于说明，图中以磁极代替），转子上布置有绕组；电机依靠转子线圈通电后所产生的电磁力转动。直流电机通过接触式换向器的换向，保证了任意一匝线圈转到同一磁极下的电流方向总是相同，以产生方向不变的电磁力，保证转子按固定方向连续旋转。

直流伺服电动机的结构

图 5-1.1（b）所示为交流伺服电机的运行原理图，由图可见，交流伺服电机的结构相当于将直流电机的定子与转子进行对调，当定子绕组通电后，通过绕组通电后所产生的反作用电磁力，使得磁极（转子）产生旋转。

直流伺服电动机的工作原理

定子中的绕组可以通过功率晶体管（MOSFET、IGBT、IPM 等）的控制按照规定的顺序轮流导通，例如，图 5-1.1（b）中依次为 VT1/VT6→VT6/VT2→VT2/VT4→VT4/VT3→VT3/VT5→ VT5/VT1→VT1/VT6，以保证定子绕组产生方向不变的电磁力，带动转子按固定方向旋转。

交流伺服电机运行的关键是需要根据转子磁极的不同位置，控制对应功率管的通断，为此，需要在转子上安装用于位置检测的编码器或霍尔元件，以保证功率管通断的有序进行。通过改变功率管的通断次序，如将图 5-1.1（b）中的通断次序改为 VT4/VT2→VT2/VT6→VT6/VT1→VT1/VT5→VT5/VT3→VT3/VT4→VT4/VT2 即可以改变电机的转向；改变切换频率则可改变电机转速。

交流伺服电动机的结构

交流伺服电机以功率管的电子换向取代了直流电机的整流子与换向器，它既保持了直流电机的优点，又避免了换向器带来的制造、维修等问题，兼有直流电机与交流电机两者的优点，因此，不但响应快、控制精度高、调速范围大、转矩控制方便，而且使用寿命长、维修方便、运行可靠性高、控制简单。交流伺服电机在 20 世纪 80 年代被实用化后，迅速得到推广与普及，并在数控机床、机器人等控制领域全面代替了直流伺服电机。

交流伺服电动机的工作原理

### 2．BLDCM 电机与 PMSM 电机

交流伺服电机定子绕组的电流可以采用图 5-1.2 所示的方波与正弦波两种形式供电。当定子电流为图 5-1.2（a）所示的方波时，通过上述电子换向的控制，电机的性能特点与直流电机完全相同，但由于电机中无直流电机的换向电刷，故被称为"无刷直流电机"（Brush Less DC Motor，BLDCM）。

BLDCM 电机存在的问题是：由于电机定子绕组是一种电感负载，其电流不能突变；而且在同样的控制电压下，定子反电势与电流变化率相关，在不同转速下，反电势将随着切换频率的变化而改变，它将带来功率管的不对称通断与高速剩余转矩脉动，严重时可能导致机械谐振的产生，故目前已较少使用。

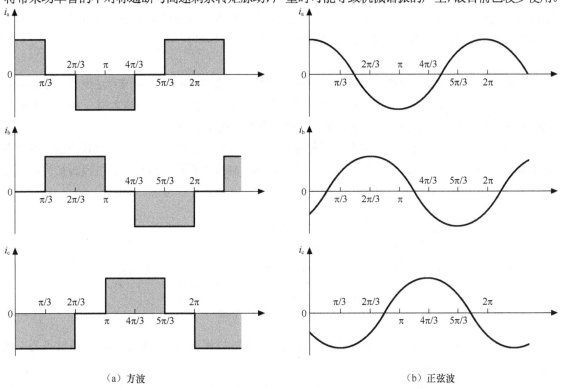

（a）方波　　　　　　　　　　　　　　　　（b）正弦波

图 5-1.2　交流伺服电机定子绕组的电流形式

当定子电流为图 5-1.2（b）所示的三相对称正弦波时，由感应电机运行原理可知，这时将在定子中形成平稳旋转的磁场，可以带动转子同步、平稳旋转，这种电机称为"交流永磁同步电机"（Permanent-Magnet Synchronous Motor，PMSM）。与"无刷直流电机"相比，PMSM 电机的磁场平稳旋转，消除了 BLDCM 电机的转矩脉动，运行更平稳，动、静态特性更好，它是当代交流伺服驱动的主要形式。

## 二、PWM 逆变原理

交流逆变是将工频交流电转换为频率、电压、相位可调交流电的控制技术，它是变频器、交流伺服驱动器等新型运动控制装置产生与发展的技术基础，是以交流电动机为执行元件的位置、速度、转矩控制系统的共性关键技术之一。

### 1．交流逆变技术

在以交流电机为执行元件的机电一体化控制系统中，为了实现位置、速度或转矩的控制，都需要改变电机的转速。根据电机原理，交流电机的转速决定于输入的三相交流电在定子中产生的旋转磁场转速，这一转速称为"同步转速"，其值为

$$n_0 = 60 \, f/p \tag{5-1.1}$$

式中：$n_0$——同步转速，r/min；

   $f$——输入交流电的频率，Hz；

   $p$——电机磁极对数。

由此可知，如果想改变交流电机的同步转速，必须改变电机磁极对数或输入交流电的频率。由于电机磁极对数与电机的结构相关，且只能成对产生，即改变 $p$ 只能成倍改变同步转速，因此，"变极调速"只能作为一种大范围变速的辅助调速手段，而不能做到连续无级变速。这就是说，为了改变交流电机的同步转速，就必须改变输入交流电的频率。这种将来自电网的工频交流电转换为频率、幅值、相位可调的交流电的技术称为"交流逆变技术"。

### 2．"交—直—交"逆变

实现交流逆变需要一整套控制装置，这一装置称为变换器（Inverter）或称逆变器，俗称变频器。机电一体化设备中常用的变频器、交流伺服驱动器、交流主轴驱动器本质上都属于变频器（Inverter）的范畴，只是它们的控制对象（电机类型）有所不同而已。

交流逆变可采用多种方式，但是为了能够对电压的频率、幅值、相位进行有效控制，绝大多数变频器都采用了图 5-1.3 所示的先将电网的交流输入转换为直流、然后再将直流转换为所需要的交流的逆变方式，并称为"交—直—交"逆变或"交—直—交"变流。

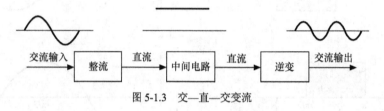

图 5-1.3　交—直—交变流

在交—直—交逆变装置中，将交流输入转换为直流的过程称为"整流"，而将直流转换为交流的过程称为"逆变"。

由图 5-1.3 可见，变频器的主回路由整流、中间电路（称为直流母线控制电路）与逆变 3 部分组成。整流电路用来产生逆变所需的直流电流或电压；中间电路可以实现直流母线的电压的控制；而逆变电路则通过对输出功率管的通/断控制，将直流转变为幅值、频率、相位可变的交流。

整流电路的作用只是将交流输入转换为直流输出，由于电网输入的交流电频率通常为 50Hz 或 60Hz，它对控制器件的工作频率要求不高，为此，在小功率变频器上一般都采用二极管作为整流器件。但是，在大功率变频器上，出于直流母线电压调节需要或为了将电机制动时所产生的能量返回到电网实现节能，其整流器件需要使用晶闸管。

中间电路的主要作用是保持直流母线的电压不变，在以二极管为整流器件的变频器中，由于整流电路的输出电流无法调节，当逆变电路的输出电流（负载）发生变化或由于电机制动产生能量回馈时，都会引起直流母线电压的波动，因此，需要通过动态调整电阻的能量消耗来维持其电压不变，故必须采用通断可控的大功率器件。

逆变电路是通过对大功率器件的通断控制，通过 PWM 技术将直流转换为幅值、频率、相位可控的交流输出的电路，其输出波形将直接决定交流逆变的质量，它是交流逆变的关键。逆变器件必须采用能够高频通断的器件。

### 3．PWM 逆变原理

晶体管脉宽调制（Pulse Width Modulated，PWM）是一种将直流转换为宽度可变的脉冲序列的技术。采用了 PWM 技术的逆变器只需要改变脉冲宽度与分配方式，便可同时改变电压、电流与频率，它具有开关频率高、功率损耗小、动态响应快等优点，它是交流电机控制系统发展与进步的基础技术，在交、直流电机控制系统与其他工业控制领域得到了极为广泛的应用，机电一体化设备常用的变频器、交流伺服驱动器一般都采用 PWM 逆变技术。

PWM 逆变的目的是将幅值不变的直流电压转换为交流电机控制所需的正弦波。

根据采样理论，如果将面积（冲量）相等、形状不同的窄脉冲，加到一个具有惯性的环节上（如 RL 或 RC 电路），所产生的效果基本相同。根据这一原理，矩形波便可用 $N$ 个面积相等的窄脉冲进行等效，当脉冲的幅值不变时，可通过改变脉冲的宽度来改变矩形波输出的幅值，这就是直流 PWM 调压的基本原理（见图 5-1.4）。

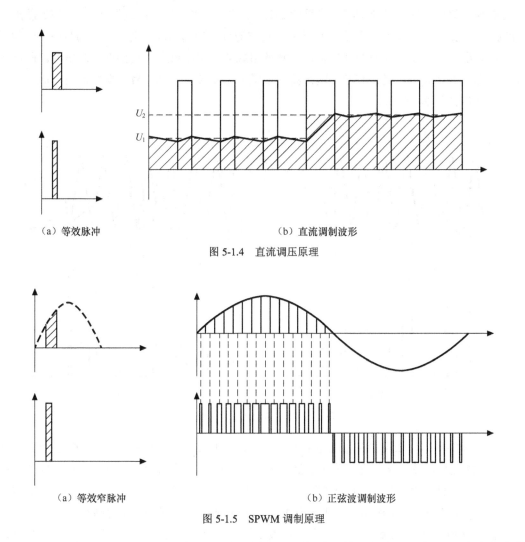

（a）等效脉冲　　　　　　　　　　（b）直流调制波形

图 5-1.4　直流调压原理

（a）等效窄脉冲　　　　　　　　　　（b）正弦波调制波形

图 5-1.5　SPWM 调制原理

依据这一原理，图 5-1.5 所示的正弦波同样可以用幅值相等、宽度不同的矩形脉冲串来等效代替，并通过改变脉冲的宽度与数量，改变正弦波的幅值、相位，这就是正弦波 PWM 调制的基本原理，所产生的波形称为 SPWM 波。

### 4．PWM 波形的产生

PWM 逆变的关键问题是产生 PWM 的波形。虽然，从理论上说可以根据交流输出的频率、幅值要求来划分脉冲的区域，并通过计算得到脉冲宽度数据，但这样的计算与控制通常比较复杂，其实现难度较大，因此实际控制系统大都采用了载波调制技术来生成 SPWM 波。

载波调制技术源于通信技术，20 世纪 60 年代中期被应用到电机调速控制上。载波调制产生 SPWM 波的方法很多，直到目前，它仍然是人们研究的热点。图 5-1.6 所示为一种最简单、最早应用的单相交流载波调制方法。它直接利用了比较电路，将三角波与要求调制的波形进行比较，在调制电压幅值大于三角波电压时其输出为"1"，因此，可获得图示的 PWM 波形。当调制信号为图 5-1.6（a）所示的直流（或方波）时，所产生的 PWM 波形为等宽脉冲直流调制波；当调制信号为图 5-1.6（b）所示的正弦波时，所产生的 PWM 波形即为 SPWM 波。

在载波调制中，接受调制的基波（见图 5-1.6 中的三角波）称"载波"，希望得到的波形称为"调制波"或调制信号。显然，为了进行调制，载波的频率应远远高于调制信号的频率，因为载波频率越高，所产生的 PWM 脉冲就越密，由脉冲组成的输出波形也就越接近调制信号。因此载波频率（亦称 PWM 频率）是决定逆变输出波形质量的重要技术指标，目前变频器与伺服驱动器的载波频率通常都可达 15kHz。

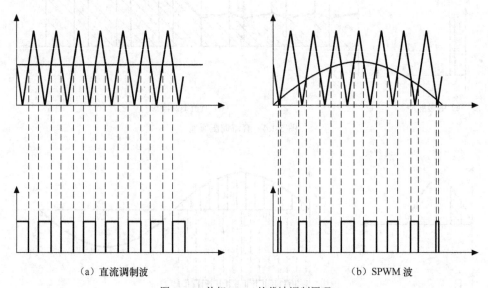

（a）直流调制波  （b）SPWM 波

图 5-1.6　单相 PWM 的载波调制原理

利用同样的原理，如果在三相电路中使用一个公共的载波信号来对 A、B、C 三相调制信号进行调制，并假设逆变电路的直流输入幅值为 $E_d$，并选择 $E_d/2$ 作为参考电位，则可以得到图 1-3.9 所示的 $U_a$、$U_b$、$U_c$ 三相波形。此电压加到三相电机后，按 $U_{ab} = U_a - U_b$、$U_{bc} = U_b - U_c$、$U_{ca} = U_c - U_a$ 的关系，便可得到图 5-1.7 所示的三相线电压的 SPWM 波形（图中以 $U_{ab}$ 为例）。

交流伺服驱动器、交流主轴驱动器、变频器就是根据这一原理控制电压与频率的交流调速装置。

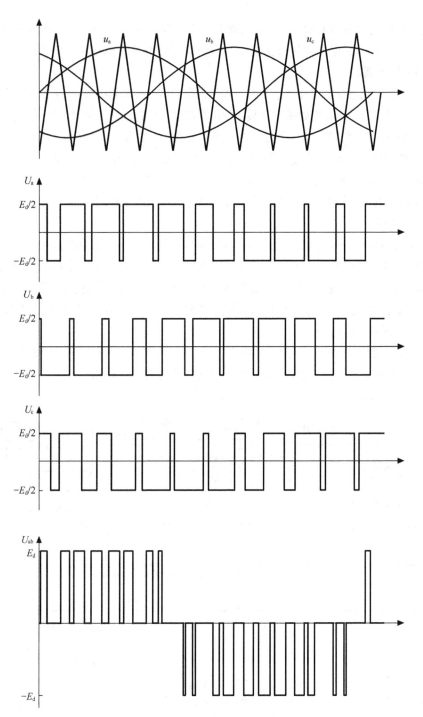

图 5-1.7 三相 PWM 的载波调制原理

## 实 践 指 导

### 一、交流伺服驱动器

PMSM 电机控制需要一套将固定频率的交流电整流成直流电，然后再将直流电逆变为频率、相位、幅值可变的交流电的装置，这一装置统称"逆变器"或"变频器"，当控制对象为伺服电机时，则称伺服驱动器。机电一体化设备使用的驱动器可分为通用型与专用型两种。

### 1．通用型伺服

通用型交流伺服是直接利用外部指令脉冲控制的驱动器，驱动器的整流/逆变主回路、位置/速度/电流等控制电路被集成一体，构成独立安装与使用的部件，可直接控制位置，使用十分方便，它是机电一体化设备的通用控制装置。在需要进行多轴插补轮廓控制的场合（如 CNC 机床），通用伺服虽也可起到控制位置的作用，也不存在步进电机的"失步"问题，但由于其实际位置与速度不能反馈到 CNC 上，CNC 无法根据实际位置来调整加工轨迹。对 CNC 而言通用型伺服位置控制实质上是开环的，故系统的定位与轮廓加工精度一般较低，只能在经济型数控机床上使用。

### 2．专用型伺服

专用型伺服必须与 CNC 配套使用，驱动器与 CNC 间多采用专用总线连接，并以网络通信的形式实现数据传输，通信协议对外部不开放，驱动器不可以独立使用。专用型伺服的位置控制在 CNC 上实现，CNC 可以根据实际位置动态调整加工轨迹，实现了真正的闭环位置控制，它具有很高的定位与轮廓加工精度。专用型伺服的驱动器参数设定、监控、调试与优化等均在 CNC 上完成，本书将不再对此进行叙述。

PMSM 交流伺服驱动器是采用现代控制理论与矢量控制技术，利用微处理器数字化控制的装置，图 5-1.8 所示为某通用型 PMSM 电机数字伺服驱动器的原理框图。

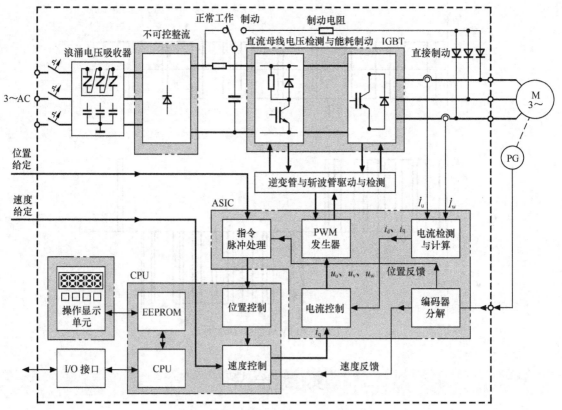

图 5-1.8　通用型伺服驱动器原理图

驱动器主回路采用了三相桥式不可控整流电路，输入回路安装有短路保护与浪涌电压吸收装置，输入电压为三相 200V（线电压），整流、平波后的直流母线电压约为 DC320V。驱动器直流母线上安装有制动电阻单元，可释放电机制动能量。驱动器的逆变回路采用了 IGBT 驱动，并带有为电机制动提供能量反馈通道的续流二极管。为了加快电机的制动过程，该驱动器还设计有将直流母线电压直接加入电机三相绕组的制动电路，它可在逆变管不工作时为电机提供制动力矩。

驱动器带有 CPU，位置与速度控制通过软件实现，它可直接接收外部位置指令脉冲，构成位置闭环控制系统；如需要，驱动器还可以接收来自外部速度/转矩给定电压，成为大范围、恒转矩调速的速度/转矩控制系统。驱动器的参数设定、状态显示可通过本身的操作/显示单元或通信总线接口进行，参数保存在 EEPROM 中。

为了提高运算与处理速度，驱动器的电流检测与计算、电流控制、编码器信号分解、PWM信号产生及位置给定指令脉冲信号的处理均使用了专用集成电路（ASIC）。三相正弦交流电始终有 $i_u + i_v + i_w = 0$；只要检测两相电流，便可在 ASIC 的电流检测与计算环节计算得到第 3 相的实际电流值。

电流反馈信号通过合成可转换为幅值为电枢电流 1.5 倍的合成电流 $i_s$，并转换为矢量控制所需的 d-q 坐标中的 $i_d$、$i_q$ 电流。电流控制环节根据转矩电流给定与 $i_d$、$i_q$ 的反馈值，计算出定子电压 $u_d$、$u_q$，并变换到参考坐标系 a-b 上得到了三相定子电压的合成矢量，然后分解为三相定子电压，完成电压矢量的 2/3 转换。定子电压可利用 PWM 电路转换为三相正弦波（SPWM 波），控制电机的运行。因此，通用型交流伺服实质上是一种具有位置、速度、电流三环控制的闭环调节系统。

## 二、ΣV 系列伺服驱动

安川（YASKAWA）公司是日本研发、生产交流伺服驱动器最早的企业之一，在 20 世纪 70 年代已经开始通用伺服与变频器产品的研发与生产，产品的技术性能居全世界领先水平。安川交流伺服驱动器产品规格齐全、技术先进、可靠性好，而且，在众多常用伺服驱动器中，其功能描述最详细，参数最齐全，故在国内、国际市场均占有较大的份额。ΣV 系列是目前国内市场使用最多的安川驱动器（见图 5-1.9），其市场占有量较大。

图 5-1.9  ΣV 系列伺服驱动器

### 1. 伺服驱动器

ΣV 系列驱动器可用于安川公司全部伺服电机（包括直线电机、回转台直接驱动电机）的控制，产品的技术特点如下。

① 高速。ΣV 系列驱动采用了最新的高速 CPU 与现代控制理论，高速性能领先于全世界，驱动器定位时间只有普通驱动器的 1/12；位置输入脉冲频率可达 4MHz；速度响应高达 1 600Hz；伺服电机的转速最高为 6 000r/min；最大过载转矩可以达到 350%$M_e$（不同系列略有区别 $M_e$ 为额定输出转矩）；可用于高速控制。

② 高精度。ΣV 系列驱动可采用伺服电机内置的 20bit（即 $2^{20}$，1048576p/r）增量/绝对型串行接口编码器作为位置检测元件，或通过光栅构成全闭环控制系统；驱动系统的调速范围可以达到 1:15 000，其位置、速度、转矩控制精度均居世界领先水平。

③ 网络化。ΣV 系列驱动器配备了 USB 接口，可直接通过 Sigma Win+调试软件用计算机进行在线调试，在线调整的内容涵盖前馈控制、震动抑制陷波器、转矩滤波器等，自适应性能等先

进功能。

ΣV 系列交流伺服驱动器的主要技术指标如表 5-1.1 所示。

**表 5-1.1** ΣV 系列驱动器的主要技术指标

| 项　　目 | | 技　术　参　数 |
|---|---|---|
| 逆变控制 | | 正弦波 PWM 控制 |
| 速度调节范围/控制精度 | | 调速范围≥1：15 000；速度误差：≤±0.01% |
| 频率响应 | | 1 600Hz |
| 位置反馈输入 | | 13bit 增量、17bit/20bit 绝对或增量编码器；可以采用全闭环控制 |
| 定位精度 | | 误差 0~250 脉冲 |
| 速度/转矩给定输入 | 输入电压 | DC-12~12V（max）；输入阻抗 14kΩ；输入滤波时间 30/16μs |
| 位置给定输入 | 输入方式 | 脉冲+方向，90°差分脉冲，正转+反转脉冲；电子齿轮比 0~100 |
| | 信号类型 | DC5V 线驱动输入，DC5~12V 集电极开路输入 |
| | 输入脉冲频率 | 线驱动输入：max 4MHz；集电极开路输入：max 200kHz |
| 位置反馈输出 | | 任意分频，A/B/C 三相线驱动输出 |
| DI/DO 信号 | | 7/7 点 |
| 其他功能 | 动态制动 | 伺服 OFF、报警、超程时动态制动（5kW 以下制动电阻为内置） |
| | 保护功能 | 超程、过电流、过载、过电压、欠电压、缺相、制动、过热、编码器断线等 |
| | 通信接口 | RS422A，USB1.1；网络连接 1:15 |

### 2．伺服电机

ΣV 系列驱动器可用于安川全部伺服电机（包括转台直接驱动与直线电机，见图 5-1.10）控制。其中，小功率高速小惯量电机（SGMAV 系列）与小功率高速中惯量标准电机（SGMJV 系列）是 ΣV 系列最先（2008 年）推出的产品；中功率高速小惯量电机（SGMSV 系列）与中功率中低速中惯量标准电机（SGMGV 系列）为 2009 年新产品；特殊扁平电机（SGMPS 系列）目前尚在研发中。

① 高速小惯量电机。高速小惯量电机可用于印刷、食品、包装、传送设备、纺织机械等控制，电机分为小功率（50~1 000W）SGMAV 系列与中功率（1~7kW）SGMSV 系列两类，额定转速均为 3 000r/min。1kW 及以下的 SGMAV、SGMSV 电机的最高转速为 6 000r/min；1.5~7kW 的 SGMSV 系列电机的最高转速为 5 000r/min。电机的标准配置为 20bit 增量编码器，可选配 20bit 绝对编码器。

② 中惯量标准电机。中惯量标准电机是数控机床、机器人、自动生产线控制的常用产品，电机分高速小功率的 SGMJV 系列与中低速中功率 SGMGV 系列两类。SGMJV 系列高速小功率电机的输出功率范围为 50~750W，额定转速为 3 000r/min，最高转速为 6 000r/min，电机的标准配置为 20bit 增量编码器，可选配 20bit 绝对编码器或 13bit（8 192P/r）增量编码器。SGMGV 系列中低速中功率电机的输出功率范围为 0.3~15kW，额定转速为 1 500r/min；7.5kW 以下规格的最高转速为

3 000r/min，11kW/15kW 电机的最高转速为 2 000r/min；电机的标准配置为 20bit 增量编码器，可选配 20bit 绝对编码器。

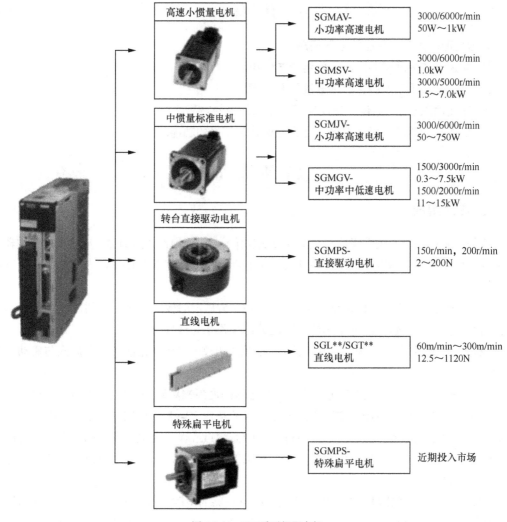

图 5.1-10　ΣV 系列伺服电机

　　SGMCS 系列转台直接驱动电机与安川 SGL**或 SGT**系列直线电机是按照高速、高精度要求开发的新产品；特殊扁平电机的长度只有同规格标准电机的 2/3 左右，可用于安装受到限制的特殊场合，但由于价格、应用范围等原因，这些电机的实际使用较少，故不再介绍。

# 任务二　掌握交流伺服连接技术

## 能 力 目 标

1. 了解交流伺服驱动器的硬件组成。

2. 能够连接驱动器主回路。

3. 能够连接驱动器控制回路。

# 工 作 内 容

学习后面的内容，并回答以下问题。

1. 简述交流伺服驱动器的硬件组成与作用。

2. 交流伺服驱动器的主回路连接需要注意什么？

3. 简述伺服 ON、急停、正反转禁止控制信号的功能。

4. 简述驱动器准备好、报警、定位完成状态信号的功能。

# 相 关 知 识

## 一、硬件组成

交流伺服驱动系统的硬件组成一般如图 5-2.1 所示，部分硬件（例如 DC 电抗器、滤波器、制动电阻等）可以根据实际需要选用，部件可以由驱动器生产厂家配套提供，也可选择其他符合要求的产品，部件的作用如下。

① 调试设备：交流伺服驱动器一般带有简易操作/显示面板，但对于需要震动抑制与滤波器参数自适应调整的驱动器，应选用功能更强的外部操作单元选件。

② 断路器：断路器用于驱动器短路保护，必须予以安装，断路器的额定电流应与驱动器容量相匹配。

③ 主接触器：伺服驱动器不允许通过主接触器的通断来频繁控制电机的启/停，电机的运行与停止应由控制信号进行控制。安装主接触器的目的是使主电源与控制电源独立，以防止驱动器内部故障时的主电源加入，驱动器的准备好（故障）触点应作为主电源接通的条件。当驱动器配有外接制动电阻时，必须在制动电阻单元上安装温度检测器件，当温度超过时应立即通过主接触器切断输入电源。

④ 滤波器：进线滤波器与零相电抗器用于抑制线路的电磁干扰。此外，保持动力线与控制线之间的距离、采用屏蔽电缆、进行符合要求的接地系统设计也是消除干扰的有效措施。

⑤ 直流电抗器：直流电抗器用来抑制直流母线上的高次谐波与浪涌电流，减小整流、逆变功率管的冲击电流，提高驱动器功率因数。驱动器在安装直流电抗器后，对输入电源容量的要求可以相应减少 20%～30%。驱动器的直流电抗器一般已在内部安装。

⑥ 外接制动电阻：当电机需要频繁启/制动或是在负载产生的制动能量很大（如受重力作用的升降负载控制）的场合，应选配制动电阻。制动电阻单元上必须安装有断开主接触器的温度检测器件。

## 二、主回路连接

### 1. 基本要求

三相输入的驱动器主回路原理如图 5-2.2 所示，不同驱动器的外形、连接端子号可能略有区别，但原理基本相同。

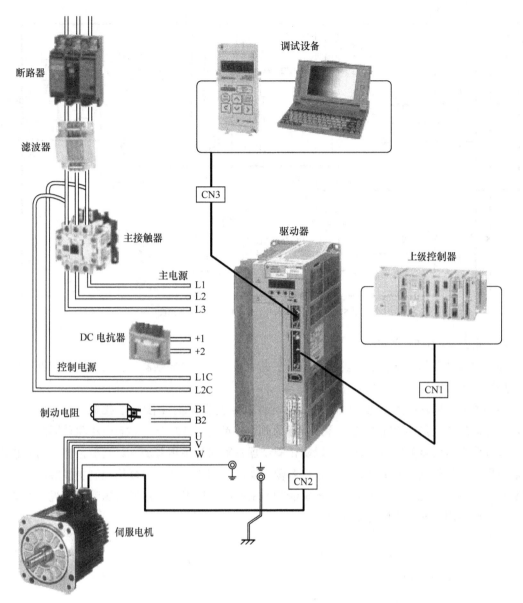

图 5-2.1　交流伺服驱动系统的硬件组成

图示的驱动器主回路连接要点如下。

① 主电源输入切不可错误地连接到电机输出（见图中的 U/V/W）端上。

② 当驱动器使用 DC 电抗器时，应断开直流母线短接端（见图 5-2.2 中的 $\oplus$ 1、$\oplus$ 2），将电抗器串联连接到直流母线上；如不使用则必须保留直流母线短接端。

③ 对于使用内置式制动电阻的驱动器，必须保留外部制动电阻短接端（见图 5-2.2 中的 B2、B3）；使用外部制动电阻，则应断开短接端，连接外部制动电阻。

④ 驱动器存在高频漏电流，进线侧如安装驱动器专用漏电保护断路器，感度电流应大于 30mA；如果采用普通工业用漏电保护断路器，感度电流应大于 200mA。

⑤ 驱动器与电机之间如安装了接触器（不推荐使用），接触器的 ON/OFF 必须在驱动器停止时进行。

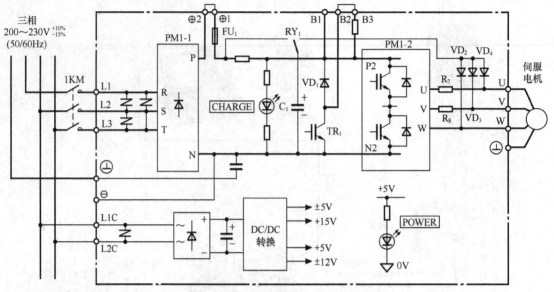

图 5-2.2　三相输入驱动器的主回路原理框图

### 2．主接触器的控制

为了对驱动器的主电源进行控制，需要在主回路上安装主接触器，驱动器的主接触器控制一般使用图 5-2.3 所示的典型电路。

主回路的频繁通/断将产生浪涌冲击，影响驱动器使用寿命，因此，主接触器不能用于驱动器正常工作时的电机启动/停止控制，通断频率原则上不能超过 30min 一次。应将驱动器的故障输出触点串联到主接触器的控制线路中，以防止驱动器故障时的主电源加入。当多台驱动器的输入电源需要同一主接触器控制通断时，必须将各驱动器的故障输出触点串联后控制主接触器。当驱动器配有外接制动单元或制动电阻时，电机制动所引起的电阻发热无法通过驱动器监视，为防止引发事故，必须用过热触点断开主接触器。

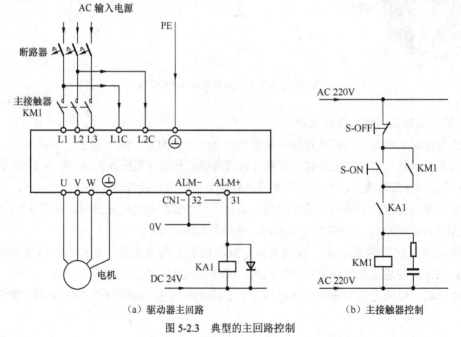

（a）驱动器主回路　　　　　　　（b）主接触器控制

图 5-2.3　典型的主回路控制

### 3. 滤波器连接

伺服驱动器、变频器等交流变频控制装置由于采用了 PWM 调制方式，部分电流、电压中的高次谐波已在射频范围，可能引起其他电磁敏感设备的误动作，因此，需要通过电磁滤波器来消除这些干扰。零相电抗器与电磁滤波器为驱动器常用的电磁干扰抑制装置。

① 零相电抗器：10MHz 以下频段的电磁干扰一般可用"零相电抗器"消除。零相电抗器实质上是一只磁性环，使用时只需将连接导线在磁环上同方向绕上 3～4 匝（见图 5-2.4）制成小电感，就可以抑制共模干扰；"零相电抗器"可用于电源输入侧或电机输出侧。

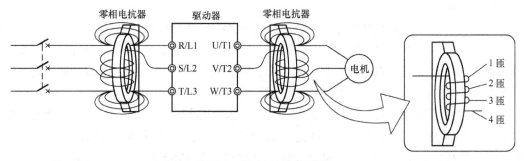

图 5-2.4　零相电抗器的连接图

② 输入滤波器：输入滤波器用来抑制电源的高次谐波，滤波器连接时只要将电源进线与对应的连接端一一连接即可。滤波器宜选用驱动器生产厂配套的产品，市售的 LC、RC 型滤波器可能会产生过热与损坏，既不可以在驱动器上使用，也不能在连接有驱动器的电源上使用（如无法避免，应在驱动器的输入侧增加交流电抗器）。

除以上部分外，主回路还包括伺服电机、制动器的连接电路，由于电机结构与连接器的不同，连接应根据生产厂家的说明书进行，但是，必须保证驱动器与电机连接端的一一对应，决不可改变电机绕组的相序。

## 三、控制回路连接

### 1. DI 信号与连接

DI 信号用于驱动器的运行控制，其点数通常在 10 点以内，信号的功能由驱动器生产厂家规定，用户可以在规定的范围内选择，输入连接端可通过驱动器的参数设定改变。

安川 ΣV 驱动器的 DI 信号接口如图 5.2-5 所示。DI 信号为 DC24V 光耦输入，采用汇点输入连接（Sink，亦称漏形输入或负端共用输入），当驱动器输入端经输入触点与 0V 构成回路、且输入电流达到一定值（3.5mA 以上）时，状态为"1"。DI 信号的 DC24V 输入驱动电源需要由外部提供，并连接至驱动器的 24VIN 端。

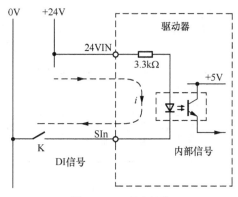

图 5-2.5　DI 输入连接

不同驱动器的 DI 信号与功能基本相同，常用的 DI 信号如下。

① 急停：驱动器紧急停止信号，一般以"*EMG"等符号表示，通常使用"常闭"输入。急停输入 OFF（输入断开，下同）时，驱动器将紧急制动，然后关闭逆变管、切断伺服电机绕组电

流。紧急制动是一种强力制动动作，一般不能用于正常的驱动器停止控制。

② 伺服 ON：驱动器使能信号，一般以"SON"、"SRV-ON"等符号表示，输入 ON（输入接通，下同）时，逆变管开放，伺服电机绕组加入电流。

③ 复位：输入 ON，将复位驱动器与清除驱动器报警，信号一般以"ALM-RST"、"RES"等符号表示。

④ 正/反转禁止：一般作"超程保护"用，可以禁止某一方向上的运动。信号一般以"*P-OT/*N-OT"、"*LSP/*LSN"、"*CWL/*CCWL"等符号表示，通常使用常闭输入，输入 OFF，指定方向运动禁止。

⑤ 切换控制：多用途切换信号。当驱动器选择位置/速度/转矩等切换控制方式时，该信号可进行位置控制、速度控制、转矩控制方式的切换，控制方式切换信号一般以"C-SEL"、"LOP"、"C-MODE"等符号表示；当驱动器选择位置或速度控制方式时，信号用于速度调节器的 P/PI 切换，此时以"P-CON"、"PC"、"GAIN"等符号表示。

⑥ 转矩限制：用来生效电机的输出转矩限制功能，一般以"P-CL/N-CL"、"TL"等符号表示。

⑦ 内部速度选择：驱动器选择 3 级变速速度控制方式时，信号用来选择固定运行速度（速度由驱动器参数设定），信号一般以"SPD-A/B"、"SP1/2"、"INTSPD1/2"等符号表示。

### 2．DO 信号与连接

DO 信号是驱动器的工作状态输出，其点数通常在 10 点以内，信号的功能由驱动器生产厂家规定，用户可以在规定的范围内选择，输出连接端可通过驱动器的参数设定改变。

驱动器的 DO 信号一般有达林顿光耦输出与集电极开路输出两类，通常为 NPN 型输出。负载驱动电源需外部提供，规格决定于负载要求。DO 信号用来驱动感性负载时，应在负载两端加过电压抑制二极管。

达林顿光耦输出一般为独立输出，允许的负载电压为 DC5～30V，最大驱动电流为 50mA 左右，其典型连接如图 5-2.6 所示。

集电极开路输出一般带公共 0V 端；允许的负载电压为 DC5～30V，驱动能力在 20mA 左右，其典型连接如图 5-2.7 所示。

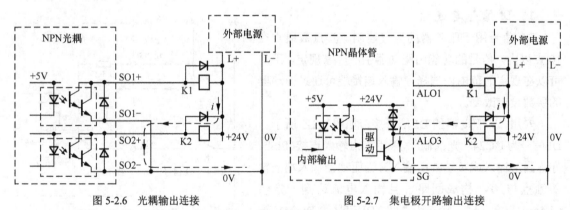

图 5-2.6  光耦输出连接　　　　　　　　图 5-2.7  集电极开路输出连接

不同驱动器的 DO 信号与功能基本相同，常用的 DO 信号与功能如下。

① 驱动器准备好：当驱动器的主电源与控制电源全部 ON、驱动器无报警时，输出 ON。信号通常以"S-RDY"、"RD"等符号表示。

② 驱动器报警：当驱动器发生故障报警时输出该信号，输出一般为一对继电器常开/常闭触

点；信号通常以"*ALM"等符号表示。

③ 定位完成：在位置控制方式下，如驱动器的位置跟随误差已经小于到位允差范围，信号输出 ON，代表定位完成；信号通常以"COIN"、"INP"等符号表示。

④ 速度一致：在速度控制方式下，如果实际电机转速到达了指令给定速度的速度允差范围，信号输出 ON，代表速度到达；信号通常以"V-CMP"、"SA"、"AT-SPEED"等符号表示。

### 3．给定输入的连接

伺服驱动器的给定输入包括位置给定脉冲输入、速度/转矩给定模拟电压输入两类，模拟电压输入端的功能与驱动器的控制方式有关，并可以通过驱动器的参数设定选择。

① 位置给定脉冲输入。位置给定只有在位置控制方式时才使用，输入为来自上级控制器（如 CNC、PLC 等）的 2 通道位置指令脉冲（PLUS、SING）与 1 通道误差清除（CLR）信号，信号类型可以为线驱动差分输出或集电极开路脉冲输出，其典型连接电路如图 5-2.8 所示。

② 速度/转矩给定输入。伺服驱动器的速度/转矩给定输入一般为 DC $-10 \sim 10\mathrm{V}$ 模拟电压，可以是 D/A 转换器输出或直接通过电位器调节所得到的电压，驱动器内部的输入阻抗一般为 $10 \sim 20\mathrm{k}\Omega$，其典型连接电路如图 5-2.9 所示。

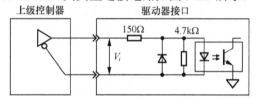

（a）线驱动输入

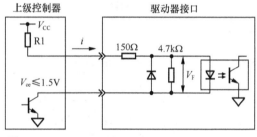

（b）有源集电极开路输入　　　（c）无源集电极开路输入

图 5-2.8　位置给定脉冲连接电路

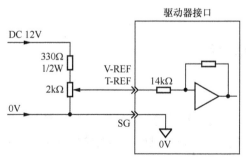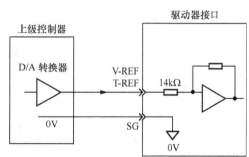

（a）与电位器的连接　　　（b）与 D/A 转换器的连接

图 5-2.9　速度/转矩给定连接电路

#### 4．编码器信号的连接

① 电机编码器连接。交流伺服电机的内置编码器有增量与绝对两类，增量编码器为标准配置，编码器输出为串行数据信号，其连接要求如图 5-2.10（a）所示。伺服电机的绝对编码器通常为选件，绝对编码器需要连接断电保持绝对位置数据（称 ABS 数据）的后备电池，其连接要求如图 5-2.10（b）所示。

② 位置反馈输出连接。如果伺服驱动系统的位置控制通过 CNC、PLC 等上级控制器实现，或系统的其他控制装置需要使用位置反馈脉冲时，可以利用驱动器的位置反馈脉冲输出功能，将电机内置编码器的位置反馈脉冲同步输出到驱动器外部。

驱动器的位置反馈脉冲输出一般是符合 RS422 规范的线驱动差分输出信号（MC3487 同等规格），外部接收电路以使用 MC3486 等标准线驱动接收器为宜；如输出需要与光耦接收电路连接，接收侧的输入限流电阻一般应在 150Ω 左右，其典型连接电路如图 5-2.11 所示。

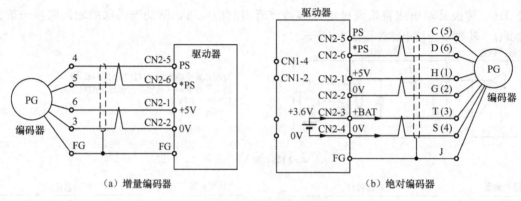

图 5-2.10 编码器连接

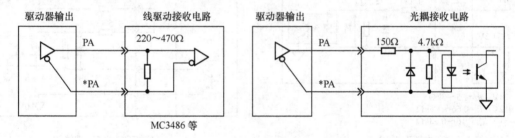

图 5-2.11 位置脉冲输出连接电路

# 实 践 指 导

## 一、ΣV 系列驱动器连接总图

安川 ΣV 系列驱动器的连接总图如图 5-2.12 所示；连接端功能与作用如表 5-2.1 所示，表中的 DI/DO 信号功能为驱动器出厂时的默认设定，如果需要，可以通过驱动器的参数设定改变信号功能。

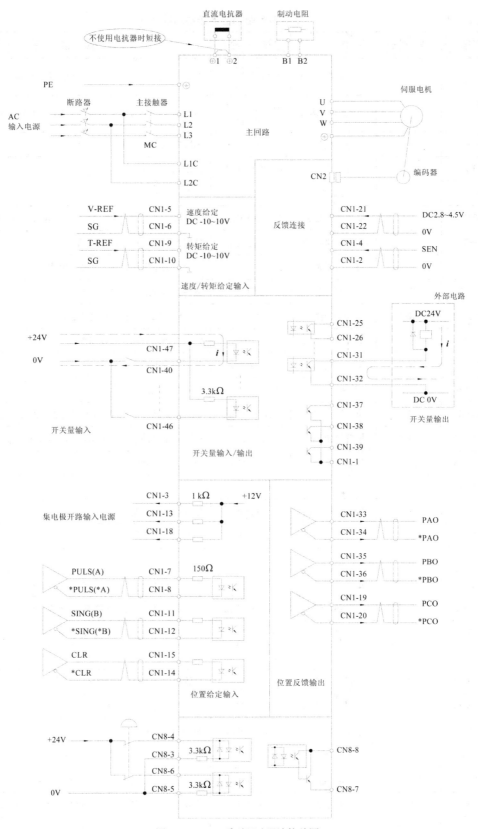

图 5-2.12 ΣV 系列驱动器连接总图

表 5-2.1　　　　　　　　　　　　ΣV 系列驱动器连接端功能表

| 端子号 | 信号代号 | 作　用 | 规　格 | 功　能　说　明 |
|---|---|---|---|---|
| L1/L2/L3 或：L1/L2 | — | 主电源（三相） | 3~AC200V，50/60Hz | 驱动器主电源，允许范围：AC 170~253V |
| | — | 主电源（单相） | AC100/200V，50/60Hz | 驱动器主电源，允许范围：AC 85~127V/ 170~253V |
| U/V/W | — | 电机电枢 | — | 伺服电机电枢 |
| L1C/L2C | — | 控制电源 | AC200V/100V | 控制电源输入 |
| PE | — | 接地端 | — | 驱动器接地端 |
| B1/B2 | — | 制动电阻连接 | 外部制动电阻 | 6kW 以上驱动器必须连接，其他规格可以短接 |
| +1/+2 | — | DC 电抗器连接 | DC 电抗器 | 根据需要，连接直流电抗器 |
| +/- | — | 直流母线输出 | — | 直流母线电压测量端，不能连接其他装置 |
| CN1-1/2 | SG | 信号地 | DC0V | 连接输入/输出信号的 0V 端 |
| CN1-3/13/18 | PL1/2/3 | DC12V 输出 | DC12V | 集电极开路输入驱动电源连接端 |
| CN1-4 | SEN | 数据发送请求 | DC5V | 绝对编码器数据发送请求信号 |
| CN1-5/6 | V-REF | 速度给定输入 | DC-10~10V | 速度给定模拟量输入 |
| CN1-9/10 | T-REF | 转矩给定输入 | DC-10~10V | 转矩给定模拟量输入 |
| CN1-7/8 | PULS | 位置给定输入 | DC5~12V | 位置给定脉冲输入（PLUS 或 CW、A 相信号） |
| CN1-11/12 | SING | 位置给定输入 | DC5~12V | 位置给定脉冲输入（SING 或 CCW、B 相信号） |
| CN1-15/14 | CLR | 误差清除输入 | DC5~12V | 位置误差清除输入 |
| CN1-16/17 | — | — | — | — |
| CN1-19/20 | PCO | 位置反馈输出 | DC5V | 位置反馈 C 相脉冲输出 |
| CN1-21/22 | BAT+/- | 电池输入 | DC2.8~4.5V | 绝对编码器电源输入 |
| CN1-23/24 | — | — | — | — |
| CN1-25/26 | CONI | 定位完成输出 | DC30V/50mA | 多功能 DO，功能可通过参数 Pn50E~Pn510 的设定改变 |
| CN1-27/28 | TGON | 速度到达输出 | DC30V/50mA | 多功能 DO，功能可通过参数 Pn50E~Pn510 的设定改变 |
| CN1-29/30 | S-RDY | 准备好输出 | DC30V/50mA | 多功能 DO，功能可通过参数 Pn50E~Pn510 的设定改变 |
| CN1-31/32 | ALM | 故障输出 | DC30V/50mA | 驱动器故障 |
| CN1-33/34 | PAO | 位置反馈输出 | DC5V | 位置反馈 A 相脉冲输出 |
| CN1-35/36 | PBO | 位置反馈输出 | DC5V | 位置反馈 B 相脉冲输出 |
| CN1-37~39 | ALO1~3 | 报警代码输出 | DC30V/20mA | 驱动器报警代码输出 |
| CN1-40 | S-ON | 伺服使能 | DC24V | 多功能 DI，功能可通过参数 Pn50A~Pn50D 的设定改变 |
| CN1-41 | P-CON | PI/P 调节器切换 | DC24V | 多功能 DI，功能可通过参数 Pn50A~Pn50D 的设定改变 |
| CN1-42 | *P-OT | 正转禁止 | DC24V | 多功能 DI，功能可通过参数 Pn50A~Pn50D 的设定改变 |
| CN1-43 | *N-OT | 反转禁止 | DC24V | 多功能 DI，功能可通过参数 Pn50A~Pn50D 的设定改变 |

续表

| 端子号 | 信号代号 | 作 用 | 规 格 | 功 能 说 明 |
|---|---|---|---|---|
| CN1-44 | ALM-RST | 报警清除 | DC24V | 多功能 DI, 功能可通过参数 Pn50A~Pn50D 的设定改变 |
| CN1-45 | P-CL | 正向电流限制 | DC24V | 多功能 DI, 功能可通过参数 Pn50A~Pn50D 的设定改变 |
| CN1-45 | N-CL | 反向电流限制 | DC24V | 多功能 DI, 功能可通过参数 Pn50A~Pn50D 的设定改变 |
| CN1-47 | 24V IN | 输入电源 | DC24V | DI 信号驱动电源 |
| CN1-48/49 | PSO | 位置反馈输出 | DC5V | 绝对编码器的转速输出信号（串行输出） |

## 二、主电源与电枢连接

### 1. 电源主回路

ΣV 驱动器的主回路在遵循一般连接原则的基础上，还需要注意如下特殊问题。

① 使用 DC 电抗器时，应断开短接端+1 与+2，并将 DC 电抗器连接到+1 与+2 上；如不使用 DC 电抗器则必须保留+1 与+2 间的短接端。

② 三相 AC400V 输入的 ΣV 系列驱动器的控制电源为 DC24V，不能与主电源并联。

③ 对于带有内置式制动电阻的驱动器，如不使用外部制动电阻，则必须保留 B2 与 B3 间的短接端；如果仅使用外部制动电阻，应断开 B2 与 B3 的连接，并将外部制动电阻接入到 B1 与 B2 上；如果同时使用外部与内部制动电阻，则保留 B2 与 B3 的连接端，并将外部制动电阻连接到 B1 与 B2，这时内部与外部的制动电阻并联连接（不推荐使用）。

④ ΣV 驱动器可采用直流供电，此时必须设定驱动器参数 Pn 002.1 = "1"，生效 DC 电源输入功能（特殊连接）。三相 AC200V 输入的小规格驱动器（SGDV-R70A~ SGDV-5R5A）允许直接连接单相 AC200V 电源，此时必须设定驱动器参数 Pn 00B.2 = "1"，生效三相驱动器的单相主电源输入功能。

### 2. 电枢与制动器连接

ΣV 系列伺服电机的电枢与制动器连接与电机容量、型号有关，不同型号、不同规格的连接要求如图 5-2.13 所示。电机的 U、V、W 必须与驱动器的 U、V、W 一一对应。

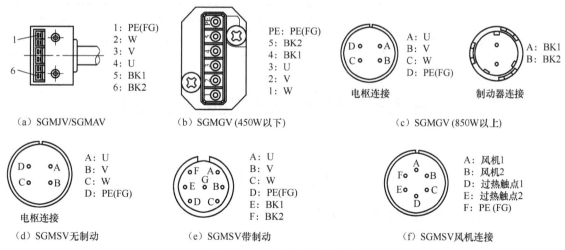

（a）SGMJV/SGMAV     （b）SGMGV (450W以下)     （c）SGMGV (850W以上)

（d）SGMSV无制动     （e）SGMSV带制动     （f）SGMSV风机连接

图 5-2.13 ΣV 系列伺服电机连接

### 三、DI/DO 及位置给定连接

ΣV 系列驱动器多用于位置控制，DI/DO 信号与位置给定输入是常用的控制信号，且与外部控制电路有关，其连接电路可参见前述。驱动器的 DI 信号输入要求及 DO 信号输出规格分别如表 5-2.2、表 5-2.3 所示。

表 5-2.2                 ΣV 驱动器的 DI 信号输入要求

| 项 目 | 规 格 |
|---|---|
| 输入驱动能力与响应时间 | 驱动能力，≥DC24V/50mA；响应时间，≈10ms |
| 工作电流与内部限流电阻 | 工作电流，7～15 mA；内部限流电阻，3.3kΩ |
| 输入信号 ON/OFF 电流 | ON 电流，≥3.5mA；OFF 电流，≤1.5mA |
| 输入信号连接形式 | 直流汇点输入；光电耦合 |

表 5-2.3                 ΣV 驱动器的输出规格

| 项 目 | 集电极开路输出 | 光 耦 输 出 |
|---|---|---|
| 最大输出电压 | DC30V | DC30V |
| 最大输出电流 | 20mA | 50mA |
| 最小输出负载 | 8mA/DC5V | 2mA/DC5V |
| 输出响应时间 | ≤20ms | ≤20ms |

ΣV 驱动器的位置给定脉冲输入信号的要求如表 5-2.4 所示。

表 5-2.4               ΣV 系列驱动器的位置给定输入规格

| 项 目 | 规 格 |
|---|---|
| 输入信号类型 | 线驱动输入、集电极开路输入 |
| 输入电压/电流 | 输入电压，2.8～3.7V；输入电流，7～15mA |
| 输入 ON/OFF 电流 | ON 电流≥3.5mA；OFF 电流，≤1.5mA |
| 最高输入频率 | 差分输入，500kHz（ΣⅡ）/4MHz（ΣV）；集电极开路输入，200kHz |
| 输入接口电路 | 光电耦合，内部限流电阻150Ω |

# 任务三　掌握驱动器功能与参数

## 能 力 目 标

1. 熟悉伺服驱动器的结构与基本控制方式。
2. 熟悉驱动器的位置指令输入形式。
3. 能够进行位置测量系统的匹配。

# 工 作 内 容

学习后面的内容，并回答以下问题。

1. 交流伺服驱动器有哪些基本控制方式？增益与偏移调整各有什么作用？
2. 驱动器的电子齿轮比参数有什么作用？应如何确定？
3. 计算并确定项目八/任务三的伺服驱动器基本参数。

# 相 关 知 识

## 一、驱动器结构与控制方式

### 1．驱动器结构

通用交流伺服驱动器是一种可用于位置、速度、转矩控制的多用途控制器，从闭环调节原理上分析，驱动器一般由图 5-3.1 所示的位置、速度、转矩 3 个闭环调节回路所组成。

驱动器的控制对象（位置、速度或转矩）可通过驱动器参数设定选择，并称为驱动器的"控制方式"。总体而言，驱动控制分对象固定的基本控制方式与对象可变的切换控制方式两类，前者用于固定的位置（或速度、转矩）控制场合；后者则可以根据需要进行位置与速度、位置与转矩、速度与转矩控制间的切换。

### 2．基本控制方式

（1）位置控制

闭环位置控制是驱动器最为常用的控制方式。当驱动器选择位置控制时，来自外部脉冲输入的位置指令与来自编码器的位置反馈信号通过位置比较环节的计算，得到位置跟随误差信号，位置误差经过位置调节器（通常为比例调节）的处理，生成内部速度给定指令。

速度给定指令与速度反馈信号通过速度比较环节的计算，得到速度误差信号，误差经过速度调节器（通常为比例/积分调节）的处理，生成内部转矩给定指令；转矩给定与转矩反馈信号通过转矩比较环节得到转矩误差信号，误差经过转矩调节器（通常为比例调节）的处理与矢量变换后，生成 PWM 控制信号，控制伺服电机的定子电压、电流与相位速度。因此，在位置控制方式下，实际上也具有速度、转矩控制功能，只不过它们服务于位置控制而已。

（2）速度控制

驱动器的速度控制是以电机转速为控制对象的控制方式。速度给定输入有外部模拟量输入控制与内部参数指定两种方式，前者的速度指令来自模拟量输入端，运行过程中可以随时通过改变模拟量输入调节速度；后者的速度被固定设置于驱动器参数中，外部控制器可通过控制输入（DI）信号选择其中之一进行运行。驱动器在速度控制时的速度反馈可从位置反馈的微分中得到。

（3）转矩控制

驱动器的转矩控制是以电机电流作为控制对象的控制方式，一般用于张力控制或作为主从控制的从动轴控制。转矩指令来自外部模拟量输入端 T-REF，运行过程中可以随时通过改变模拟量输入调节电机输出转矩。转矩控制需要进行电压、电流、相位等参数的复杂计算，在部分驱动器上，如电机停止时的震动与噪声过大，还可通过参数的设定选择纯电流调节方式，以改善运行性能。

### 3．附加控制方式

为了适应不同的控制要求，通用驱动器在以上基本控制方式的基础上，往往还附加有"伺服锁定"、"指令脉冲禁止"等特殊控制方式。

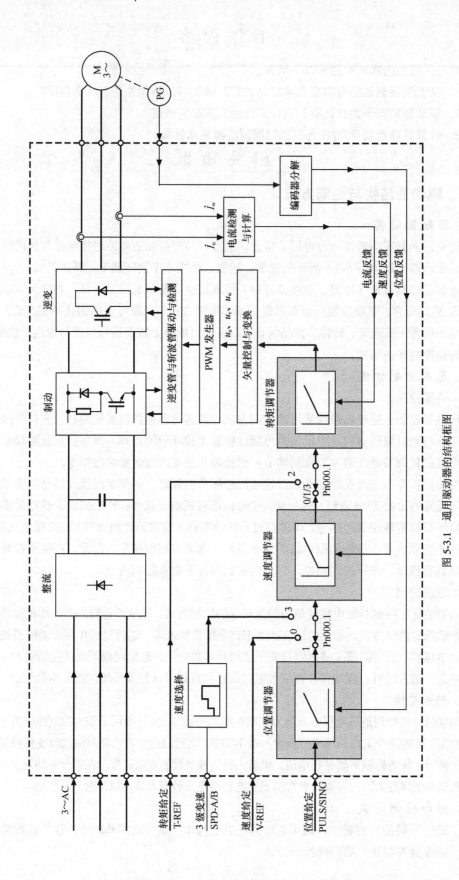

图 5-3.1 通用驱动器的结构框图

伺服锁定实质上是一种驱动器的制动方式。当驱动器用于速度控制时，因位置无法进行闭环控制，其停止位置是随机的，停止后也无保持力矩，如果负载存在外力（如重力）作用，就可能导致电机在停止时的位置偏离。采用伺服锁定控制后，驱动器可通过外部输入（DI）信号，在内部建立临时的位置闭环，使电机保持在固定的位置上，这一控制亦称"零速钳位"或"零钳位"功能。

指令脉冲禁止控制是利用外部输入（DI）信号阻止位置给定输入，强迫电机锁定在当前位置的控制方式，此时驱动器将切断外部指令脉冲输入，使电机保持在当前定位点上，定位完成后仍然具有保持力矩。

## 二、指令输入的形式

### 1．速度与转矩指令

一般而言，伺服驱动器用于速度与转矩控制时，指令输入都以 0～10V 模拟电压输入的形式给定，输出（速度或转矩）与输入呈线性比例关系（见图 5-3.2）。

为了使得实际输出与输入相符，驱动器可以通过"增益"参数来改变输入/输出特性的斜率，如图 5-3.2（a）所示；通过"偏移"参数来保证输入为"0"时的输出为"0"及调整正反向速度差，如图 5-3.2（b）所示。

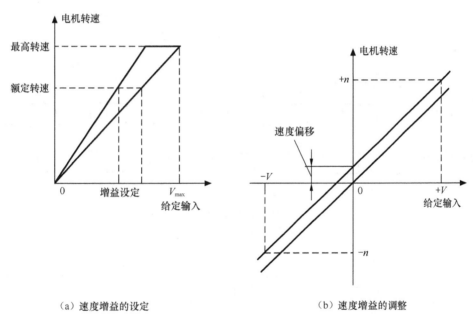

（a）速度增益的设定　　　　　　　　（b）速度增益的调整

图 5-3.2　模拟量输入增益与偏移的调整

### 2．位置指令形式

通用驱动器用于位置控制时，位置指令一般以脉冲的形式输入，脉冲的类型与极性均可以通过驱动器的参数选择，图 5-3.3 所示为常用的位置脉冲输入形式。

## 三、位置测量系统的匹配

### 1．脉冲当量的匹配

当驱动器用于位置控制时，指令的位置必须与实际运动的位置一致，即位置指令脉冲与来自电机编码器的测量反馈脉冲当量必须匹配。在伺服驱动器上这两者可通过"电子齿轮比"参数进行匹配，电子的分子 $N$ 与分母 $M$ 一般可以设定为任意正整数，参数的计算方法参照图 5-3.4。

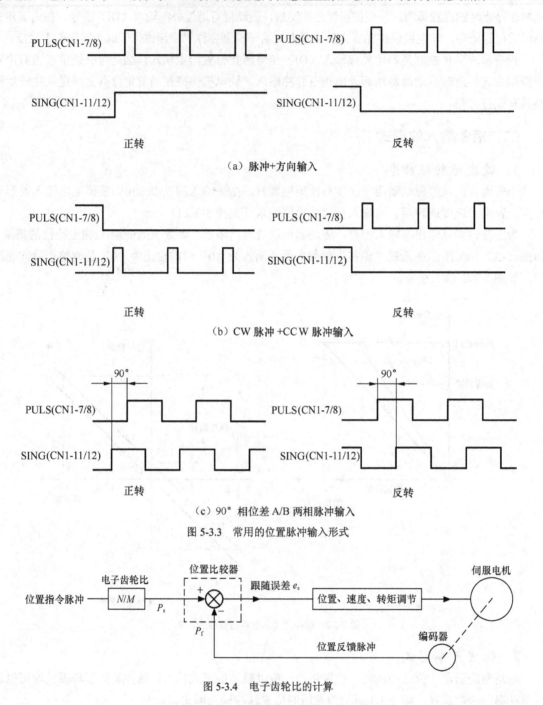

（a）脉冲+方向输入

（b）CW 脉冲 +CCW 脉冲输入

（c）90° 相位差 A/B 两相脉冲输入

图 5-3.3　常用的位置脉冲输入形式

图 5-3.4　电子齿轮比的计算

由图可见，对位置给定指令而言，如电机每转所产生的机械移动量为 $h$、指令脉冲当量为 $\delta_s$，则电机每转所对应的、经过电子齿轮比修正后的指令脉冲数 $P_s$ 为

$$P_s = (h/\delta_s) N/M$$

由于编码器与电机为同轴安装，因此，电机一转所对应的位置反馈脉冲数 $P_f$ 就是编码器的每

转脉冲数 $P$。令 $P_f = P_s$ 可得电子齿轮比的计算式为

$$N/M = (P\delta_s)/h$$

### 2．位置反馈与上级控制器的匹配

在速度控制方式下，如系统需要通过上级控制器来实现闭环位置控制，或在位置、速度、转矩控制方式下，需要将位置反馈脉冲从驱动器上输出到其他控制或显示器上，则需要通过驱动器参数的设定来确定驱动器的电机每转输出脉冲数。驱动器的输出脉冲数一般可以通过参数直接指定。

## 四、其他功能与参数

### 1．加减速与停止

驱动器在不同的控制方式下可以选择不同的加减速方式，实现"软启动"以减小机械冲击，加减速方式一般有线性加减速、指数型加减速等，加减速时间可以直接通过驱动器参数进行设定。

在正常情况下，伺服电机可以通过加减速的控制实现启动与停止，但是，如果在运行过程中出现了伺服 OFF、驱动故障、主电源关闭等特殊情况，则需要进行快速、强力制动，其制动方式有"驱动器停止"与"动态制动"两种。

驱动器停止与动态制动是"受控"的制动过程，即使在主电源切断时，驱动器仍然可以利用直流母线电容器所储存的能量完成制动过程，其制动时间、制动力矩均可以通过驱动器参数进行设定。动态制动（Dynamic Braking，DB）是一种通过对逆变管的控制，使电机绕组直接短路的制动方式，它可以用于紧急情况的强力制动。

### 2．调节器参数

如前所述，伺服驱动器内部设计有位置、速度、转矩 3 个闭环，每一闭环有独立的调节器。伺服驱动器的调节器参数不但包括比例增益、积分时间、微分时间等基本参数，而且还需要设定前馈控制、滤波器、限波器以及自适应控制、摩擦补偿等多方面的参数。

调节参数的设定需要清楚地知道驱动系统各环节的详细性能参数，并建立系统精确的数学模型，这对于一般使用者而言是较为困难的。为此，伺服驱动器生产厂家通常都设计有驱动器自动调整功能，它可以通过驱动器的在线自动调整运行，来自动检测、计算并设定调节器的参数。有关调节器参数设定的详细内容，可参见安川公司的使用说明书或本书作者编写的《交流伺服驱动从原理到完全应用》（人民邮电出版社，2010）一书；自动调整运行的操作步骤，可参见后述的实践指导。

## 实 践 指 导

## 一、ΣV 驱动器的基本参数

安川 ΣV 系列伺服驱动器的基本设定参数如表 5-3.1 所示。

表 5-3.1　　　　　　　　　ΣV 系列伺服驱动器控制方式设定参数

| 参数号 | 参数名称 | 单位 | 设定范围 | 功能与说明 |
|---|---|---|---|---|
| Pn 000.0 | 转向设定 | — | 0/1 | 通过 0/1 的转换，改变电机转向 |

续表

| 参数号 | 参数名称 | 单位 | 设定范围 | 功能与说明 |
|---|---|---|---|---|
| Pn 000.1 | 控制方式选择 | — | 0～B | 见下述 |
| Pn 200.0 | 位置指令脉冲类型选择 | — | 0～9 | 选择位置脉冲的输入形式 |
| Pn 201 | 电机每转位置反馈输出 | P/r | 16～$2^{14}$ | 电机每转所对应的输出脉冲数 |
| Pn 20E | 电子齿轮比分子 | — | 0～$2^{20}$ | 指令脉冲与反馈脉冲的当量匹配参数 |
| Pn 210 | 电子齿轮比分母 | — | 0～$2^{20}$ | 指令脉冲与反馈脉冲的当量匹配参数 |
| Pn 300 | 速度给定增益 | 0.01V | 150～3 000 | 设定额定转速所对应的模拟量输入电压 |
| Pn 301 | 内部速度设定 1 | r/min | 0～10 000 | 内部速度设定 1，输入 SPD-B = 1 时有效 |
| Pn 302 | 内部速度设定 2 | r/min | 0～10 000 | 内部速度设定 2，输入 SPD-B/SPD-A 同时为 1 时有效 |
| Pn 303 | 内部速度设定 3 | r/min | 0～10 000 | 内部速度设定 3，输入 SPD-A = 1 时有效 |
| Pn 305 | 速度指令加速时间 | ms | 0～10 000 | 从 0 加速到最高转速的时间 |
| Pn 306 | 速度指令减速时间 | ms | 0～10 000 | 从最高转速减速到 0 的时间 |

### 1．控制方式选择

参数 Pn 000.1 用来选择驱动器的控制方式，设定值的意义如下：

0：利用模拟量输入指令速度的速度控制方式（基本控制，下称速度控制）；

1：利用脉冲输入指令位置的位置控制方式（基本控制，下称位置控制）；

2：利用模拟量输入指令转矩的转矩控制方式（基本控制，下称转矩控制）；

3：通过开关量输入选择速度的 3 级变速控制方式（基本控制，简称 3 级变速控制）；

4：3 级变速/速度控制切换方式；

5：3 级变速/位置控制切换方式；

6：3 级变速/转矩控制切换方式；

7：位置控制/速度控制切换方式；

8：位置控制/转矩控制切换方式；

9：转矩控制/速度控制切换方式；

A：带伺服锁定的速度控制方式；

B：带指令脉冲禁止的位置控制方式。

### 2．多级变速控制

多级变速控制方式是一种通过外部 DI 信号选择速度的有级变速方式，可以用于定速定位控制，它在设定 Pn 000.1 = 3 时生效。表 5-3.1 的速度参数与控制信号 SPA/SPB/SPD 的关系如图 5-3.5 所示。信号 SPD-A、SPD-B 兼有启动/停止控制功能，输入 ON 时可同时启动电机。3 级变速的加减速时间可通过参数 Pn 305/Pn 306 设定，参数的设定值是指从 0 到最高转速的时间；Pn 305/Pn 306 只用于 3 级变速控制，在选择其他控制方式时应将其设定为"0"。

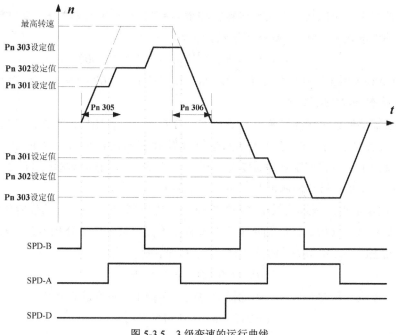

图 5-3.5 3 级变速的运行曲线

## 二、基本参数的设定与计算

### 1. 位置指令形式的设定

驱动器的位置指令脉冲一般来自 PLC、CNC 等上级控制装置，指令脉冲应按照要求连接；脉冲类型可以通过参数 Pn 200.0 选择，设定值的意义如下：

0：正极性的脉冲（PLUS）+方向（SIGN）输入；

1：正极性的 CW 脉冲（SIGN）+CCW 脉冲（PLUS）输入；

2：正极性的 90°相位差 A/B 两相脉冲输入；

3/4：2/4 倍频的正极性 90°相位差 A/B 两相脉冲输入，输入信号在驱动器内部进行 2/4 倍频。

5：负极性的脉冲（PLUS）+符号（SIGN）输入；

6：负极性 CW 脉冲（SIGN）+CCW 脉冲（PLUS）输入；

电机的转向可用参数 Pn 000.0（由"0"改为"1"或反之）调整；电机的实际转速通过速度指令输入增益参数 Pn 300（单位 0.01V）调整。

### 2. 脉冲当量匹配

ΣV 系列驱动器的电子齿轮比的分子 $N$ 与分母 $M$ 分别以通过参数 Pn 20E 与 Pn 210 设定。由于参数 Pn 20E 的出厂默认设定为编码器每转脉冲数 $P$（如 $2^{20}$ 编码器 Pn 20E 的默认设定为 1048576），因此，作为简单的设定方法，可以不改变参数 Pn 20E 的值，只要将参数 Pn 210 设定为电机每转指令脉冲数即可。

【**例 5-1**】假设某设备直线进给轴的电机每转移动量为 $h$ =10mm，电机内置编码器为 $P = 2^{20}$ 增量编码器，如外部指令脉冲当量 $\delta_s = 0.001$mm，则电子齿轮比应为：

$$N/M = （0.001×2^{20}）/10 = 1\,048\,576/10\,000$$

如参数 Pn 20E 采用出厂默认值 1 048 576，则 Pn 210 应设定为电机每转指令脉冲数 10000，即 Pn 210 = 10 000。

【例5-2】假设某设备回转轴的电机每转移动量 $h = 2°$，电机编码器为 $P = 2^{17}$ 增量编码器，如果外部指令脉冲当量 $\delta_s = 0.001°$，则电子齿轮比应为：

$$N/M = （0.001×2^{17}）/2 = 131\ 072/2\ 000$$

当参数 Pn 20E 采用出厂默认值 131 072，Pn 210 应设定为 2 000（电机每转指令脉冲数）。

### 3．位置反馈脉冲数设定

如果驱动器需要通过上级控制装置（如 PLC、CNC 等）进行闭环位置控制，且以电机内置编码器作为位置反馈装置时，应将驱动器的位置反馈脉冲输出信号 PAO/*PAO、PBO/*PBO、PCO/*PCO 连接到上级位置控制器并设定驱动器的电机每转输出脉冲数参数 Pn 212，ΣV 系列驱动器可以直接指定电机每转输出脉冲数，设定非常简单。

【例 5-3】假设位置控制系统采用 PLC 的轴控模块控制定位，PLC 的位置给定脉冲当量为 0.001mm（每脉冲运动 0.001mm）、轴控模块的位置反馈接口带硬件 4 分频电路；电机每转对应的机械移动量为 6mm；因此，电机每转反馈到 PLC 的脉冲数应为

$$P_f = 6/0.001 = 6\ 000\ （P/r）$$

考虑到轴控模块内部的 4 分频，驱动器的电机每转输出脉冲数应设定为

$$Pn\ 212 = 6\ 000/4 = 1500\ （P/r）$$

### 4．速度控制参数计算

当驱动器用于速度控制时，电机转速与速度给定模拟电压呈线性关系，速度给定模拟量输入增益可以通过参数 Pn 300 调节。改变 Pn 300 相当于改变了"转速—电压"曲线的斜率（见图 5-1.3）；参数 Pn 300 设定的是电机额定转速所对应的速度给定电压值，驱动器允许的最大模拟量输入为 ±12V，故 Pn 300 的设定值不能超过 1 200。

【例 5-4】如驱动系统要求的机械部件最大移动速度为 12m/min；伺服电机的额定转速为 1 500r/min、最高转速为 3 000r/min；电机每转移动量为 6mm；最大移动速度所对应的速度给定电压为 10V，参数 Pn 300 可通过如下方式确定：

最大移动速度 12m/min 对应的电机转速：$n_m = 12\ 000/6 = 2\ 000r/min$；

电机额定转速 1 500r/min 对应的给定电压：$V = 10×1\ 500/2\ 000 = 7.5V$；

增益设定：Pn 300 = 7.5/0.01 = 750。

# 任务四　交流伺服的应用与实践

## 能 力 目 标

1．能够进行驱动器参数的设定与状态的监视。
2．能够通过驱动器的试运行检查驱动器。
3．完成指定实验项目的驱动系统调试。

## 工 作 内 容

1．利用操作单元进行驱动器参数的设定。

2. 利用操作单元完成驱动器的 JOG 与回参考点试运行。

3. 利用操作单元完成位置与速度控制的快速调试与在线自动调整。

## 资 讯 & 计 划

通过查阅相关参考资料、咨询，并学习后面的内容，回答以下问题。

1. ΣV 系列驱动器应怎样操作？

2. 如何进行驱动器的 JOG 与回参考点试运行？

3. 位置与速度控制快速调试的目的是什么？

4. 实施在线自动调整调试可以完成什么样的功能？实施有哪些条件？

## 实 践 指 导

### 一、操作单元说明

为了对驱动器进行调试与监控，驱动器都配套有状态监控、参数设定与调试的简易操作单元，ΣV 操作单元外形如图 5-4.1 所示，操作单元分为"数码显示器"与"操作按键"两个区域。

#### 1. 数码显示器

数码显示器为 5 只 8 段数码管，可显示驱动器的运行状态、参数、报警号等基本信息，常见的显示与意义如下。

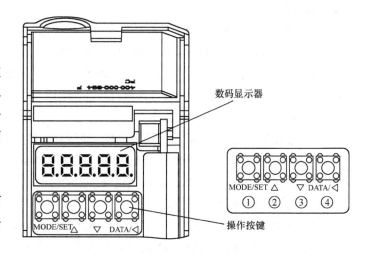

图 5-4.1　操作单元外形

$\boxed{\text{- | bb}}$：基本工作状态显示。

$\boxed{\text{Fn000}}$：辅助设定与调整模式。

$\boxed{\text{Pn000}}$：参数显示与设定模式。

$\boxed{\text{Un000}}$：状态监视模式。

$\boxed{\text{run}}$：驱动器运行中（基本工作状态显示）。

$\boxed{\text{Pot}}$：正转禁止（基本工作状态显示）。

$\boxed{\text{not}}$：反转禁止（基本工作状态显示）。

：驱动器报警（基本工作状态显示）。

除以上显示外，在不同操作模式下还有更多的内容。

### 2．操作按键

：操作、显示模式转换键（以下用【MODE/SET】表示）。

：参数显示、设定键（以下用【DATA/SHIFT】表示）。

与 ：数值增加/减少键（以下用【D-UP】、【D-DOWN】表示），同时按可清除

驱动器报警。

### 3．显示模式的转换

操作单元有"工作状态显示""辅助设定与调整""参数设定""状态监视"4种基本显示模式，模式转换可通过【MODE/SET】进行（见图 5-4.2）。显示模式选定后，只要按住【DATA/SHIFT】键并保持 1s 左右，便可以进入对应操作模式的操作。

不同显示模式的显示内容如下。

① 工作状态显示：驱动器电源接通时自动选择工作状态显示模式，该模式可以显示驱动器当前的工作状态信息，如运行准备（bb）、驱动器运行（run）、正/反转禁止（Pot/not）等。

② 辅助设定与调整模式：该模式可进行驱动器的初始化检查、参数初始化、增益偏移调整、调节器参数自适应调整等操作。

③ 参数显示与设定模式：该模式可显示与修改驱动器参数。

④ 状态监视模式：该模式可对驱动器的运行状态、内部参数、输入/输出信号等进行显示与监控。

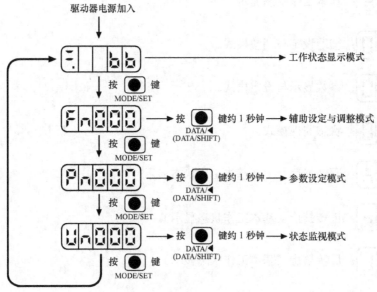

图 5-4.2　显示与模式转换

### 4．参数的显示

安川驱动器的参数按照功能与显示形式分"数值型参数"与"功能型参数"两类。

① 数值型参数：数值型参数是以 4～12 位十进制数字表示的参数，如 Pn 100 ＝ 40 等；参数的单位已经规定，用户原则上不可以改变；参数的显示形式如图 5-4.3 所示。由于驱动器操作单元的显示器只有 5 只数码管，当参数位数超过 4 位时，需要分次设定。

图 5-4.3　数值型参数的显示

② 功能型参数：功能型参数以二进制位的形式表示，长度一般为 2 字节（16 位），参数以图 5-4.4 的形式，每 4 位按 16 进制格式显示，显示范围为 0000～FFFF。功能参数以带小数点的后缀来表示不同位，Pn 001.0/ Pn 001.1 表示低字节的低 4 位/高 4 位；Pn 001.2/ Pn 001.3 表示高字节的低 4 位/高 4 位（见图 5-4.4）。

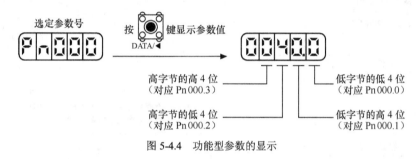

图 5-4.4　功能型参数的显示

## 二、驱动器试运行与快速调试

### 1．驱动器的试运行

为了确认驱动器、电机、编码器的运行情况，在驱动器实际使用前，可先单独接通控制电源与主电源，进行点动、回参考点运行试验。驱动器点动与回参考点运行试验不需要任何外部控制信号，试验时不要连接驱动器的 CN1，运行需要注意如下问题。

① 正/反转禁止信号*P-OT/*N-OT 及伺服 ON 信号（S-ON）对点动运行试验均无效，因此，必须在电机与负载完全脱离的情况下进行点动运行。

② 点动与回参考点运行的启动、停止与转向可通过操作单元进行直接控制。

③ 驱动器的伺服 ON 信号 S-ON 的功能设定参数 Pn 50A.1 不可以设定为 7（S-ON 信号始终有效）。

### 2．速度控制快速调试

快速调试用于驱动器基本功能与参数的快速设定，ΣV 系列驱动器用于速度控制时，可按照图 5-4.5 所示的步骤实施快速调试。

驱动器快速调试属于现场调试的范畴，快速调试应在点动运行试验完成后进行，且应确认系统的安装、连接已经完成，设备的机械部件已可正常工作。

速度控制快速调试可以完成以下功能。

① 调整电机的实际转向与转速。

② 保证速度给定输入为 0V 时，电机能够停止。

③ 保证在同一速度给定电压下的正反转速度一致。

④ 当驱动器通过上级控制装置（如 PLC、CNC 等）进行闭环位置控制时，能够正确输出位置反馈输出脉冲。

为了简化系统调整过程，速度控制方式的动特性调整及速度、转矩调节器的参数设置，可通过后述的"在线自动调整"操作自动完成。

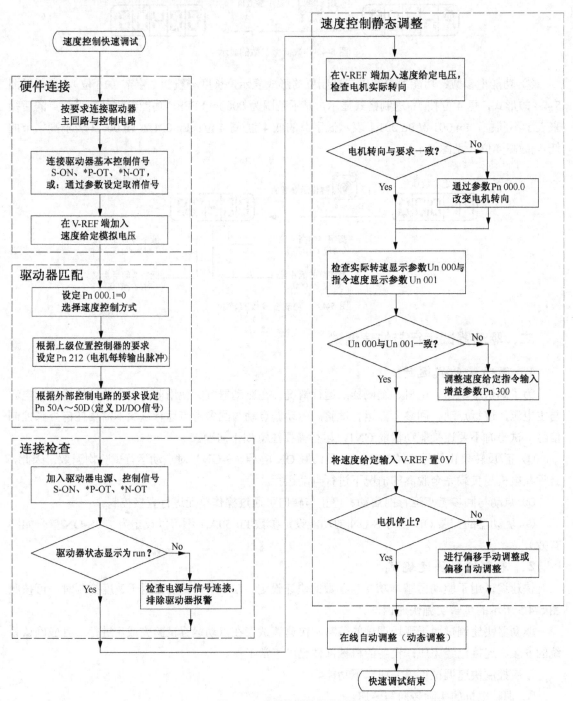

图 5-4.5　速度控制的快速调试

### 3．位置控制快速调试

如果驱动器用于位置控制，可以直接实施位置控制快速调试操作，ΣV 系列驱动器的位置控制快速调试步骤如图 5-4.6 所示，利用位置控制快速调试操作可以完成以下功能。

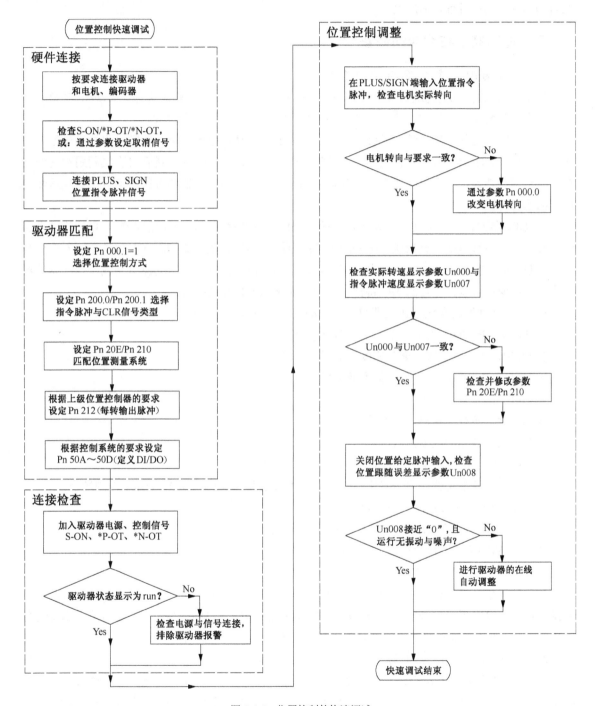

图 5-4.6　位置控制的快速调试

① 使得指令脉冲的类型与上级控制器输出一致。

② 使得实际定位位置与指令位置一致，即完成脉冲当量与测量系统的匹配。

③ 使得电机的实际转向与指令方向一致，并尽可能减小停止时的位置跟随误差。

④ 能够正确输出位置反馈脉冲。

同样，为了加快调试进度，简化调试操作，位置调节器的动特性调整一般也通过驱动器的"在线自动调整"功能进行自适应设定。

### 三、驱动器的在线自动调整

#### 1．在线自动调整功能与实施条件

伺服驱动系统的动态性能与机械传动系统密切相关，为保证系统有快速稳定的动态响应特性，需要根据负载情况设定位置、速度、电流调节器及滤波器、陷波器等参数。

驱动器的调整是一项理论性较强的工作，它需要对传动系统的惯量、刚性、阻尼等进行全面计算与分析，要求调试人员有相当的专业理论基础。为此，在一般应用场合可直接利用驱动器的在线自动调整功能，进行负载惯量比、共振频率的自动测试与调节器参数的自动设定，获得较为理想的运行特性。

ΣV 驱动器的自动调整功能分为运行时的在线自适应调整（又称免调整功能）、自动旋转型在线调整（又称高级自动调整功能）与利用外部指令控制的旋转型在线调整（又称指令输入型高级自动调整功能）3 种，其中，在线自适应调整可在驱动器运行过程中自动测试负载、设定调节器基本参数，使系统获得稳定的响应特性，这是最为常用的自动调整方式。

ΣV 系列驱动器的在线自适应调整可以自动完成如下参数的设定：

① Pn 100/ Pn 104：第 1/第 2 速度调节器增益；

② Pn 101/ Pn 105：第 1/第 2 速度调节器积分时间；

③ Pn 102/ Pn 106：第 1/第 2 位置调节器增益；

④ Pn 103：负载惯量比；

⑤ Pn 324：负载惯量测试开始值；

⑥ Pn 401：转矩给定滤波时间；

⑦ Pn 40C/Pn 40D/Pn 40E：第 2 转矩给定陷波器参数。

在线自适应调整功能在驱动器出厂时默认为"有效"，但功能不可用于如下控制场合：

① 驱动器为转矩控制时（Pn 000.1 = 2）；

② 驱动器的 A 型震动抑制功能有效时（Pn 160.0 = 1）；

③ 驱动器的摩擦补偿功能有效时（Pn 408.3 = 1）；

④ 驱动器需要进行增益切换控制时（Pn 139.0 = 1）。

自动旋转型在线调整与利用外部指令控制的旋转型在线调整是 ΣV 系列驱动器新增的功能，它可以计算与设定更多的调节器参数，但两种自动调整操作都只能在外部操作/显示单元或安装有 SigmaWin+软件的调试计算机上进行，有关内容可参见安川技术资料。

#### 2．在线自适应调整步骤

ΣV 系列驱动器的在线自适应调整需要设定功能选择参数，功能一旦选择，驱动器在运行时将工作于自适应调整状态，因此，驱动器的参数写入保护功能 Fn 010 必须始终处于在"写入允许"状态。自适应调整功能选择参数与设定值的意义如下。

Pn 14F.1：在线自适应调整软件版本选择（宜使用出厂设定）。

Pn 170.0：在线自适应调整功能选择，设定"0"功能无效；设定"1"功能有效。

Pn 170.2：在线自适应调整响应特性选择，设定范围为 1~4，增加设定值可以提高系统的响应速度，但可能引起震动与噪声。

Pn 170.3：在线自适应调整负载类型选择，设定范围为 0~2，"0"适用于标准响应特性的一般负载；"1"为位置控制类负载；"2"适用于对位置超调有限制的负载。

Pn 460.2：第 2 转矩给定陷波器参数设定功能选择，设定"0"无效；设定"1"有效。

ΣV 系列驱动器的在线自适应调整步骤如图 5-4.7 所示。

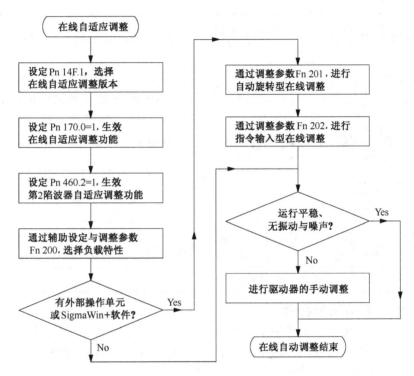

图 5-4.7　ΣV 驱动器的在线自动调整步骤

# 决 策 & 实 施

根据项目八/任务三的机床控制要求，完成以下工作。

1. 设定与修改驱动器参数。

2. 进行驱动器的点动与回参考点运行试验。

3. 对指定实验设备实施位置控制的快速调试与在线自动调整。

# 实 践 指 导

## 一、驱动器参数的设定

### 1. 参数保护的取消

通过表 5-4.1 所示的操作，取消参数写入保护。

表 5-4.1                      参数写入禁止/使能的操作步骤

| 步 骤 | 操作单元显示 | 操作按键 | 操作说明 |
|---|---|---|---|
| 1 | Fn000 | MODE/SET △ ▽ DATA/◁ | 选择辅助设定与调整模式 |
| 2 | Fn010 | MODE/SET △ ▽ DATA/◁ | 选择辅助调整参数 Fn 010 |
| 3 | P.0000 | MODE/SET △ ▽ DATA/◁ | 按【DATA/SHIFT】键并保持 1s，显示参数 Fn 010 的值 |
| 4 | P.0001 | MODE/SET △ ▽ DATA/◁ | 按【D-UP】键，参数值置"1"，参数写入禁止<br>按【D-DOWN】键，参数值置"0"，参数写入允许 |
| 5 | donE（闪烁） | MODE/SET △ ▽ DATA/◁ | 按【MODE/SET】输入参数值，"done"闪烁 1s |
| 6 | P.0001 | | 自动返回参数值显示状态 |
| 7 | Fn010 | MODE/SET △ ▽ DATA/◁ | 按【DATA/SHIFT】键并保持 1s，返回辅助设定与调整模式显示 |
| 8 | 切断驱动器电源，并重新启动，生效参数 | | |

## 2．数值型参数的设定操作

通过表 5-4.2 所示的操作，将数值型参数 Pn 000 从"40"修改为"100"。操作单元一次显示最多为 5 位，参数值超过 5 位时必须分次设定，显示如图 5-4.8 所示；按照表 5-4.3 将参数 Pn 522 从 00 000 0007 修改为 01 2345 6789。

第一次显示              第二次显示              第三次显示
低 4 位指示              中间 4 位指示           高 2 位指示

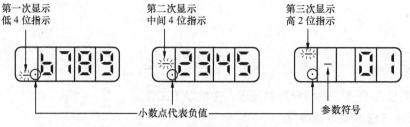

小数点代表负值              参数符号

图 5-4.8   大于 5 位的数值型参数的多次显示

表 5-4.2                       数值型参数的设定操作

| 步 骤 | 操作单元显示 | 操作按键 | 操作说明 |
|---|---|---|---|
| 1 | Pn000 | MODE/SET △ ▽ DATA/◁ | 选择参数显示与设定模式 |
| 2 | Pn100 | MODE/SET △ ▽ DATA/◁ | 按【D-UP】或【D-DOWN】键选定参数号 |

续表

| 步骤 | 操作单元显示 | 操作按键 | 操作说明 |
|---|---|---|---|
| 3 | 00400 | MODE/SET △ ▽ DATA/◁ | 按【DATA/SHIFT】键并保持1s，显示参数值 |
| 4 | 01000 | MODE/SET ▲ ▽ DATA/◁ | 按【D-UP】或【D-DOWN】键修改参数值 |
| 5 | 01000（闪烁显示） | MODE/SET △ ▽ DATA/◁ | 按【DATA/SHIFT】键（ΣⅡ系列）或按【MODE/SET】键（ΣV系列）并保持1s输入参数值，参数显示出现闪烁 |
| 6 | Pn100 | MODE/SET △ ▽ DATA/◁ | 按【DATA/SHIFT】键返回参数显示 |

表 5-4.3　　多位数值型参数的设定操作

| 步骤 | 操作单元显示 | 操作按键 | 操作说明 |
|---|---|---|---|
| 1 | Pn000 | MODE/SET △ ▽ DATA/◁ | 选择参数显示与设定模式 |
| 2 | Pn522 | MODE/SET ▲ ▽ DATA/◁ | 按【D-UP】或【D-DOWN】键选定参数号 |
| 3 | 0007 | MODE/SET △ ▽ DATA/◁ | 按【DATA/SHIFT】键并保持1s，显示参数值的低4位 |
| 4 | 变更后 6789 | MODE/SET ▲ ▽ DATA/◁ | 按【D-UP】或【D-DOWN】键修改参数值的低4位 |
| 5 | 0000 | MODE/SET △ ▽ DATA/◁ | 按【DATA/SHIFT】键并保持1s，显示数值中间4位数值 |
| 6 | 变更后 2345 | MODE/SET ▲ ▽ DATA/◁ | 按【D-UP】或【D-DOWN】键修改参数值的中间4位 |
| 7 | 00 | MODE/SET △ ▽ DATA/◁ | 按【DATA/SHIFT】键并保持1s，显示参数高2位数值 |
| 8 | 变更后 01 | MODE/SET ▲ ▽ DATA/◁ | 按【D-UP】或【D-DOWN】键修改参数值的高2位数值 |
| 9 | 01（闪烁显示） | MODE/SET △ ▽ ◁ | 按【DATA/SHIFT】键（ΣⅡ系列）或按【MODE/SET】键（ΣV系列）并保持1s输入参数值，参数显示出现闪烁 |

续表

| 步　骤 | 操作单元显示 | 操作按键 | 操作说明 |
|:---:|:---:|:---:|:---|
| 10 | Pn522 | MODE/SET △　▽ DATA/◁ | 按【DATA/SHIFT】键并保持 1s，返回参数显示与设定模式 |

为了加快参数设定，在设定参数时可用【DATA/SHIFT】键先移动光标，将光标直接定位到需要改变的数据位上，然后逐位进行数据的设定操作。

### 3．功能型参数的设定操作

按照表 5-4.4，将功能型参数 Pn 000.1 从"0"修改为"1"，Pn 000.1 与显示 n****的第 2 位对应，当被选定的位出现闪烁时，通过【D-UP】或【D-DOWN】键改变该位的数值。

功能参数设定完成后，必须通过驱动器电源的重新启动生效参数。

表 5-4.4　　　　　　　　　　　功能型参数的设定操作

| 步　骤 | 操作单元显示 | 操作按键 | 操作说明 |
|:---:|:---:|:---:|:---|
| 1 | Pn000 | MODE/SET △　▽ DATA/◁ | 选择参数显示与设定模式 |
| 2 | Pn000 | MODE/SET ▲　▼ DATA/◁ | 按【D-UP】或【D-DOWN】键选定参数号 |
| 3 | n.0000 | MODE/SET △　▽ DATA/◁ | 按【DATA/SHIFT】键并保持 1s，显示参数值 |
| 4 | n.0000 | MODE/SET △　▽ DATA/◁ | 按【DATA/SHIFT】键移动数据位被选定的数据位闪烁 |
| 5 | n.0010 | MODE/SET △　▽ DATA/◁ | 按【D-UP】或【D-DOWN】键修改参数值 |
| 6 | n.0010（闪烁显示） | MODE/SET △　▽ DATA/◁ | 按【DATA/SHIFT】键（ΣⅡ系列）或按【MODE/SET】键（ΣⅤ系列）并保持 1s 输入参数值，参数显示出现闪烁 |
| 7 | Pn000 | MODE/SET △　▽ DATA/◁ | 按【DATA/SHIFT】键并保持 1s 返回参数显示与设定模式显示 |

## 二、点动与回参考点试运行

### 1．点动运行试验

正确连接如下硬件。

① 连接驱动器的主电源与控制电源，确保输入电压正确，连接无误；为了简化线路，主电源与控制电源可以直接用独立的断路器进行通/断控制。

② 连接电机电枢与编码器，确保电机绕组标号 U/V/W 与驱动器的输出 U/V/W 一一对应。

③ 确认驱动器的连接器 CN1 已取下，参数 Pn 50A.1 不为"7"。

④ 安装与固定电机，并对电机轴进行必要的防护。

按照以下步骤进行点动（JOG）运行试验。

① 加入驱动器控制电源，确认驱动器无报警。

② 加入主电源，启动驱动器。

③ 按照表 5-4.5，进行 JOG 运行试验。

④ 检查电机运转情况与测试电机转速，点动运行默认的电机转速为 500r/min，实际转速应与此相符。

⑤ 退出 JOG 运行，通过修改参数 Pn 304，进行低速与高速的运行试验。

表 5-4.5　　　　　　　　　　　　　驱动器的点动运行操作步骤

| 步　骤 | 操作单元显示 | 操作按键 | 操作说明 |
|---|---|---|---|
| 1 | Fn000 | MODE/SET △　▽ DATA/◁ | 选择辅助设定与调整模式 |
| 2 | Fn002 | MODE/SET ▲　▽ DATA/◁ | 选择辅助调整参数 Fn 002 |
| 3 | -..JoG | MODE/SET △　▽ DATA/◁ | 按【DATA/SHIFT】键并保持 1s，进入点动运行操作 |
| 4 | -..JoG | MODE/SET △　▽ DATA/◁ | 按【MODE/SET】启动驱动器 |
| 5 | -..JoG | MODE/SET ▲　▽ DATA/◁ | 按【D-UP】键，电机正转<br>按【D-DOWN】键，电机反转<br>转速为参数 Pn3 04 设定的值 |
| 6 | -..JoG | MODE/SET △　▽ DATA/◁ | 按【MODE/SET】可以停止电机 |
| 7 | Fn002 | MODE/SET ▲　▽ DATA/◁ | 按【DATA/SHIFT】键并保持 1s，返回辅助设定与调整模式显示 |

## 2．回参考点运行试验

① 进行点动运行同样的连接与检查。

② 按照表 5-4.6 进行回参考点试验。

驱动器回参考点运行试验的默认速度为 60r/min。

表 5-4.6　　　　　　　　　　　　　驱动器的回参考点运行操作步骤

| 步　骤 | 操作单元显示 | 操作按键 | 操作说明 |
|---|---|---|---|
| 1 | Fn000 | MODE/SET △　▽ DATA/◁ | 选择辅助设定与调整模式 |
| 2 | Fn003 | MODE/SET ▲　▽ DATA/◁ | 选择辅助调整参数 Fn 003 |

续表

| 步　骤 | 操作单元显示 | 操 作 按 键 | 操 作 说 明 |
|---|---|---|---|
| 3 | -. .05r | MODE/SET △　▽ DATA/◁ | 按【DATA/SHIFT】键并保持 1s，进入回参考点操作 |
| 4 | . .CSr | MODE/SET △　▽ DATA/◁ | 按【MODE/SET】启动驱动器 |
| 5 | . .CSr | MODE/SET ▲　▽ DATA/◁ | 选择回参考点方向：<br>按【D-UP】键，电机正转<br>按【D-DOWN】键，电机反转 |
| 6 | . .CSr<br>（闪烁显示） | | 回参考点动作完成后显示闪烁 |
| 7 | FnC03 | MODE/SET △　▽ DATA/◁ | 按【DATA/SHIFT】键并保持 1s，返回辅助设定与调整模式显示 |

## 三、速度控制快速调试

### 1. 正确连接硬件

① 驱动器的主电源、控制电源以及电机电枢与编码器。

② 在 V-REF/SG 端连接速度给定模拟量输入。

③ 通过驱动器的连接器 CN1，连接以下 DI 信号。

S-ON：伺服 ON 信号，常开接点输入，信号 ON 时驱动器启动；出于安全方面的考虑，信号 S-ON 原则上不应取消。

*P-OT：正转禁止信号，常闭接点输入，输入 ON 时允许电机正转。

*N-OT：反转禁止信号，常闭接点输入，输入 ON 时允许电机反转。

驱动器的*P-OT/*N-OT 信号输入连接错误，将显示"Pot"/"not"报警；如快速调试不使用 *P-OT/*N-OT 信号，可用如下参数取消正/反转禁止信号。

Pn 50A.3 = 8：取消*P-OT 信号，电机总是允许正转。

Pn 50B.0 = 8：取消*N-OT 信号，电机总是允许反转。

④ 确认驱动器的位置给定脉冲输入 PULS/*PULS、SING/*SING 与位置误差清除输入 CLR/*CLR 未连接。

### 2. 速度控制快速调试

① 加入驱动器控制电源，确认驱动器无报警后加入驱动器主电源，启动驱动器。

② 根据需要，参照图 5-4.5 设定驱动器快速运行参数。

③ 将速度模拟量输入置 0V，加入伺服 ON 信号及*P-OT/*N-OT 信号（或取消*P-OT/*N-OT 信号），开放驱动器逆变管。

④ 逐步提高速度模拟量输入，检查电机转向，并通过设定参数 Pn000.0 使之正确。

⑤ 将速度模拟量输入置 0V，按照表 5-4.7 进行速度偏移的自动调整；或按照表 5-4.8 进行速度偏移的手动调整。执行偏移手动调整前应先将伺服 ON 信号 S-ON 置 OFF，并将速度给定模拟量输入置 0V；然后选择手动调整方式，再加入伺服 ON 信号。

**表 5-4.7** 　速度偏移的自动调整操作

| 步　骤 | 操作单元显示 | 操 作 按 键 | 操 作 说 明 |
|---|---|---|---|
| 1 | | | 将速度给定模拟量输入置 0V |
| 2 | Fn000 | MODE/SET △ ▽ DATA/◁ | 选择辅助设定与调整模式 |
| 3 | Fn009 | MODE/SET △ ▽ DATA/◁ | 选择辅助调整参数 Fn 009 |
| 4 | rEF_o | MODE/SET △ ▽ DATA/◁ | 按【DATA/SHIFT】键并保持 1s，进入偏移自动调整方式 |
| 5 | donE | MODE/SET △ ▽ DATA/◁ | 按【MODE/SET】偏移自动调整生效，调整完成显示 "done" |
| 6 | rEF_o | | 自动返回偏移调整显示 |
| 7 | Fn009 | MODE/SET △ ▽ DATA/◁ | 按【DATA/SHIFT】键并保持 1s，返回辅助设定与调整模式显示 |

**表 5-4.8** 　速度偏移的手动调整操作

| 步　骤 | 操作单元显示 | 操 作 按 键 | 操 作 说 明 |
|---|---|---|---|
| 1 | Fn000 | MODE/SET △ ▽ DATA/◁ | 选择辅助设定与调整模式 |
| 2 | Fn00A | MODE/SET △ ▽ DATA/◁ | 选择辅助调整参数 Fn 00A |
| 3 | _.SPd | MODE/SET △ ▽ DATA/◁ | 按【DATA/SHIFT】键并保持 1s，进入偏移手动调整方式 |
| 4 | _.SPd | | 将伺服启动输入控制信号 S-ON 置 "ON" |
| 5 | 00000 | MODE/SET △ ▽ DATA/◁ | 按【DATA/SHIFT】键（1s 内）显示当前偏移设定值 |
| 6 | | MODE/SET ▲ ▼ DATA/◁ | 调整偏移量设定，使得电机停止转动 |
| 7 | _.SPd | MODE/SET △ ▽ DATA/◁ | 按【MODE/SET】短时显示左图，调整完成显示 "done" |
| 8 | Fn00A | MODE/SET △ ▽ DATA/◁ | 按【DATA/SHIFT】键并保持 1s，返回辅助设定与调整模式显示 |

⑥ 将模拟量输入调整到固定的电压值，测量电机实际转速，如果电机转速与要求不符，修改参数 Pn 300，进行增益调整。

## 四、位置控制快速调试

① 根据实际控制要求，确定驱动器参数并填写表 5-4.9、表 5-4.10。

表 5-4.9　　　　　　　　　　　　位置控制系统的结构

| 项　目 | $X$ 轴 | $Z$ 轴 |
|---|---|---|
| 驱动器型号 | | |
| 电机型号 | | |
| 驱动器控制方式 | | |
| 位置指令脉冲形式 | | |
| CLR 信号 | | |
| 位置误差清除方式 | | |
| *P-OT/*N-OT 信号 | | |
| S-ON 信号 | | |

表 5-4.10　　　　　　　　　　　　位置控制系统参数设定

| 参　数　号 | 参　数　功　能 | $X$ 轴设定 | $Z$ 轴设定 |
|---|---|---|---|
| Pn 000.1 | | | |
| Pn 200.0 | | | |
| Pn 200.1 | | | |
| Pn 200.2 | | | |
| Pn 201 | | | |
| Pn 20E | | | |
| Pn 210 | | | |
| Pn 50A.3 | | | |
| Pn 50B.0 | | | |

② 按照实际电路图，正确连接硬件，并进行如下重点检查。

- 驱动器主电源、控制电源及电机电枢、编码器。
- 位置给定脉冲输入 PULS/*PULS、SING/*SING 信号。
- 驱动器的连接器 CN1，检查以下 DI 信号。

S-ON 信号：伺服 ON 信号，常开接点输入，信号 ON 时驱动器启动。

*P-OT 信号：正转禁止信号，常闭接点输入，输入 ON 时允许电机正转。

*N-OT 信号：反转禁止信号，常闭接点输入，输入 ON 时允许电机反转。

*P-OT/*N-OT 信号可通过与速度控制快速调试同样的方法取消。

③ 参照图 5-4.6 的快速调试步骤，按以下步骤实施位置控制快速调试。

- 加入驱动器控制电源，确认驱动器无报警后加入驱动器主电源，启动驱动器。
- 根据需要，设定驱动器快速运行参数。

● 通过 CNC 输出定量脉冲，检查实际运动方向与定位位置，如果不正确，通过参数 Pn 000.0 与电子齿轮比进行调整。

### 五、驱动器在线自动调整

ΣV 系列驱动器的在线自动调整操作前，建议对驱动系统进行较长时间的快速空运行试验，使得机械传动系统趋于稳定，并通过上级控制装置（如 CNC 程序），使工作机械在整个自动调整过程中，始终做全行程范围循环运动。

ΣV 系列驱动器的在线自适应调整需要设定功能选择参数，功能一旦选择，驱动器在运行时将工作于自适应调整状态，因此，驱动器的参数写入保护功能 Fn 010 必须始终处于在"写入允许"状态。自适应调整功能选择参数与设定值的意义如下。

Pn 14F.1：在线自适应调整软件版本选择（宜使用出厂设定）。

Pn 170.0：在线自适应调整功能选择，设定"0"功能无效；设定"1"功能有效。

Pn 170.2：在线自适应调整响应特性选择，设定范围为 1～4，增加设定值可以提高系统的响应速度，但可能引起震动与噪声。

Pn 170.3：在线自适应调整负载类型选择，设定范围为 0～2，"0"适用于标准响应特性的一般负载；"1"为位置控制类负载；"2"适用于对位置超调有限制的负载。

Pn 460.2：第 2 转矩给定陷波器参数设定功能选择，设定"0"无效；设定"1"有效。

负载类型与响应特性可按表 5-4.11 的操作通过辅助设定与调整参数 Fn 200 选择。

表 5-4.11　　　　　　　在线自适应调整负载类型与响应特性选择操作

| 步　骤 | 操作单元显示 | 操作按键 | 操作说明 |
|---|---|---|---|
| 1 | Fn000 | MODE/SET △ ▽ DATA/◁ | 选择辅助设定与调整模式 |
| 2 | Fn200 | MODE/SET ▲ ▽ DATA/◁ | 选择辅助调整参数 Fn 200 |
| 3 | d0001 | MODE/SET △ ▽ DATA/◁ | 按【DATA/SHIFT】键显示负载类型 |
| 4 | d0002 | MODE/SET △ ▽ DATA/◁ | 按【D-UP】【D-DOWN】键，选择负载类型 |
| 5 | L0004 | MODE/SET △ ▽ DATA/◁ | 按【DATA/SHIFT】键并保持 1s，转换为自动调整响应特性选择 |
| 6 | L0004 | MODE/SET △ ▽ DATA/◁ | 按【D-UP】【D-DOWN】键，选择响应特性 |
| 7 | donE（闪烁显示） | MODE/SET ▲ ▽ DATA/◁ | 按【MODE/SET】键保存设定，完成后"done"闪烁 |
| 8 | Fn200 | MODE/SET ▲ ▽ DATA/◁ | 按【DATA/SHIFT】键并保持 1s，返回辅助设定与调整模式显示 |

以上自动调整操作可以进行多次，直至全行程范围内运行达到稳定。根据在线自动调整操作结构，完成表 5-4.12。

表 5-4.12 在线自动调整设定的调节器参数

| 参 数 号 | 参 数 功 能 | X轴设定 | Z轴设定 |
|---|---|---|---|
| Pn 100 | | | |
| Pn 101 | | | |
| Pn 102 | | | |
| Pn 103 | | | |
| Pn 104 | | | |
| Pn 105 | | | |
| Pn 106 | | | |
| Pn 324 | | | |
| Pn 401 | | | |
| Pn 40C | | | |
| Pn 40D | | | |
| Pn 40E | | | |

## 检 查 & 评 价

根据实践操作步骤，检查每一步的状态显示；对于操作错误，参考安川技术资料，分析实践操作出现故障的原因并进行排除。

# 项目六
# 变频调速系统

变频调速系统是随 PWM 技术与矢量控制理论发展起来的、以交流感应电机为控制对象的新型调速系统。20 世纪 70 年代，晶体管 PWM 技术的出现使得高频、低损耗的变频控制成为可能，$V/f$ 控制的变频器被迅速实用化；而感应电机磁场定向的控制理论与坐标变换控制技术的出现，又为变频调速系统的性能提高提供了新的途径。目前，变频控制理论与技术已经日臻成熟，变频器在机电一体化领域的应用已经越来越广泛。

## | 任务一　熟悉变频调速系统 |

### 能 力 目 标

1. 了解感应电机的运行原理。
2. 熟悉感应电机的工作特性。
3. 了解 $V/f$ 控制变频器的原理。
4. 熟悉 FR-700 系列变频器产品。

### 工 作 内 容

学习后面的内容，并回答以下问题。
1. 什么叫感应电机同步转速？它与频率、极对数有何关系？
2. 什么叫通用变频器与交流主轴驱动器？它们有何区别？
3. FR-700 系列变频器的类别与主要区别。

### 相 关 知 识

#### 一、感应电机运行原理

##### 1. 旋转磁场的产生

变频器是一种用于交流感应电机调速控制的装置，感应电机运行是依靠三相交流电在定子中产生旋转磁场，并通过电磁感应的作用，使得转子跟随旋转磁场旋转。

旋转磁场是一种极性与大小不变、且以一定的速度在空间旋转的磁场，理论与实践证明，只要在对称的三相绕组中通入对称的三相交流，就会产生旋转磁场。以单绕组线圈为例，假设A-X、B-Y、C-Z 互隔 120°分布在定子的圆周上构成了对称三相绕组，当在三相绕组中分别通入如下电流

$$i_A=I_m\cos\omega t$$
$$i_B=I_m\cos(\omega t-2\pi/3)$$
$$i_C=I_m\cos(\omega t-4\pi/3)$$

在对应时刻 3 个线圈所产生的磁场变化过程如图 6-1.1 所示。图中，假设当电流的瞬时值为正时，电流方向从绕组的首端 A、B、C 流入（用符号×表示），从末端 X、Y、Z 流出（用符号·表示）。

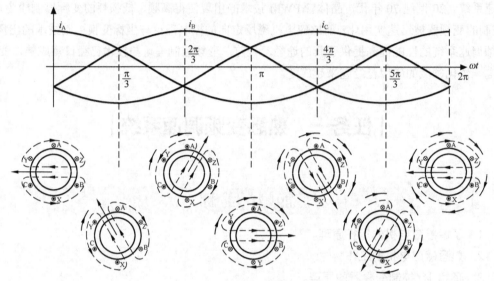

图 6-1.1　旋转磁场的产生

对于 $\omega t=0$ 时刻，有 $i_A=I_m$；$i_B=-I_m/2$；$i_C=-I_m/2$，A 相电流为正，B、C 相为负，因此 Y、A、Z 3 个相邻线圈边的电流都为流入；而 B、X、C 3 个相邻线圈边的电流都为流出，其磁感线分布为图 6-1.1 左侧第 1 图所示，磁场的方向为由右向左。同理，可得到 $\omega t=\pi/3$、$2\pi/3$、$\pi$、$4\pi/3$、$5\pi/3$、$2\pi$ 时刻的磁场分布分别如图 6-1.1 所示。由此可见，当对称的三相绕组通入对称三相电流后，可得到一个强度不变、磁极空间旋转的旋转磁场。

由图 6-1.1 可见，单绕组布置的电机（称 1 对极）在电流变化一个周期 $T$ 时，旋转磁场正好转过 360°，所以当电流频率为 $f$（每秒变化 $f$ 次）时，旋转磁场将每秒转过 $f$ 转，即旋转磁场的转速（称同步转速）为

$$n_0=f（\text{r/s}）=60f（\text{r/min}）$$

如果定子圆周上布置 2 组对称三相绕组 X-A、B-Y、C-Z 与 X'-A'、B'-Y'、C'-Z'，将同相绕组X-A 与 X'-A'（B-Y 与 B'-Y'、C-Z 与 C'-Z'）串联连接后按图 6-1.2 排列时，磁场极对数为 2，用同样的方法分析可得当电流变化一周时磁场将转过 180°。

图 6-1.2 为 $\omega t=0$、$2\pi/3$、$4\pi/3$、$2\pi$ 时刻的磁场分布图，与图 6-1.1 中同一时刻（上部 4 个）磁场分布图比较可知，当电流变化 $2\pi$ 时磁场只旋转了 180°。

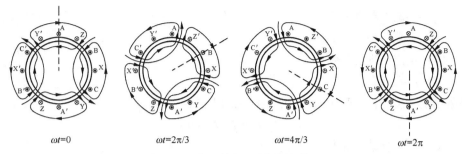

| $\omega t=0$ | $\omega t=2\pi/3$ | $\omega t=4\pi/3$ | $\omega t=2\pi$ |

图 6-1.2　极对数为 2 时的旋转磁场

由此可见，如果电机布置 $p$ 组对称三相绕组时（极对数为 $p$），同步转速将变为

$$n_1 = f/p = 60f/p \qquad (6\text{-}1.1)$$

因此，只要改变交流电的频率便可改变感应电机的同步转速，这就是变频调速的原理。

当交流电机的定子产生旋转磁场后，旋转磁场与转子导条之间将产生切割磁力线的相对运动，导条将产生感应电势与感应电流，而这一感应电流又将在导条上产生电磁力，由电磁感应原理可知，这一电磁力的方向总是在使得转子跟随旋转磁场旋转的方向上。通俗地理解，旋转磁场将"吸引"转子同方向旋转，这就是感应电机的运行原理。

### 2．输出特性

转子产生电磁力的前提是转子导条与旋转磁场之间存在切割磁力线的相对运动，也就是说，转子的转速必须低于旋转磁场的转速，否则两者将相对静止而无电磁力的产生。在感应电机中，转子的转速 $n$ 称为"输出转速"，它与同步转速 $n_1$ 间的转速差以 $S=(n_1-n)/n_1$ 表示，称为"转差率"。导体与磁场的相对运动速度越大，产生的感应电流也越大，感应电流所产生的电磁力也就越大，因此，如果同步转速不变，电机的负载越重，产生的转差率就越大，电机转速也就越低。

根据感应电机的运行原理，通过对电机等效电路的分析，可以得到图 6-1.3 所示的感应电机输出特性曲线。高速时，由于转差率 $S$ 很小，可认为输出转矩与 $S$ 成正比；低速时，$S$ 接近于 1，可认为输出转矩与 $S$ 成反比。图中的 $S_k$ 称为"临界转差率"，在该转差率上感应电机输出的转矩为最大值 $M_m$。

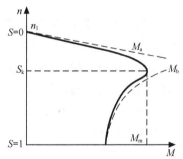

图 6-1.3　感应电机的机械特性

## 二、$V/f$ 变频控制原理

感应电机的变频调速控制方案分定子电压与频率比恒定的 $V/f$[1] 控制与矢量控制两大类，$V/f$ 控制是基于感应电机等效电路、从电机静特性出发，对感应电机所进行的变频控制，其原理可通过对等效电路与静特性的分析得到。

由电磁感应原理可知，当感应电机定子线圈中通入频率为 $f_1$ 的交流电后，线圈中的感应电动势为

$$E_1 = \pi\sqrt{2}\,f_1 k_1 W_1 \Phi \qquad (6\text{-}1.2)$$

式中：$E_1$——定子感应电动势；

---

[1] $V/f$ 应为英文电压/频率（Voltage/frequency）首字母的缩写，在国外无一例外地以 $V/f$ 表示，但在国内常被表示为 $U/f$ 控制，本书所采用的是国际通用表示法。

$f_1$——定子电流频率；

$k_1$——定子绕组系数；

$W_1$——定子绕组匝数；

$\Phi$——磁通量。

从电磁学的角度分析，感应电机转子所产生的电磁转矩为

$$M = K_\mathrm{m}\Phi I_2 \cos\varphi \qquad\qquad (6\text{-}1.3)$$

式中：$K_\mathrm{m}$——电机转矩常数；

$\Phi$——磁通量；

$I_2$——转子感应电流；

$\cos\varphi$——转子电路的功率因数。

对于结构固定的电机，$K_\mathrm{m}$、$\cos\varphi$ 基本不变，输出转矩与转子感应电流 $I_2$ 与磁通量 $\Phi$ 有关，为了保证电机能够在同样的感应电流 $I_2$ 下输出同样的转矩，磁通量 $\Phi$ 必须保持恒定。由式（6-1.2）可知，当电机结构一定时，定子绕组匝数 $W_1$、绕组系数 $k_1$ 保持不变，要保证磁通量 $\Phi$ 不变就要求 $E_1/f_1$ 之比保持恒定。由于定子绕组的电阻与感抗均很小，在调速要求不高的场合，可认为 $E_1 \approx U_1$，即：只要能够保证电机定子绕组电压 $U_1/f_1$ 不变，就可以近似实现感应电机的恒转矩调速，这就是"$V/f$ 控制"变频调速的基本原理。

变频器的矢量控制理论与原理较复杂，有关说明可参见本书作者编写的《变频器从原理到完全应用》（人民邮电出版社，2009）等书，在此不进行说明。

## 三、变频器

### 1. 变频器与交流主轴驱动器

在感应电机速度控制系统中，尽管控制方案有开环 $V/f$ 控制、闭环 $V/f$ 控制、转差频率控制、开环磁通矢量控制、开环或闭环电流矢量控制等多种，但其本质都是通过改变供电频率来达到改变电机转速的目的，从这一意义上说，这些感应电机调速装置都可称为"变频器"。建立电机数学模型是实现变频器精确控制的前提，然而，由于不同厂家生产的电机参数区别甚大，依靠当前的技术还不能做到用一个通用的变频器来精确地控制任意电机，为此，变频器有通用型与专用型两类。

（1）通用型变频器

通用型变频器就是人们平时常说的"变频器"，它可用于不同厂家生产、不同参数的感应电机控制。通用变频器在设计时无法预知控制对象的各种参数，电机模型需要进行大量的简化处理，故其调速范围较小、调速性能较差。对于矢量控制变频器，可通过变频器的"自动调整"来测试一些简单的电机参数，在有限范围内提高模型的准确性，改善控制性能。

（2）交流主轴驱动器

大范围、高精度的变频调速必须预知电机的各种参数，它只能使用专用感应电机才能做到。专用变频器中所配套的感应电机由变频器生产厂家专门设计，并经过严格的测试与试验，变频器采用的数学模型十分精确，采用闭环矢量控制后的调速性能大大优于通用变频器，且还能够进行较为准确的转矩与位置控制，此类变频器的价格高、性能好，通常用于数控机床主轴的大范围、精确调速，故称为"交流主轴驱动器"。

### 2. $V/f$ 控制变频调速系统

开环 $V/f$ 控制调速是目前变频器最为常用的控制方式，其组成原理如图 6-1.4 所示。

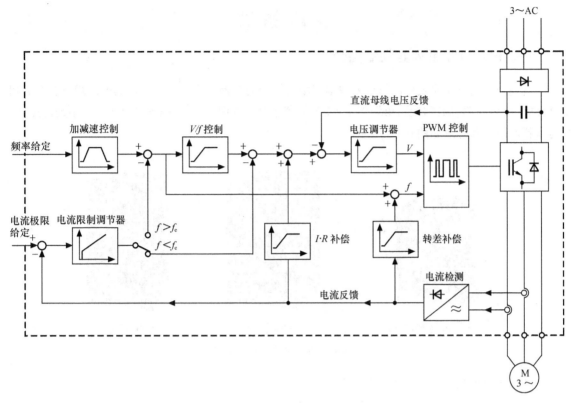

图 6-1.4　开环 *V/f* 控制通用变频器原理

　　变频器的整流与逆变主回路与交流伺服驱动器无太大的区别，通常都采用三相桥式二极管不可控整流电路，小功率的变频器也有采用单相输入的情况。变频器的直流母线同样需要安装能耗制动电阻单元（见图中未画出）；大容量的变频器制动电阻需要外接。变频器的逆变回路一般采用 IGBT 驱动，并带有为制动提供能量反馈的续流二极管。

　　变频器的频率给定输入一般为模拟量，给定通过加减速控制环节转换为具有斜坡特性的输出；当频率给定大于电机额定工作频率 $f_e$ 时，需要通过电流反馈进行限制。

　　频率给定值在内部可分为电压控制与频率控制两条支路。电压控制支路经过 *V/f* 控制环节得到 *V/f* 比保持恒定的定子电压给定，电压给定需要进行三方面的处理，一是在频率小于额定频率 $f_e$ 时通过电流反馈进行限幅；二是根据实际电流，进行定子压降自动补偿（转矩提升控制）；三是根据直流母线的电压反馈调节逆变输出电压。经过处理后的电压给定通过电压调节器，输出给 PWM 控制环节。由感应电机的机械特性可知，在频率不变时电机转速将随着负载转矩的增加而下降，为提高速度控制精度，频率控制支路需要增加转差补偿环节。转差补偿环节可以根据实际电流（负载）的大小，通过提高输出频率，以补偿由于负载变化引起的速降，保持电机输出转速基本不变。

　　电压调节器输出与频率给定在 PWM 环节中合成后，输出 SPWM 波，这一 SPWM 经过驱动电路控制 IGBT 的基极，最终在逆变器的输出端得到近似的正弦波。

　　以上控制系统的特点是系统结构简单、控制方便、通用性强，但是由于速度为开环控制，系统对定子电阻压降、转差的补偿都是近似的预估值，系统无法根据实际电机的运行情况调节输出电压与频率，它只能用于通用电机的一般控制。

# 实 践 指 导

## 一、FR-700 系列变频器简介

三菱公司是日本研发生产与进入中国市场最早的变频器生产厂家之一，其产品规格齐全、可靠性好、使用简单、调试容易、市场用量大。三菱变频器的常用产品有 FR-500/700 两大系列，FR-700 为最新产品，其外形如图 6-1.5 所示。

D700/E700 系列          F700 系列          A700 系列

图 6-1.5　FR-700 系列变频器外形

产品的型号及代表的意义如下

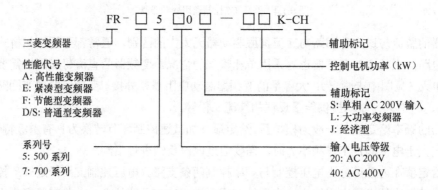

FR-700 系列变频器分普通型变频器（Standard Inverters）、紧凑型变频器（Compact Inverters）、节能型变频器（Power Saving Inverters）及高性能变频器（High-end Inverters）4 大类，最高输出频率均为 400Hz。

① 普通型变频器：FR-D700 属于小功率、低价位普通型变频器，可用于民用设备、木工、纺织等简单机械的小范围无级调速控制，所控制的电机功率范围为 0.2～2.2kW（AC200V 输入）或 0.4～7.5kW（AC400V 输入），变频器可采用 V/f 控制与简单矢量控制，最大调速范围为 1:60。

② 紧凑型变频器：FR-E700 属于小功率、高性价比的紧凑型变频器，产品结构紧凑、性价比高，在机床、纺织行业的应用较广，所控制的电机功率范围为 0.1～2.2kW（AC200V 输入）或 0.4～15kW（AC400V 输入），最大调速范围为 1:120。

③ 节能型变频器：FR-F700 属于节能型变频器，适用于轻载启动、无过载要求的风机、水泵类负载控制，变频器可采用开环 V/f 控制与开环矢量控制方式，最大调速范围为 1:20；正常使用时（120%过载），可控制的电机功率为 0.75～500kW；在轻微过载（110%过载）的场合，控制的

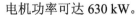

电机功率可达 630 kW。

④ 高性能变频器：FR-A700 系列属于高性能变频器，代表了当今矢量控制通用变频器的最高水平。A700 系列变频器采用了高性能、改进型矢量控制方式，在开环普通感应电机控制时的最大调速范围可达 1:200，过载能力可达 200%；A700 统一采用三相 AC400V 供电，可以控制的电机功率范围为 0.4～500kW，轻载工作时可以达到 630kW。

## 二、FR-A700 变频器性能

FR-700 系列变频器的基本技术性能如表 6-1.1 所示。

表 6-1.1　　　　　　　　　　　FR-700 变频器基本技术性能

| 项　目 | | FR-700 系列 | | | |
| --- | --- | --- | --- | --- | --- |
| | | D700 | E700 | F700 | A700 |
| 输入电源 | 单相 AC200V 输入 | ● | ● | × | × |
| | 三相 AC400V 输入 | ● | ● | ● | ● |
| 可控制的电机功率/kW | | 0.1～7.5 | 0.1～15 | 0.75～630 | 0.4～500 |
| 频率输入 | 模拟电压输入/V | 0～10 | 0～10 | −10～10 | −10～10 |
| | 4～20mA 模拟电流输入 | ● | ● | ● | ● |
| | 模拟输入分辨率/Hz | 0.06 | 0.06 | 0.015 | 0.015 |
| | 模拟输入精度 | ±1% | ±0.5% | ±0.2% | ±0.2% |
| | 数字输入分辨率/Hz | 0.01 | 0.01 | 0.01 | 0.01 |
| | 数字输入精度 | ±0.01% | | | |
| | 最大输出频率/Hz | 400 | 400 | 400 | 400 |
| | 最小输出频率/Hz | 0.2 | 0.2 | 0.5 | 0.2 |
| | 启动频率/Hz | 1 | 0.5 | 3 | 0.3 |
| | 启动转矩（$M_m/M_e$） | 150% | 200% | 120% | 200% |
| 外部输入信号 | 开关量输入点 | 5 | 7 | 12 | 12 |
| | 源/汇点输入切换 | ● | ● | ● | ● |
| | 热电阻输入 | × | × | ● | ● |
| 状态输出信号 | 标准集电极开路输出点 | 1 | 2 | 5 | 5 |
| | 标准继电器输出点 | 1 | 1 | 2 | 2 |
| | 模拟量输出点 | 1 | 1 | 2 | 2 |
| | 脉冲输出点 | × | × | 1 | 1 |

●：可使用；×：不能使用。

# 任务二　掌握变频器连接技术

## 能 力 目 标

1. 了解变频器的硬件组成。
2. 能够连接变频器主回路。
3. 能够连接变频器控制回路。

## 工 作 内 容

学习后面的内容，并回答以下问题。
1. 简述变频器的硬件组成与作用。
2. 变频器使用外置制动电阻时应如何连接？
3. 简述变频器的启动/停止与转向控制方式。
4. 简述变频器输出关闭与变频器停止的区别。

## 相 关 知 识

### 一、硬件组成

变频器在设计时已经考虑了产品通用性，作为最低要求，只需要进行电源、变频器、电机的连接即可正常工作，但出于安全与可靠性方面的考虑，在实际使用时可根据系统的要求选用部分配件。变频器的配件分"内置选件"与"外置选件"两类，内置选件直接安装在变频器内部，必须变频器生产厂家的产品；"外置选件"一般由用户自行配备。

#### 1. 外置选件

变频器的常用外置选件如图 6-2.1 所示，各部分的作用如下。

① 参数显示与操作单元：变频器通常已带简易操作单元，但可根据需要选配功能更强的多行操作/显示单元。简易操作单元直接安装在变频器上，多行操作/显示单元可分离安装到设备控制面板上。

② 断路器：通用变频器内部一般无主回路短路保护器件，主回路必须安装短路保护的断路器或熔断器。

③ 主接触器：主接触器用于变频器输入主电源的通/断控制，断开主接触器可中断变频器的电能输出，使电机停止。但在正常情况下，电机的运行与停止应通过变频器控制信号控制，变频器不允许利用主接触器来频繁控制电机启/停，其通断的频率不能高于 1 次/30min。

④ 交流电抗器：交流电抗器用来抑制整流电路产生的高次谐波，提高变频器的功率因数，减轻谐波对电网的影响。

⑤ 滤波器：滤波器可以用来抑制线路的电磁干扰，三菱 FR-700 系列变频器内部已经安装有内置式 EMC 过滤器，在使用时只要将 EMC 过滤器选择开关置"ON"。

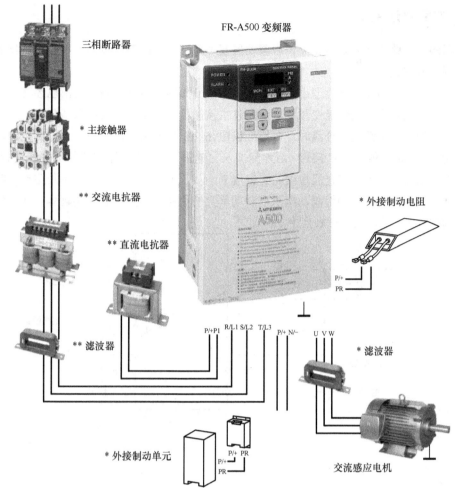

图 6-2.1 变频器的外置选件

⑥ 直流电抗器：直流电抗器串联安装于变频器直流母线上，用来抑制直流母线上的高次谐波与浪涌电流，提高变频器功率因数。变频器在按照规定安装直流电抗器后，对输入电源的容量要求可相应降低 20%～30%。

⑦ 外接制动单元与外接电阻：当电机需要频繁启/制动或制动能力不能满足设备要求时，应选配制动电阻。使用外接制动单元与电阻时，主回路必须安装主接触器，主接触器可通过制动单元上的温度检测器件直接断开。

### 2. 内置选件及选择

变频器的内置选件包括 I/O 接口扩展模块与通信接口扩展模块两大类，前者用于变频器输入/输出信号的扩展；后者用于通信与网络控制。

① I/O 接口扩展模块：变频器的 I/O 接口模块一般有闭环控制模块与 DI/DO 扩展模块两类，前者用于闭环控制的变频器，模块可以连接速度检测编码器，实现闭环控制；后者用于变频器控制输入与状态输出的扩展。

② 通信接口扩展模块：变频器则可通过增加 RS485 标准串行接口与 PROFIBUS-DP、Device Net、CC-Link、Modbus Plus 等网络接口，连接计算机、PLC 等外部设备或作为网络控制系统的从站。

## 二、主回路连接

变频器的主回路连接要求与交流伺服驱动器基本相同，主回路滤波器、零相电抗器的连接要求可参见项目五的说明。

一般而言，在普通型与紧凑型小功率变频器上，变频器的控制电源在内部已经直接与主电源连接；但对于中大功率或高性能变频器，可通过主接触器将控制电源与主电源分离。

当控制电源与主电源输入分离时，一般应按图 6-2.2（a）所示，首先加入控制电源，确认变频器内部无故障（故障触点 B-C 接通）后才能加入主电源。如果变频器需要使用外置式制动电阻，外部制动电阻或制动单元应与直流母线的引出端 P（+）、PR、N（−）连接，主回路设计时必须按图 6-2.2（b）所示的要求，利用制动电阻或制动单元的热保护触点控制主接触器；或是将热保护触点串联到图 6-2.2（a）的故障触点中。

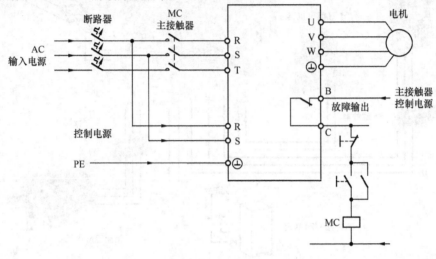

（a）主接触器的控制

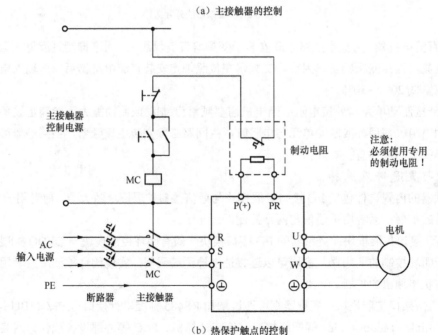

（b）热保护触点的控制

图 6-2.2　主电源控制电路设计

### 三、控制回路连接

变频器控制电路包括开关量控制输入（DI）、开关量状态输出（DO）、速度模拟量输入等，其设计要求如下。

#### 1. DI 信号的连接

变频器的 DI/DO 点数固定、外部连接要求相同，但功能可以通过驱动器参数的设定改变，故称为"多功能 DI/DO"。变频器 DI 信号一般采用"直流汇点输入"连接形式，DO 信号有 NPN 型集电极开路输出与继电器接点输出两种形式。DI/DO 的外部连接要求、接口电路原理与 PLC 的汇点输入/汇点输出类似，可参见项目七说明。

DI 信号为外部提供的变频器运行控制信号，常用信号及功能如下。

（1）正/反转与停止控制

变频器的正/反转与停止控制（STF/STR/STOP）信号需要从 DI 连接端加入，连接端一般不可以通过参数改变，变频器的转向与启停控制通常可采用以下几种方式。

① 具有"自保持"功能的转向与启停控制：变频器的正/反转信号为脉冲输入，变频器停止通过 STOP 输入端控制，信号功能与连接要求如图 6-2.3 所示。

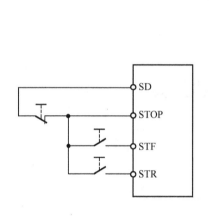

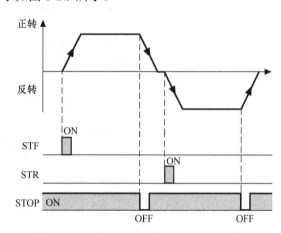

（a）STF/STR/STOP 信号连接　　　　　　　（b）STF/STR/STOP 信号功能

图 6-2.3　自保持的转向与启停控制

② 利用转向信号直接控制启停：变频器不使用停止信号，正/反转信号为保持型电平信号输入，如 STF 为"1"变频器正转启动；STR 为"1"变频器反转启动；两者同时为"0"则变频器停止（见图 6-2.4）。

③ 使用启停控制与转向选择信号：变频器的 STF、STP 连接启动与停止输入控制信号，STR 连接保持型转向选择信号。如 STR 为"0"，信号 STF 启动变频器正转并保持；如 STR 为"1"，信号 STF 启动变频器反转并保持；断开 STOP 信号变频器停止（见图 6-2.5）。

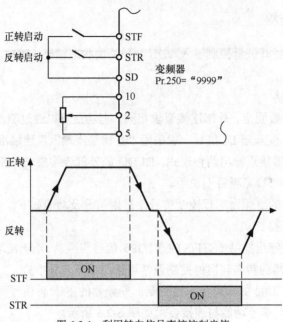

图 6-2.4　利用转向信号直接控制启停

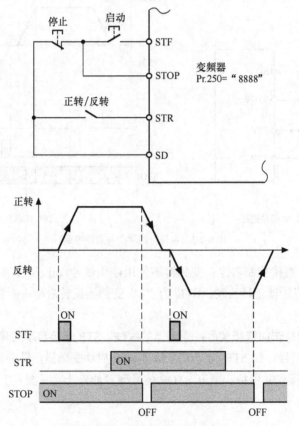

图 6-2.5　使用启停控制与转向选择信号

（2）输出关闭信号 MRS

输出关闭信号 MRS 用于关闭变频器逆变功率管输出。当信号有效时逆变功率管关断，被控制的电机将进入自由停车状态。

MRS 与停止信号 STOP 的区别在于：当 STOP 信号生效时，电机将在变频器的控制下减速停车，在整个停车过程中，电机始终具有电气的制动转矩；而使用 MRS 信号关闭变频器逆变功率管后，电机为自由停车。MRS 信号常用于带机械制动装置的调速系统，以防止机械制动时的变频器过载；如需要，信号也可以用来作为变频器的启动互锁。

（3）多电机切换控制

变频器的切换控制信号 RT 可转换变频器的加减速特性、转矩提升等参数，使之能与不同控制要求的电机相匹配，实现一台变频器通过电路切换控制不同电机的要求。电机切换信号功能在不同的变频器上差异较大，如 FR-E500 系列变频器只能在 *V/f* 控制方式下进行第 2 电机的切换；FR-A500 系列变频器可以在 *V/f* 控制方式下进行第 2、第 3 电机的切换；而 FR-A700 系列变频器不但可以进行第 2、第 3 电机的切换，而且第 2 电机也可以使用开环矢量控制方式（第 3 电机只能是 *V/f* 控制方式）等。

除以上信号外，变频器常用的输入控制信号还有运行频率选择（RH/RM/RL，JOG，AU）、复位（RES）、瞬时停电自动启动功能选择（CS）等，其功能与要求可参见相关说明书。

### 2．DO 信号的连接

变频器的内部状态可以通过参数的"功能代码"设定，在指定的输出端输出，不同的变频器上可使用的信号有所不同，常用的 DO 信号如下。

① 准备好与运行信号：一般而言，当变频器电源接通后如无硬件或软件故障，即输出变频器准备好信号 RY；而当转向信号 STF/STR 加入后变频器输出"运行"信号 RUN。

② 报警信号：变频器的报警通常以触点形式输出，报警输出具有保持功能，它只有在变频器报警被清除、变频器恢复正常运行后才能重新输出"0"。

③ 频率（速度）到达信号：变频器可以根据需要，输出速度（频率）到达信号，信号的比较基准可由变频器参数进行设定，被比较值可以是实际输出频率、按照电机模型预测的电机转速或实际速度反馈值。

④ 电流检测信号：电流检测信号可用于过载检测或外部机械制动器的控制，过载检测在变频器输出电流大于参数设定值、且保持时间超过规定值时动作；零电流检测在变频器输出电流小于参数设定值、且保持时间超过规定值时动作。

### 3．模拟量输入/输出连接

变频器的频率给定通常以 DC0～5V/10V 模拟电压或 DC4～20mA 模拟电流的形式给定，为了便于使用电位器等给定器件，变频器有 DC5V/10V 电压输出端用来连接阻值应大于 1 kΩ 的给定电位器。

变频器的模拟量输出可输出变频器状态数据的 D/A 转换值，在外部仪表上进行显示。

模拟量输入/输出应使用屏蔽电缆连接。

## 实 践 指 导

### 一、FR-A700 变频器连接总图

常用的 FR-F700/A700 系列变频器连接总图如图 6-2.6 所示，连接端功能如表 6-2.1 所示。

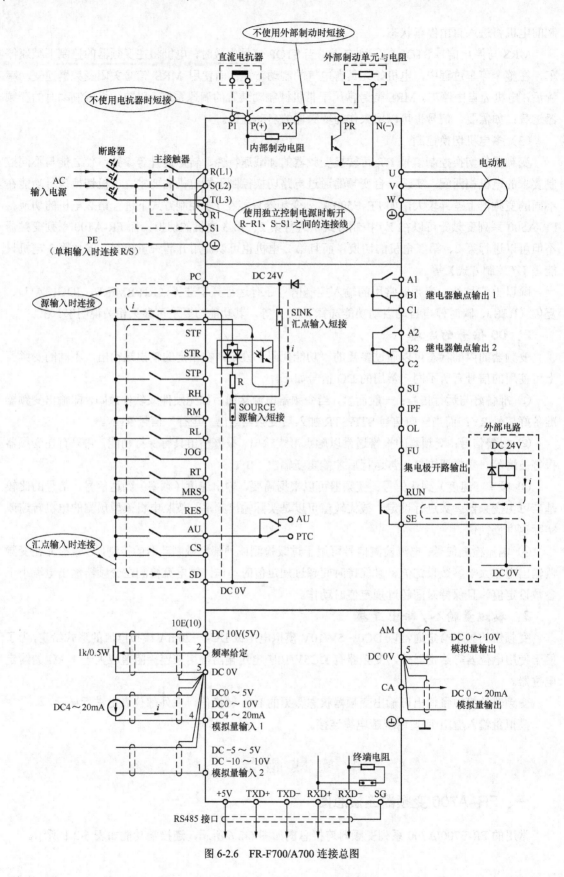

图 6-2.6　FR-F700/A700 连接总图

表 6-2.1 FR-700 系列变频器的连接端功能与作用

| 端子号 | 作用与意义（标准设定） | 变频器型号 | | | |
|---|---|---|---|---|---|
| | | D700 | E700 | F700 | A700 |
| L1/L2/L3/ PE 或：L1/L2 | 主电源输入，电压范围：AC 170～253V（200V）或 AC325～528V（400V）；频率范围：50/60（1±5%）Hz | ● | ● | ● | ● |
| U/V/W | 电机电枢 | ● | ● | ● | ● |
| R1/S1 | 控制电源，电压与频率范围与主电源同 | ● | ● | ● | ● |
| P（+）/N（-） | 外置式制动电阻连接 | ● | ● | ● | ● |
| P1/P（+） | DC 电抗器连接 | ● | ● | ● | ● |
| PX/PR | 内置式制动电阻连接 | ● | ● | ● | ● |
| — | DI 信号数量 | 5 | 7 | 12 | 12 |
| STF | 正转启动，1：启动正转；0：无效 | ● | ● | ● | ● |
| STR | 反转启动，1：启动反转；0：无效 | ● | ● | ● | ● |
| STOP | 变频器停止，1：启动允许；0：变频器停止 | × | × | ● | ● |
| RH | 内部运行速度（频率）选择 1 | ● | ● | ● | ● |
| RM | 内部运行速度（频率）选择 2 | ● | ● | ● | ● |
| RL | 内部运行速度（频率）选择 3 | ● | ● | ● | ● |
| MRS | 输出停止，1：停止变频器输出；0：无效 | × | ● | ● | ● |
| RES | 复位，1：清除变频器故障；0：无效 | × | ● | ● | ● |
| JOG | 点动，1：点动（信号 STF/STR 控制）；0：无效 | × | × | ● | ● |
| RT | 电机切换，0：第 1 电机有效；1：第 2 电机有效 | × | × | ● | ● |
| AU | 给定选择，1：4～20mA 电流输入；0：电压输入 | × | × | ● | ● |
| CS | 瞬时停电自启动功能选择，1：有效；0：无效 | × | × | ● | ● |
| SD | 汇点输入公共端 | ● | ● | ● | ● |
| PC | 源输入时的电源输出端，最大驱动能力：DC24V/100mA | ● | ● | ● | ● |
| — | 集电极开路输出 DO 信号数量 | 1 | 2 | 5 | 5 |
| RUN | 变频器运行，1：运行中；0：停止状态 | ● | ● | ● | ● |
| FU | 频率到达 | × | ● | ● | ● |
| SU | 动作完成，1：动作完成；0：指令的动作进行中 | × | × | ● | ● |
| OL | 过电流报警 | × | × | ● | ● |
| IPF | 瞬时停电状态输出，1：出现瞬时停电 | × | × | ● | ● |
| SE | 集电极开路输出公共端 | ● | ● | ● | ● |
| — | 继电器触点输出 DO 信号 | 1 | 1 | 2 | 2 |
| A/B/C、A1/B1/C1 | A-C 变频器报警，触点通：变频器报警 | ● | ● | ● | ● |
| A2/B2/C2 | 功能可定义触点输出 | × | × | ● | ● |
| — | 模拟量输入信号数量 | 2 | 2 | 3 | 3 |
| 2 | DC0～5V/0～10V 模拟电压输入 | ● | ● | ● | ● |
| | DC4～20mA 模拟电流输入 | × | × | ● | ● |

| 端 子 号 | 作用与意义（标准设定） | 变频器型号 | | | |
|---|---|---|---|---|---|
| | | D700 | E700 | F700 | A700 |
| 4 | DC4～20mA 模拟电流输入 | ● | ● | ● | ● |
| | DC0～5V/0～10V 模拟电压输入 | × | × | ● | ● |
| 1 | DC-5～5V/-10～10V 模拟电压输入 | × | × | ● | ● |
| 5 | 模拟量输入/输出公共端 | ● | ● | ● | ● |
| 10 | 频率给定用 DC+5V 输出 | ● | ● | ● | ● |
| 10E | 频率给定用 DC+10V 输出 | × | × | ● | ● |
| — | 模拟量输出信号数量 | 1 | 1 | 2 | 2 |
| AM（DA2） | DC0～5V/0～10V 模拟电压输出 | ● | ● | ● | ● |
| CA | DC0～20mA 模拟电流输出 | × | × | ● | ● |

●：默认设定；×：未设定或不能使用。

## 二、信号规格

### 1．DI 信号规格

三菱变频器对开关量输入（DI）信号的要求如表 6-2.2 所示。

表 6-2.2　　　　　　　　　　FR-700 系列变频器的输入规格表

| 项　　目 | 规　　格 |
|---|---|
| 输入信号电压/电流 | DC24V，-15%～+10%；5.1mA |
| 输入 ON/OFF 电流 | ON 电流≥3.5mA；OFF 电流≤1.5mA |
| 输入信号连接形式 | 直流源输入或汇点输入；双向光电耦合；内部限流电阻 4.7kΩ |

变频器的 DI 接口电路参见连接总图，可通过变频器的设定端 SINK/ SOURCE 选择"汇点输入（SINK）"与"源输入（SOURCE）"两种连接方式。

### 2．DO 规格

FR-700 系列变频器的开关量输出（DO）有继电器接点输出与直流晶体管集电极开路输出两种输出方式，输出的规格统一，具体参数如表 6-2.3 所示。

表 6-2.3　　　　　　　　　　FR-700 系列变频器的输出规格

| 项　　目 | 继电器接点输出 | 晶体管集电极开路输出 |
|---|---|---|
| 最大工作电压 | AC200V/DC30V | DC24V |
| 最大输出电流 | 0.3A | 0.1A |
| 输出最小负载 | 2mA/DC5V | — |
| 输出开路漏电流 | — | 0.1mA/24V |

### 3．模拟量输入/输出规格

模拟量输入用来连接频率给定输入，FR-700 系列变频器的模拟量输入一般采用 DC0～5V/10V 的模拟电压输入或 DC4～20mA 的模拟电流输入，模拟电压的输入也可通过变频器的 DC5V/10V 电压输出端连接电阻的形式实现，变频器对模拟量输入的要求如表 6-2.4 所示。

**表 6-2.4**　　　　　　　　　**FR-700 系列变频器模拟量输入规格**

| 项　　目 | 模拟电压输入 | 模拟电流输入 |
|---|---|---|
| 输入范围 | DC0～5V 或 DC0～10V | DC4～20mA |
| 最大输入 | DC20V | DC30mA |
| 输入阻抗 | 10kΩ | 250Ω |

变频器的模拟量输出端通常用来连接显示仪表，通过变频器参数的设定，它可以将变频器内部的输出频率、输出电流等数字量经 D/A 转换变成 DC0～10V 的模拟电压或 DC0～20mA 的电流输出到外部，变频器的模拟量输出规格如表 6-2.5 所示。

**表 6-2.5**　　　　　　　　　**FR-700 系列变频器模拟量输入规格表**

| 项　　目 | 模拟电压输出 | 模拟电流输出 |
|---|---|---|
| 输出范围 | DC0～10V | DC4～20mA |
| 最大负载电流 | 1mA | — |
| 负载阻抗 | ≥10kΩ | 200～450Ω |

# | 任务三　掌握变频器功能与参数 |

## 能 力 目 标

1. 熟悉变频器的操作模式与运行方式。
2. 熟悉电机与负载的基本设定。
3. 熟悉变频器的基本设定。

## 工 作 内 容

学习后面的内容，并回答以下问题。

1. 变频器有哪些操作模式与运行方式？
2. 变频器的负载分为哪几类？各适用于什么场合？
3. 简述低频转矩提升与多点 $U/f$ 曲线定义的功能与用途。
4. FR-A700 系列变频器可以采用哪些加减速方式？两段线性加减速有何作用？

## 相 关 知 识

### 一、变频器的操作模式

变频器是专门用于感应电机速度控制的装置，一般而言，通用变频器很少用于位置、转矩控制。变频器的速度控制需要有转向、启动/停止等基本控制信号以及用来指令电机转速的输入信号，前者称变频器的操作模式，后者称变频器的运行方式。

变频器操作模式一般分图 6-3.1 所示的"外部操作（输入信号控制）""PU 操作（操作单元按

键控制）""网络操作（通信指令控制）"3 种。

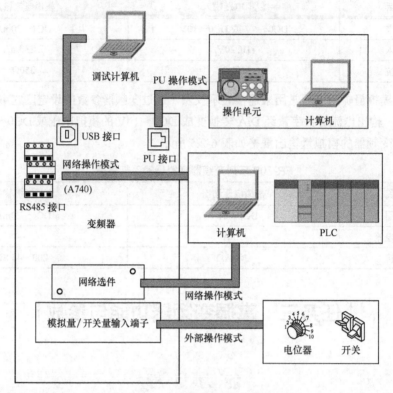

图 6-3.1　三菱变频器的操作模式

## 1. 外部操作模式

外部操作也称"EXT 操作"，这是一种通过外部输入控制信号，控制变频器启动/停止与转向的控制方式，它是变频器最常用的操作模式。在外部控制模式下，变频器的运行方式可以为无级变速、点动运行、多级变速、远程控制等。外部操作模式有如下 3 种情况。

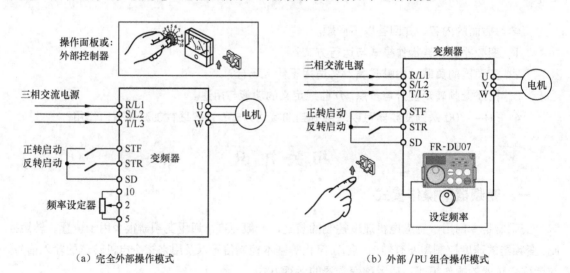

（a）完全外部操作模式　　　　　　　　　　　　　（b）外部/PU 组合操作模式

图 6-3.2　变频器的外部操作模式

① 完全外部操作模式：变频器通过图 6-3.2（a）所示的外部输入信号 STF、STR、STOP 控制转向、启动与停止，利用外部模拟量输入作为频率给定的控制模式称为完全外部操作模式，变频器以完全外部操作模式运行时，可以不需要操作单元。

② 外部/PU 组合运行模式：图 6-3.2（b）所示为通过外部输入信号 STF、STR、STOP 控制转向、启动与停止，利用操作单元上的调节电位器或数字操作键来改变运行频率的操作模式，称为外部/PU 组合运行模式。

③ 外部/网络组合运行模式：这是一种用于通信或网络控制的操作模式，变频器可通过外部输入信号 STF、STR、STOP 控制转向、启动与停止，但运行频率的给定来自串行接口的通信输入。

### 2. PU 操作模式

利用变频器操作单元（PU 单元）上的 STOP/RUN、FWD/REV 按键对转向、启动、停止进行控制的操作称"PU 操作"，常用于调试。在 PU 操作模式下，图 6-3.3（a）所示的直接由操作单元设定频率的操作模式称为"完全 PU 操作模式"；而图 6-3.3（b）所示的通过模拟量输入给定频率的操作模式称 PU/外部组合操作模式。PU 操作的频率给定一般不可来自通信输入，即不能使用"PU/网络组合运行方式"。

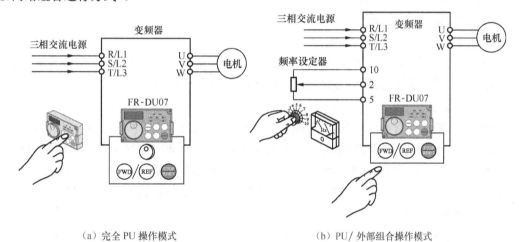

（a）完全 PU 操作模式　　　　　　　　　　（b）PU/外部组合操作模式

图 6-3.3　变频器的 PU 操作模式

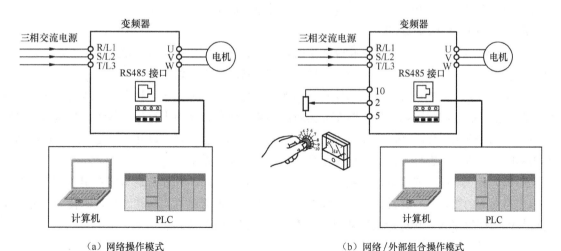

（a）网络操作模式　　　　　　　　　　（b）网络/外部组合操作模式

图 6-3.4　变频器的网络操作模式

### 3．网络操作模式

网络操作亦称"NET 操作"，这是一种通过变频器的串行接口 RS485 或 PU 接口（具有 RS-485 性质），利用通信输入命令控制变频器启动/停止与转向的操作模式，如图 6-3.4（a）所示。

网络操作模式多用于以 PLC、CNC、计算机等作为主站的网络控制系统，它是当前自动化技术的发展趋势。与 PU 操作模式一样，网络操作模式也可以根据实际需要，用外部模拟量输入等方式给定频率，这样的操作方式称"网络/外部组合操作模式"，如图 6-3.4（b）所示。

## 二、变频器运行与控制

### 1．运行方式

变频器运行频率的给定方式称为运行方式，运行方式一般有无级变速、点动运行（JOG 运行）、多级变速、远程控制等。

（1）无级变速运行

无级变速运行是变频器最常用的变速方式。在无级变速方式下，变频器的输出频率可以根据输入的变化连续改变，频率给定一般使用来自外部模拟量输入；但也可以用操作单元（PU）或 RS485 接口的通信数据进行改变。

（2）多级变速运行

多级变速方式用于固定、多速控制的调速系统。在多级变速运行方式下，变频器每一速度级的频率可利用参数事先设定，然后通过外部输入信号选择相应的速度。

（3）点动运行

点动运行（JOG 运行）是一种由变频器参数设定频率、通过转向信号控制变频器启/停的运行方式。点动运行时，转向信号无保持功能，只要松开操作单元上的 FWD/REV 键或撤销 STF/STR 信号，变频器就停止。点动运行的加减速时间可单独设定；部分变频器的点动运行不但可用操作单元选定，而且可用输入信号（JOG）选择，变频器启动、停止与转向也可通过输入信号 STF/STR 等控制。

（4）远程控制

远程控制方式一般用于变频器与所控制的电机距离较远，但需要在电机侧或其他场所对速度进行调节的场合。在远程控制方式下，频率给定可以利用外部输入信号进行连续升降调节与选择；调节后的频率可以被变频器记忆，作为下次运行的频率给定值。

### 2．模拟量输入的调整

当变频器通过外部模拟量输入指令频率时，输出频率与模拟量输入给定呈线性关系，它与项目五所述的交流伺服驱动器一样，也可通过增益与偏移参数进行调整。

所谓"增益"是指任意时刻变频器的输出频率与输入模拟量之比，相当于直线的斜率；所谓"偏移"是指在模拟量输入为"0"时变频器对应的输出频率，相当于直线的截距，其概念可以参见项目五/任务三中伺服驱动器的相关说明。变频器的基本增益一般是以最大给定输入所对应的输出频率的形式设定；在此基础上，还可以再通过参数调整增益值。

在部分变频器中，模拟量输入还可以进行倍率调整，这时，频率给定与倍率调节输入两者的乘积作为内部的给定值；此外，还可以通过设定转差率，使得电机实际转速与理论转速相符；或通过其他的模拟量输入端进行偏移补偿，使得偏移调整实时可调。

### 3．DI/DO 功能定义

变频器可连接的 DI/DO 点一般较少。为了适应各种控制要求，变频器的 DI/DO 点功能可利用参数设定改变。

变频器的 DI 点用于变频器的运行控制，DO 点用于工作状态输出，DI/DO 点数与功能根据变频器的不同而不同。通常而言，变频器功能越强，可以使用的 DI/DO 点与可以设定的功能就越多。

### 三、变频器的基本设定

#### 1. 电机类型

变频调速系统的性能与控制对象——电机的特性密切相关，为此，运行前必须确定变频电机类型；在部分变频器上，电机类型选择参数兼有选择电机参数输入方式功能，利用电机类型选择参数还可以指定变频器的控制方式，如 $V/f$ 控制、矢量控制等。

一般而言，采用 $V/f$ 控制的变频器只需要设定电机类型、额定频率、额定电压、额定电流等基本参数；而矢量控制时则需要设定电机容量、极数、定子/转子的电阻/电感，励磁阻抗等更为详细的参数。

#### 2. 负载类型

变频器可根据实际负载情况来调整输出容量与过载保护性能的功能。根据过载情况，负载可分轻微过载（SLD）、轻过载（LD）、正常过载（ND）、重过载（HD）4 类，变频器型号中的电机功率是指正常过载（ND）时的功率；当变频器用于 SLD、LD 负载时，输出功率可以提高 1 个规格；而用于 HD 负载时，输出功率应比额定值减小 1 个规格。4 类负载的定义如下。

① 轻微过载 SLD：适用于环境温度不超过 40℃，电机过载不大于 120% 的负载（110% 过载的时间不超过 60s，120% 过载时间不超过 3s）。

② 轻过载 LD：适用于环境温度不超过 50℃，电机过载不大于 150% 的负载（电机的 120% 过载时间不超过 60s，150% 过载时间不超过 3s）。

③ 正常过载 ND：适用于环境温度不超过 50℃，电机过载不大于 200% 的负载（电机的 150% 过载时间不超过 60s，200% 过载时间不超过 3s）。

④ 重过载 HD：适用于环境温度不超过 50℃，电机过载不大于 250% 的负载（电机的 200% 过载时间不超过 60s，250% 过载时间不超过 3s）。

#### 3. 输出特性

采用 $V/f$ 控制方式时，变频器的输出特性（$V/f$ 曲线）可通过参数选择，以适应不同负载的控制需要。转矩提升与多点 $V/f$ 定义是变频器的常用功能。

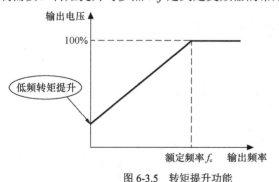

图 6-3.5　转矩提升功能

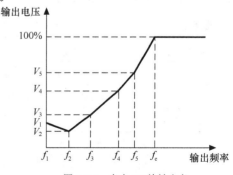

图 6-3.6　多点 $V/f$ 特性定义

转矩提升功能可提升低频时的输出电压，以补偿定子电阻压降，提高低频时的电机输出转矩功能可用于多电机控制；转矩提升设定的是频率为 0 时的输出电压值，使得 $V/f$ 特性曲线的起点提高（见图 6-3.5）。多点 $V/f$ 输出曲线定义可人为定义多组 $V/f$ 值，使得变频器的 $V/f$ 特性变为折线的组合，以便能更好地与负载特性匹配（见图 6-3.6）。

利用转矩提升、多点 $V/f$ 输出曲线来提升输出转矩时，频率为 0 时的输出电压一般不能超过 10%，否则将会引起电机的发热。转矩提升的设定还应随变频器功率的不同而不同，电机功率越大，转子电阻就越小，同样电压下的定子电流也越大，其转矩提升值也应相应越小。通常而言，0.4～0.75kW 的变频器推荐为 6%；1.5～3.7kW 的变频器推荐使用 4%；5.5～7.5kW 的变频器推荐使用 3%；11kW 以上的变频器推荐使用 2%。

### 4. 频率限制

调速系统所需要的变速范围（最高转速与最低转速）可通过变频器的输出频率（上限频率与下限频率）设定参数限制。此外，为了防止机械系统的共振，回避可能使得机械产生噪声、震动急剧增加的特殊频率区，变频器还可以通过设定"频率跳变区"来回避共振频率。

### 5. 加减速设定

当频率给定输入后，变频器的输出频率将通过加/减速的控制上升或下降到给定的频率。变频器的加减速一般可以选择线性加减速、S 形加减速、自适应加减速等方式。

线性加减速是一种速度随时间线性增加的加减速方式，其加速度恒定，因此，当给定不同运行频率时，变频器实际加减速时间是不同的，频率的变化越大加减速时间也越长。

在先进的变频器上，还可以使用两段线性加减速的方式进行加减速，它可在加减速过程中插入停顿动作，这种加减速方式可用于重负载的分段加速或用于消除机械传动系统的间隙，故又称"齿隙加减速方式"。例如，在系统带有机械变速装置时，可先用低速（低频）进行齿轮啮合，待齿轮间隙消除后再升速，从而减轻加减速时的噪声。

S 形加速是一种加速度变化率保持恒定的加减速方式，其速度曲线呈 S 形变化，它可进一步降低加减速瞬间的机械冲击，改善系统的加减速性能。

## 实 践 指 导

### 一、操作模式与运行方式选择

三菱 FR-A700 系列变频器的操作模式用参数 Pr 79 的设定选择；运行方式通过变频器参数 Pr 59、Pr 79、Pr 339、Pr 34 设定选择，参数的作用与意义见表 6-3.1、表 6-3.2。

表 6-3.1　　　　　　　　　FR-A700 变频器的操作模式设定参数

| Pr 79 设定 | 运 行 方 式 | 作 用 与 意 义 |
|---|---|---|
| 0 | PU/外部操作转换模式 | 可以 PU 转换"PU 操作/外部操作"模式 |
| 1 | PU 操作 | 通过操作单元（PU）控制变频器运行 |
| 2 | 外部操作 | 频率与转向控制均来自外部输入 |
| 3 | 外部/PU 操作组合模式 | PU 给定频率；转向控制来自外部输入 |
| 4 | PU /外部操作组合模式 | 用 PU 的 FWD/REV 控制转向；利用外部多级变速输入选择转速 |
| 6 | 可切换运行模式 | 运行过程中可进行 PU 操作/外部操作的切换 |
| 7 | 切换可禁止运行模式 | X12（EMS）=1 可从外部切换到 PU 操作；否则禁止切换（固定外部操作） |

表 6-3.2 FR-A700 变频器的运行方式设定参数

| 参 数 号 | 名 称 | 设定值与频率给定来源选择 |
|---|---|---|
| Pr 59 | 远程控制方式 | 0：远程控制方式无效，频率给定由 Pr 79 定义；1/2：远程控制有效 |
| Pr 339 | 网络控制的频率给定信号 | 0：网络输入有效；1/2：外部模拟量输入 |
| Pr 340 | 网络操作模式选择 | 0：网络控制无效，频率给定由 Pr 79 定义；1/2/11/12：频率给定来自网络接口输入 |

变频器的各种操作模式可以进行相互切换，切换可通过外部开关量输入信号、PU 单元上的操作键 PU/EXT 或来自通信的控制命令进行（见图 6-3.7）。

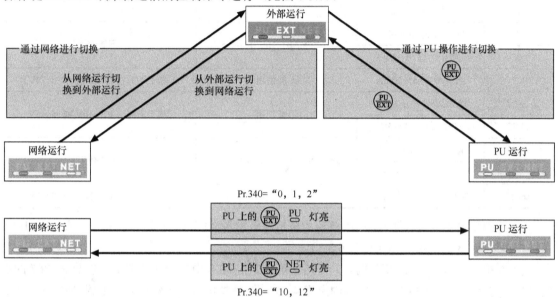

图 6-3.7 FR-700 系列操作模式的切换

## 二、模拟量输入选择与调整

### 1. 模拟量输入与功能选择

FR-700 系列变频器可利用转换开关（见图 6-3.8）与变频器参数设定改变模拟量输入类型，选择方法如下。

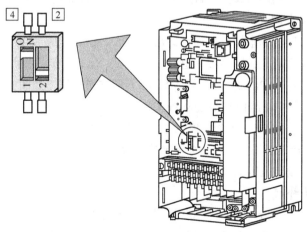

图 6-3.8 模拟量输入选择开关

① 模拟量输入端 2/5：输入端 2/5 的信号类型通过图 6-3.8 中的转换开关 2 与参数 Pr 73 的设定选择，转换开关 2 置 ON 时，输入固定为 4～20mA 模拟电流；转换开关 2 置 OFF 时，输入类型与范围由参数 Pr 73 的设定选择（见表 6-3.3）。

表 6-3.3　　　　　　　　　　A700 系列变频器模拟量输入功能与范围选择

| Pr 73 设定 | 模拟量输入功能 | | |
|---|---|---|---|
| | 主 速 输 入 | 倍 率 输 入 | 补 偿 输 入 |
| 0/2 | 端子 2/5；0～10V | 不能使用 | 端子 1/5，−10～10V 或−5～5V |
| 1/3 | 端子 2/5，0～5V | | |
| 4 | 端子 1/5；0～10V | 端子 2/5；0～10V 或 0～5V | 不能使用 |
| 5 | 端子 1/5；0～5V | | |
| 6/7 | 端子 2/5；4～20mA | 不能使用 | 端子 1/5；−10～10V 或−5～5V |
| 10/12 | 端子 2/5；−10～10V | 不能使用 | 端子 1/5；−10～10V 或−5～5V |
| 11/13 | 端子 2/5；−5～5V | | |
| 14 | 端子 1/5；−10～10V | 端子 2/5；0～10V 或 0～5V | 不能使用 |
| 15 | 端子 1/5；−5～5V | | |
| 16//17 | 端子 2/5；−20～20mA | 不能使用 | 端子 1/5；−10～10V 或−5～5V |

② 模拟量输入端 1/5：输入端 1/5 规定为模拟电压输入，输入范围可以是−5～5V 或−10～10V，范围由参数 Pr 73 的设定选择（见表 6-3.3）。

③ 模拟量输入端 4/5：输入端 4/5 的类型可通过图 6-3.8 中的转换开关 1 与参数 Pr 267 的设定选择，转换开关 1 置 ON 时，输入固定为 4～20mA 模拟电流；当转换开关 1 置 OFF 时，参数 Pr 267 的不同设定具有以下作用。

Pr 267 = 0：4～20mA 模拟电流输入。

Pr 267 = 1：DC0～5V 模拟电压输入。

Pr 267 = 2：DC0～10V 模拟电压输入。

FR-A700 系列变频器可选择一个模拟量输入作为频率给定输入（称为主速），另一模拟量输入作为速度倍率或速度偏移补偿输入，模拟量输入范围与功能定义参数 Pr 73 的设定方法如表 6-3.3 所示。

**2．模拟量输入的调整**

FR-A700 系列变频器的基本增益可通过参数 Pr 125（输入端 2/5）、Pr 126（输入端 4/5）设定，设定值是最大给定输入所对应的输出频率值，如图 6-3.9（a）所示；在此基础上，还可以通过参数 Pr 903-C4（输入端 2/5）、Pr 905-C7（输入端 4/5）调整增益值，如图 6-3.9（b）所示；当主速输入端选择 1/5 时，相应的增益调整参数为 Pr 918 与 Pr 920。

当参数 Pr 73 设定为 4/5、14/15 时，模拟电压输入端 2/5 被定义为倍率调整输入，倍率调整特性可通过参数 Pr 252、Pr 253 设定，Pr 252 设定的是输入为 0V 时的倍率值；Pr 253 设定的是输入为最大值时的倍率值；设定范围为 0～200%，如图 6-3.9（c）所示。

**3．转差与偏移补偿**

转差补偿参数 Pr 245～Pr 247 是 A700 系列变频器用于调整电机实际转速的参数，通过参数 Pr 245 的转差率设定，可以提高电机的实际转速，使之与理论转速相符。

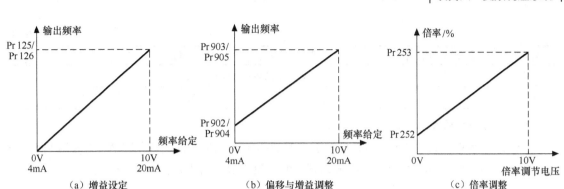

图 6-3.9 频率给定的调整

FR-A700 系列变频器在选择输入端 2/5 或 4/5 作为主速输入时，可以通过辅助输入端 1/5 进行偏移补偿，与参数 Pr 902/P 904 的偏移调整相比，模拟量输入偏移调整具有实时可调与可控的优点。参数 Pr 242（2/5 输入端补偿）与 Pr 243（4/5 输入端补偿）以百分率的形式设定偏移补偿系数，偏移补偿生效后的变频器最终频率给定值为

给定频率 =（主速给定）+（端子 1/5 补偿输入）×（Pr 242 或 Pr 243 设定）/100

## 三、DI/DO 功能定义

### 1. DI 功能定义

FR-A700 系列变频器的 DI 点功能可通过参数 Pr 178～Pr 189 的设定予以改变，输入端与参数的对应关系如表 6-3.4 所示；常用设定值与功能的关系如表 6-3.5 所示。

表 6-3.4　　　　　　　　　　　　DI 输入与参数的对应关系

| 参数号 | 178 | 179 | 180 | 181 | 182 | 183 | 184 | 185 | 186 | 187 | 188 | 189 |
|---|---|---|---|---|---|---|---|---|---|---|---|---|
| 输入端 | STF | STR | RL | RM | RH | RT | AU | JOG | CS | MRS | STOP | RES |

表 6-3.5　　　　　　　　　　　　DI 端常用功能定义

| 设定值 | 端子名称 | 输入信号的功能 |
|---|---|---|
| 0 | RL | Pr 59=0，多速运行速度选择信号 1；Pr 59=1、2，远程控制的升速信号 |
| 1 | RM | Pr 59=0，多速运行速度选择信号 2；Pr 59=1、2，远程控制的减速信号 |
| 2 | RH | Pr 59=0，多速运行速度选择信号 3；Pr 59=1、2，远程控制的复位信号 |
| 3 | RT | Pr 270=0：多电机控制时的第 2 电机选择信号 |
| 4 | AU | 频率给定为模拟电流输入信号 |
| 5 | JOG | 点动运行方式选择 |
| 6 | CS | 自动重新启动与工频/变频选择信号 |
| 7 | OH | 外部热继电器输入 |
| 8 | REX | 多速运行速度选择信号 4 |
| 24 | MRS | 输出停止控制或工频切换控制 |
| 25 | STOP | 启动自保持 |
| 60 | STF | 正转启动（只能在 Pr 178 上设定） |
| 61 | STR | 反转启动（只能在 Pr 179 上设定） |

续表

| 设定值 | 端子名称 | 输入信号的功能 |
|---|---|---|
| 62 | RES | 变频器复位与工频切换参数初始化 |
| 9 999 | — | 端子不使用 |

### 2. DO 功能的定义

FR-A700 系列变频器的 DO 点功能可通过参数 Pr 190～195 的设定予以改变，当参数 Pr 76 = 0 时，DO 端与参数的对应关系如表 6-3.6 所示；常用设定值与功能如表 6-3.7 所示。

表 6-3.6  　　　　　　　　　　DO 输出端与参数的对应关系

| 参数号 | Pr 190 | Pr 191 | Pr 192 | Pr 193 | Pr 194 | Pr 195 |
|---|---|---|---|---|---|---|
| 输出端 | RUN | SU | IPF | OL | FU | A/B/C |

表 6-3.7  　　　　　　　　　　DO 输出端常用设定值与功能

| 设定值（功能代号） | | 端子名称 | 输出信号的功能 |
|---|---|---|---|
| 正逻辑 | 负逻辑 | | |
| 0 | 100 | RUN | 变频器运行 |
| 1 | 101 | SU | 变频器输出频率到达给定频率要求范围 |
| 2 | 102 | IPF | 电压过低或瞬时断电 |
| 3 | 103 | OL | 失速防止功能生效期间出现过电流报警 |
| 4/5/6 | 104/105/106 | FU/FU2/FU3 | 参数 Pr 42/43、Pr 50、Pr 116 设定的频率到达 |
| 10 | 110 | PU | PU 操作模式生效 |
| 11 | 111 | RY | 变频器准备好 |
| 25 | 125 | FAN | 风机故障输出 |
| 26 | 126 | FIN | 散热器过热输出 |
| 41/42/43 | 141/142/143 | FB/FB2/FB3 | 电机转速到达设定值 1/2/3 |
| 94 | 194 | ALM2 | 变频器报警输出 |
| 97 | 197 | ER | 变频器出错 |
| 98 | 198 | LF | 冷却风机不良 |
| 99 | 199 | ALM1 | 报警输出 |
| 9999 | — | — | 端子不使用 |

## 四、电机参数的设定

### 1. 电机类型

FR-A700 系列变频器参数 Pr 71 用来选定电机类型，多电机矢量控制时需要同时设定参数 Pr 450（第 2 电机类型，设定方法与 Pr 71 相同）。电机类型选择参数兼有电机参数输入方式选择功能（表中阴影部分参数），参数 Pr 71、Pr 450 的常用设定与意义如表 6-3.8 所示。

**表 6-3.8** 电机类型的设定

| Pr 71/Pr450 | 电 机 类 型 | 作用与意义 |
|---|---|---|
| 0 | 通用感应电机 | $V/f$ 控制的通用感应电机（一般设定） |
| 2 | | 使用 5 点可调 $V/f$ 特性的感应电机 |
| 3 | | 矢量控制的通用感应电机，使用离线调整功能自动设定电机参数 |
| 4 | | 矢量控制的通用感应电机，使用自动调整功能设定电机参数、并允许读出与重新设定 |
| 13 | 通用恒转矩电机 | 矢量控制的恒转矩电机，可使用离线调整功能自动设定电机参数 |
| 1 | 三菱 SF-JRCA 恒转矩电机 | $V/f$ 控制的三菱恒转矩电机 |
| 53 | | 矢量控制的三菱恒转矩电机，使用自动调整功能设定参数 |
| 20 | 三菱 SF-JR4P 感应电机 | 开环磁通控制的三菱感应电机 |
| 23 | | 矢量控制的三菱感应电机，可使用离线调整功能自动设定电机参数 |
| 30 | 三菱专用电机 SF-V5RU/THY | $V/f$ 控制的三菱专用电机 |
| 33 | | 矢量控制的三菱专用电机，使用自动调整功能设定参数 |
| 40 | 三菱 SF-HR 高效感应电机 | $V/f$ 控制的三菱高效感应电机 |
| 43 | | 矢量控制的三菱高效感应电机，使用自动调整功能设定参数 |

### 2．电机基本参数

变频器采用 $V/f$ 控制时只需要设定电机类型（参数 Pr 71）、额定频率（参数 Pr 3）、额定电压（参数 Pr 19）、额定电流（参数 Pr 9）等基本参数；采用矢量控制时则需要设定电机容量、极数、定子/转子的电阻/电感，励磁阻抗等更为详细的参数；多电机控制时还需要进行设定第 2 电机的参数（见表 6-3.9），参数一般都需要利用变频器的自动调整功能自动设定。

**表 6-3.9** 电机基本参数设定

| 参数号 | 名　称 | 设 定 范 围 | V/f控制 | 矢量控制 |
|---|---|---|---|---|
| Pr 3/ Pr 47 | 第 1/第 2 电机额定频率 | $0\sim400.0\text{Hz}$ | ● | × |
| Pr 9/ Pr 51 | 第 1/第 2 电机额定电流（过电流保护设定） | $0\sim500.0\text{A}$ | ● | ● |
| Pr 19 | 第 1 电机额定电压 | $0\sim1\,000.0\text{V}$ | ● | × |
| Pr 80/ Pr 453 | 第 1/第 2 电机功率 | $0.4\sim55\text{kW}$ | 9 999 | ● |
| Pr 81/ Pr 454 | 第 1/第 2 电机极数 | $2\sim10$、$12\sim20$ | 9 999 | ● |
| Pr 82/ Pr 455 | 第 1/第 2 电机励磁电流 | 根据电机不同 | 9 999 | ● |
| Pr 83/ Pr 456 | 第 1/第 2 电机额定电压 | $0\sim1\,000.0\text{V}$ | 9 999 | ● |
| Pr 84/ Pr 457 | 第 1/第 2 电机额定频率 | $0\sim400.0\text{Hz}$ | 9 999 | ● |
| Pr 90/ Pr 458 | 第 1/第 2 定子电阻 R1 | 根据电机不同 | 9 999 | ● |
| Pr 91/ Pr 459 | 第 1/第 2 电机转子电阻 R2 | 根据电机不同 | 9 999 | ● |
| Pr 92/ Pr 460 | 第 1/第 2 电机定子电感 L1 | 根据电机不同 | 9 999 | ● |
| Pr 93/ Pr 461 | 第 1/第 2 电机转子电感 L2 | 根据电机不同 | 9 999 | ● |
| Pr 94/ Pr 462 | 电机励磁阻抗 X | 根据电机不同 | 9 999 | ● |

续表

| 参数号 | 名　　称 | 设 定 范 围 | V/f控制 | 矢量控制 |
|---|---|---|---|---|
| Pr 95 | 在线自动调整 | 0/1 | 0 | ● |
| Pr 96 | 离线自动调整 | 0/1 | 0 | ● |
| Pr 859 | 电机转矩电流分量 | 根据电机不同 | 9 999 | ● |

●：可以设定；×：不需要设定。

电机参数设定需要注意：电机功率与极数设定参数 Pr 80/Pr 81 同时有选择控制方式的功能，因此需要注意以下两点。

① 采用 V/f 控制时必须设定 Pr 80/Pr 81 = 9 999，否则将自动选择矢量控制方式。

② 在矢量控制方式下，电机的极数参数 Pr 81 有如下两种设定方式。

Pr 81 = 2～10（电机极数）：变频器固定为矢量控制方式，控制方式切换无效。

Pr 81 = 12～20（电机极数+10）：变频器可通过控制方式切换控制信号切换为 V/f 控制。

### 3．负载类型

FR-700 系列变频器的负载类型可通过参数 Pr570 选择，参数设定要求如下。

Pr 570 = 0：轻微过载 SLD。

Pr 570 = 1：轻过载 LD。

Pr 570 = 2：正常过载 ND。

Pr 570 = 3：重过载 HD。

V/f 控制方式时，变频器还可通过参数 Pr 14 选择负载性质（多电机控制时第 1、第 2 电机的负载性质必须相同）。参数 Pr14 的设定与负载特性的关系如图 6-3.10 与表 6-3.10 所示。

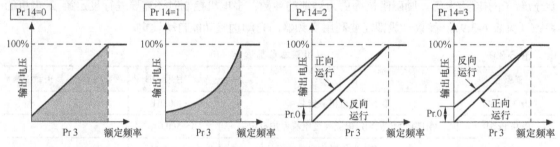

图 6-3.10　V/f 控制的负载特性

表 6-3.10　　　　　　　　　　　负载曲线设定

| Pr14 设定值 | 负载类型选择 |
|---|---|
| 0 | 无提升控制的恒转矩负载 |
| 1 | 风机类负载 |
| 2 | 正向转矩提升的升降负载（正转时提升有效，反转无效） |
| 3 | 负向转矩提升的升降负载（反转时提升有效，正转无效） |
| 4 | 可利用 RT 信号控制的转矩提升。RT = "1"，无提升控制（同 Pr 14 = 0）；RT = "0"，正转提升控制（同 Pr 14 = 2） |
| 5 | 可利用 RT 信号控制的转矩提升。RT = "1"，无提升控制（同 Pr 14 = 0）；RT = "0"，反转提升控制（同 Pr 14 = 3） |

### 五、变频控制参数设定

#### 1. 变频控制方式

FR-A700 系列变频器可选择 $V/f$ 控制与矢量控制（磁通控制为矢量控制的简化）两种变频控制方式，控制方式通过如下设定选择。

① 设定电机参数 Pr 80 = 9 999，Pr 81 = 9 999，变频器选择 $V/f$ 控制方式；如在 Pr 80、Pr 81 中输入了电机功率与极数，则自动选择矢量控制方式。

② 多电机控制时可利用参数 Pr 800（第 1 电机）、Pr 451（第 2 电机）选择控制方式。

Pr 800 = 0~9：第 1 电机为闭环矢量控制。

Pr 800 = 10、11、12：第 1 电机为开环矢量控制。

Pr 800 = 20：第 1 电机为 $V/f$ 控制。

Pr 451 = 10、11、12：第 2 电机为开环矢量控制。

Pr 451 = 20、9 999：第 2 电机为 $V/f$ 控制。

#### 2. PWM 频率

变频器是一种 PWM 控制的逆变装置，产品出厂时 PWM 频率通常都设定在 2kHz 左右。PWM 频率可根据用户需要通过参数 Pr 72、Pr 240 或 Pr 260 调整，提高 PWM 频率可降低电机噪声与避免机械共振；但变频器逆变管的损耗也将增加。

参数 Pr 72 用于 PWM 频率的直接设定，输入范围为 0~15，当 Pr 72 设定为 0 时，自动选择 0.75kHz；设定为 15 时，自动选择 14.5kHz；对于其他设定，变频器将自动选择与设定值接近的 PWM 频率（如 2、6、10kHz 等）；当设定 Pr 72 = 25 时变频器将强制为 $V/f$ 控制。

参数 Pr 240 为 PWM 频率自动设定功能选择参数，设定 Pr 240 = 1 时，可以自动选择 PWM 频率，降低系统噪声。参数 Pr 260 为柔性 PWM 频率调整功能，设定 Pr 260 = 1 时，如变频器输出电流到达额定电流的 85%以上，变频器将自动将 PWM 频率降低到 2kHz，以减少逆变管的损耗、保护功率管。

#### 3. $V/f$ 特性设定

FR-A700 系列变频器的 $V/f$ 特性可以通过表 6-3.11 所示的参数进行选择。

表 6-3.11                        $V/f$ 控制特性参数设定

| 参 数 号 | 名 称 | 设 定 范 围 |
|---|---|---|
| Pr 0 /Pr 46/ Pr 112 | 第 1/第 2/第 3 电机转矩提升 | 0~30% |
| Pr 14 | $V/f$ 控制方式负载性质选择 | 0~5 |
| Pr 100/101 | 5 点可调 $V/f$ 特性的第 1 点频率/电压设定 | 0~400 Hz/0.1~1 000.0V |
| Pr 102/103 | 5 点可调 $V/f$ 特性的第 2 点频率/电压设定 | 0~400 Hz/0.1~1 000.0V |
| Pr 104/105 | 5 点可调 $V/f$ 特性的第 3 点频率/电压设定 | 0~400 Hz/0.1~1 000.0V |
| Pr 106/107 | 5 点可调 $V/f$ 特性的第 4 点频率/电压设定 | 0~400 Hz/0.1~1 000.0V |
| Pr 108/109 | 5 点可调 $V/f$ 特性的第 5 点频率/电压设定 | 0~400 Hz/0.1~1 000.0V |

#### 4. 输出频率范围

（1）转向的限制

当系统只允许电机单向旋转时，FR-A700 系列变频器可通过转向禁止参数 Pr 78 规定电机转向，转向禁止对 PU 操作、外部操作、通信操作均有效，设定值与转向的关系如下。

Pr 78 = 0：允许正/反转（不禁止）。

Pr 78 = 1：反转禁止，电机只能正转。

Pr 78 = 2：正转禁止，电机只能反转。

（2）输出范围的限制

FR-A700 系列变频器的频率输出范围限制有两对
设定参数：Pr 1/Pr 2 与 Pr 18/Pr 13，其中，参数 Pr 18/Pr
13 设定的是变频器实际输出的最大频率值与最小频
率值；而 Pr 1/ Pr 2 定义的是频率给定输入能够控制的
最大与最小频率。参数的设定方法如下（见图 6-3.11）。

① 最大频率的设定：当变频器的最大输出频率在
120Hz 以下时，先将 Pr 18 设定为 120（Pr 18 的最小
设定）；然后通过 Pr 1 设定频率给定输入为最大值（如
10V）时的上限频率（如 60Hz 等）；当变频器最大输

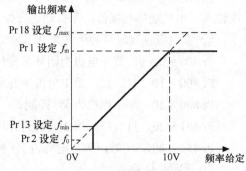

图 6-3.11　频率输出范围的设定

出频率大于 120Hz 时，应先在参数 Pr 18 中设定输出频率的最大值（如 400Hz），然后再在 Pr 1 上
设定频率给定为最大（如 10V）时的上限频率（如 360Hz 等）。

② 最小频率设定：参数 Pr 2 设定的是频率给定最小时所对应的变频器输出频率；参数 Pr 13
设定的是变频器实际可以输出的最低频率，分如下两种情况。

设定 Pr 2≤Pr 13：如果给定输入所指令的频率小于参数 Pr 13 设定，输入无效，实际输出频率为 0。

设定 Pr 2>Pr 13：即使频率给定输入小于 Pr 2 设定值，但只要正/反转信号输入，电机仍可输
出 Pr 13 设定频率。

（3）频率跳变区的设定

FR-A700 系列变频器可通过参数 Pr 31/32、Pr 33/34、Pr 35/36 设定 3 个频率跳变区域，当频
率给定处于跳变区域时，变频器自动将输出频率转换为跳变区的上限或下限频率。

跳变区的实际输出频率与参数设定有关，如 Pr 31/Pr 33/Pr 35 小于 Pr 32/Pr 34/Pr 36 设定，跳
变区输出频率为图 6-3.12（a）所示的 Pr 31、Pr 33、Pr 35 所设定的下限频率值；如 Pr 31/Pr 33/Pr
35 大于 Pr 32/Pr 34/Pr 36 设定，输出频率仍为图 6-3.12（b）所示的参数 Pr 31、Pr 33、Pr 35 设定
值，但已经被转换为上限值。

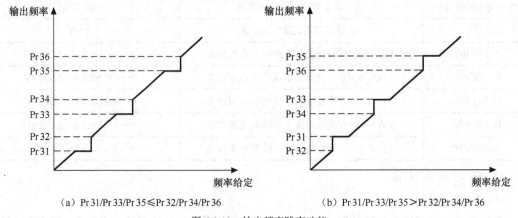

（a）Pr 31/Pr 33/Pr 35≤Pr 32/Pr 34/Pr 36　　　　　　（b）Pr 31/Pr 33/Pr 35>Pr 32/Pr 34/Pr 36

图 6-3.12　输出频率跳变功能

### 5．加减速设定

FR-700 系列变频器可通过参数 Pr 29 的设定选择线性加减速、S 形加减速、自适应加减速等方式，参数 Pr 29 的设定要求如表 6-3.12 所示。

表 6-3.12　　　　　　　　　　加减速方式选择参数表

| Pr 29 设定 | 加减速方式选择 |
| --- | --- |
| 0 | 固定线性加减速 |
| 1 | S 形加减速 A，高速运行使用的 S 形加减速 |
| 2 | S 形加减速 B，固定的 S 形加减速 |
| 3 | 两段线性加减速 |
| 4 | S 形加减速 C，加减速时间可变的复合加减速方式 |
| 5 | S 形加减速 D，线性/S 形复合加减速方式 |

（1）线性加减速

线性加减速可以选择图 6-3.13 所示的固定线性加减速与两段线性加减速两种方式。

① 固定线性加减速：固定线性加减速的加减速时间可通过 Pr 20/Pr 7/Pr 8（第 1 电机）、Pr 20/Pr 44/Pr 45（第 2 电机）、Pr 20/Pr 110/Pr 111（第 3 电机）分别进行设定；Pr 20 为计算加速度的参考频率值，对第 1、2、3 电机均有效。例如，对于第 1 电机的加速，加速时的加速度 $a =$（Pr 20）/（Pr 7）；减速时的加速度 $a = -$（Pr 20）/（Pr 8）。

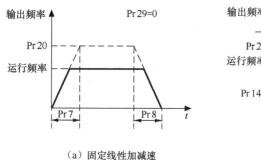

（a）固定线性加减速　　　　　　　（b）两段线性加减速

图 6-3.13　线性加减速

② 两段线性加减速：两段线性加减速的分段频率可用参数 Pr 140（加速）/Pr 142（减速）设定，参数设定的是加速/减速开始段的频率增量。加速时，变频器先线性加速到 Pr 140 设定的频率，并保持此频率运行 Pr 141 设定的时间，然后再加速到给定频率；减速时，变频器先将运行频率降低到 Pr 142 设定的值，并保持此频率运行 Pr 143 设定的时间，然后再减速到给定频率。

（2）S 形加减速

S 形加减速分图 6-3.14 所示的 A～D 4 种方式，加减速基准时间 $T$ 由参数 Pr 7/Pr 8 设定。

① S 形加减速 A/B：S 形加减速 A（Pr 29 = 1）适合于高速运行，只能用于给定频率大于电机额定频率（Pr 3 设定值）的场合，加减速曲线的拐点固定为电机额定频率，如图 6-3.14（a）所示。S 形加减速 B（Pr 29 = 2）的加减速曲线拐点可根据运行频率自动改变，这是一种适合所有运行频率的标准 S 形加减速方式，如图 6-3.14（b）所示。

② S 形加减速 C/D：S 形加减速 C/D（Pr 29 = 4/5）是直线/S 形复合加减速方式。S 形加减速 C（Pr 29 = 4）的开始与结束段为 S 形加减速，中间段为直线，开始与结束段的加减速时间 $T_s$ 相

同，可用参数 Pr 380（加速时间）/ Pr 381（减速时间）进行设定，参数以总加减速时间的比例形式进行设定，S 形加减速以外部分按线性加减速设定加减速，如图 6-3.14（c）所示。S 形加减速 D（Pr 29 = 5）与 C 的加减速过程相同，但开始段与结束段的时间可以单独设定，参数 Pr 516/Pr 517 分别为加速开始与结束段的时间；Pr 518/Pr 519 为减速开始与结束段时间，如图 6-3.14（d）所示。

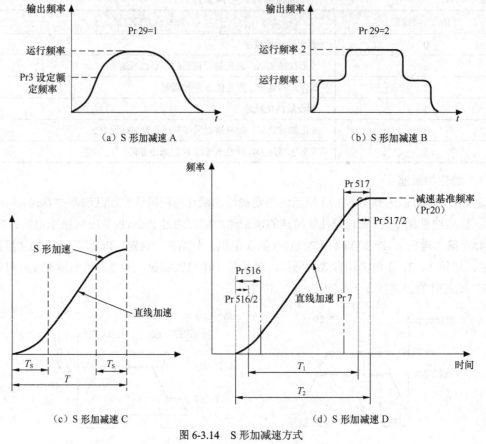

(a) S 形加减速 A

(b) S 形加减速 B

(c) S 形加减速 C

(d) S 形加减速 D

图 6-3.14　S 形加减速方式

# 任务四　变频器的应用与实践

## 能 力 目 标

1. 能够进行变频器参数的设定。
2. 能够通过操作单元检查变频器的工作状态。
3. 能够完成项目八/任务三数控车床主轴系统的调试。

## 工 作 内 容

1. 利用操作单元设定变频器参数。
2. 利用操作单元检查变频器状态。
3. 完成项目八/任务三数控车床主轴变频器的调试。

## 资 讯 & 计 划

通过查阅相关参考资料、咨询，并学习后面的内容，掌握以下知识。

1. FR–A740 变频器的操作。

2. 变频器的参数设定方法。

3. 变频器的快速调试步骤。

## 实 践 指 导

### 一、变频器的操作

#### 1. 操作单元说明

FR-700 系列变频器的操作单元（简称 PU 单元）如图 6-4.1 所示，操作键的作用如下。

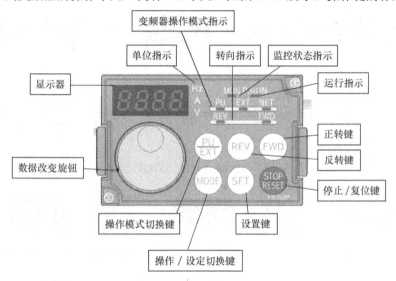

图 6-4.1　变频器操作单元

【MODE】：方式切换键，用于选择操作单元的显示与操作方式。

【PU/EXT】：操作模式转换键，用于变频器操作模式（外部/PU）的转换。

【SET】：设置键，用来设定变频器的参数。

【FWD/REV】：方向键，当变频器为 PU 操作模式时，可以改变电机的转向。

【STOP/RESET】：停止/复位键，用来停止变频器运行或进行变频器复位。

数据改变旋钮（手轮式旋钮，简称 M 旋钮）：用来改变变频器数据。

操作单元的显示包括如下内容。

数据显示器：4 位数码显示器可用于变频器状态与参数的显示。

单位指示：可指示变频器当前显示值的单位。

状态指示：可指示变频器的操作模式与变频器的基本状态（监控 MON、运行 RUN、转向 REV/FWD 等）。

变频器的状态监控、参数设定、运行控制等操作可通过【PU/EXT】键与【MODE】键切换。变频器开机选择的是外部操作模式，要转换到 PU 操作模式，应先按【PU/EXT】键，然后通过

【MODE】键进行"PU 模式"→"参数设定"→"报警历史显示"间切换（见图 6-4.2）。

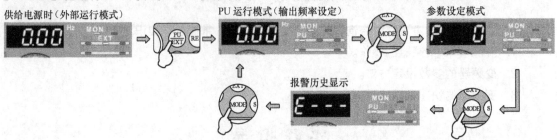

图 6-4.2　FR-700 变频器的操作模式切换

在 PU 运行模式下，通过【SET】键可以进行"输出频率监视"→"输出电流监视"→"电压监视"的转换（见图 6-4.3）。

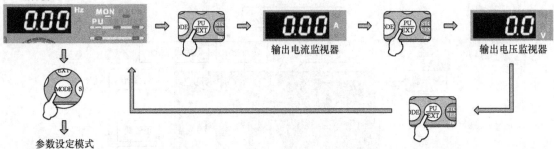

图 6-4.3　FR-700 变频器的监视模式切换

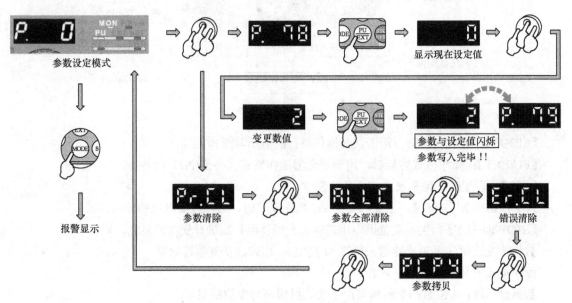

图 6-4.4　FR-700 变频器的参数设定

## 2．参数的设定

在 PU 操作模式下，操作单元可通过【MODE】键转换为"参数设定模式"，以进行变频器参数的设定、清除、复制等操作，操作选择可通过数据改变旋钮选定，设定完成后通过【SET】键生成参数值（见图 6-4.4）。

## 二、变频器的快速调试

快速调试用于变频器基本功能与参数的设定，一般而言，通过快速调试，变频器便能够正常运行，其他特殊功能的调试则可在此基础上进行。变频器快速调试属于现场调试的范畴，快速调试应在系统的安装、连接完成，机械部件可正常工作的情况下进行。

FR-700 系列变频器可以按照图 6-4.5 步骤实施快速调试。

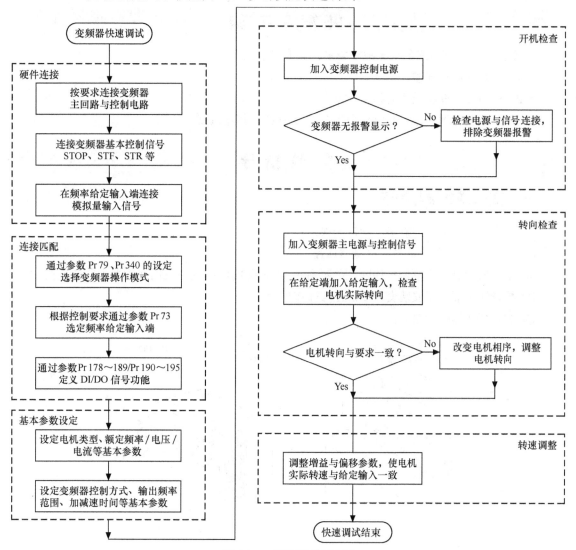

图 6-4.5　变频器的快速调试

变频器快速调试具有以下功能。

① 检验变频器的电路连接。

② 选择变频器的操作模式与频率给定输入端。

③ 进行变频器 DI/DO 信号的功能定义。

④ 设定电机基本参数。

⑤ 设定变频器基本参数。

⑥ 设定与选择负载类型。

⑦ 确定频率输出范围与设定跳变区。

⑧ 确定加减速方式与加减速时间。

⑨ 调整电机的转向。

⑩ 调整电机的转速，使得频率给定输入为 0 时电机能够停止；在同一频率给定下的正反转速度相一致。

## 决 策 & 实 施

根据项目八/任务三的机床控制要求，完成以下工作。

1. 检查变频器连接。

2. 进行变频器参数的初始化。

3. 设定变频器参数，并完成项目八/任务三的变频器调试。

## 实 践 指 导

### 一、变频器连接与检查

① 检查变频器信号与规格，确认无误。

② 参照图 6-4.6 的步骤打开变频器前盖。

③ 根据所设计的变频器电路图，参照图 6-4.7 确认项目八/任务三的变频器主回路连接。

④ 检查无误后重新安装变频器前盖与操作单元。

⑤ 加入变频器控制电源。

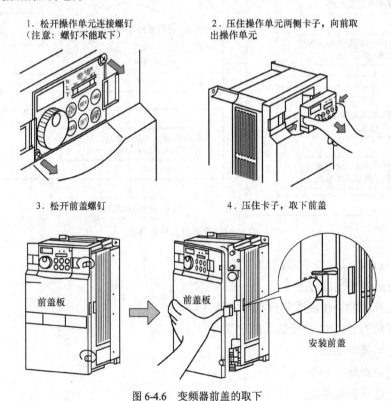

图 6-4.6　变频器前盖的取下

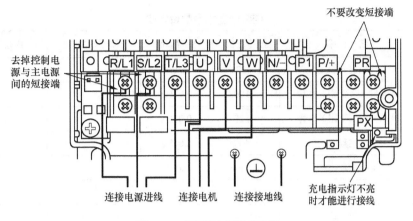

图 6-4.7 变频器主回路的连接

## 二、参数的初始化与设定

### 1. 变频器参数的初始化

通常而言，变频器调试时需要通过图 6-4.8 所示的"参数全部清除"操作进行参数的初始化，将所有参数回到出厂默认设定值。如 ALLC 设定 1 后变频器显示报警 Er4，表明变频器的参数被保护或变频器未选择操作单元（PU）运行模式。

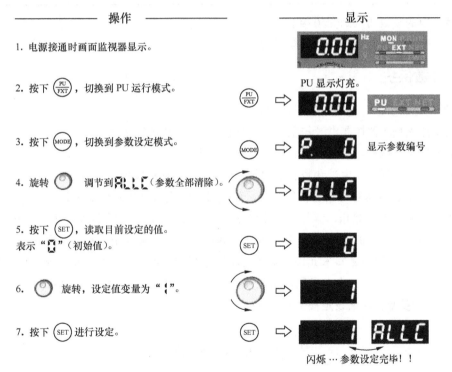

图 6-4.8 FR-700 变频器参数的初始化

### 2. 变频器参数设定操作

① 根据项目八/任务三的变频器型号与电机规格，参照前述说明，设定 FR-A700 系列变频器在 *V/f* 控制方式下的参数，并填写表 6-4.1。

表 6-4.1 变频器基本参数设定表

| 参数号 Pr | 名　称 | 设定范围 | 设定单位 | 应选择的功能 | 应设定的参数值 |
|---|---|---|---|---|---|
| 0 | 转矩提升设定 | 0～30.0 | 0.1% | | |
| 1 | 最大输入（上限）频率 | 0～120.0 | 0.01Hz | | |
| 2 | 最小输入（下限）频率 | 0～120.0 | 0.01Hz | | |
| 3 | 额定频率 | 0～400.0 | 0.01Hz | | |
| 9 | 电机额定电流 | 0～500 | 0.01A | | |
| 14 | 负载性质选择 | 0～5 | — | | |
| 71 | 电机类型选择 | 0～24 | — | | |
| 73 | 模拟量输入端功能定义 | 0～15 | — | | |
| 79 | 操作模式选择 | 0～8 | — | | |
| 125 | 模拟量输入增益 | 0～400.0 | 0.01Hz | | |
| 340 | 操作模式选择 | 0～12 | — | | |
| 570 | 负载类型选择 | 0～3 | — | | |
| … | | | | | |

② 将表中的参数写入到变频器中。

③ 关闭变频器控制电源，并重新启动。

### 三、参数保护

参数设定完成后，可进行如下运行试验。

① 依次加入变频器控制电源与主电源，通过 CNC 指令进行运行试验。

② 调节增益、偏移等，使得实际转速与指令一致。

③ 动作全部正确后，通过参数 Pr 77 的如下设定进行参数保护。

Pr 77 = 0：变频器运行时禁止参数写入，但变频器停止时可写入全部参数。

Pr 77 = 1：参数写入禁止，但与变频器操作、保护功能设定相关的参数如 Pr 75（PU 复位与停止选择）、Pr 77（参数保护设定）、Pr 79（操作模式选择）、Pr 160（用户参数读出）仍可以修改。

Pr 77 = 2：变频器参数写入允许，即使变频器运行时也可写入参数。但直接影响变频器当前运行状态的变频器参数如：电机参数、变频器控制参数、输入/输出功能定义参数、操作模式选择参数、运行保护参数、通信设定参数等禁止写入。

## 检 查 & 评 价

根据实践操作步骤，检查每一步的状态显示；对于操作错误，对照三菱公司技术资料，分析实践操作出现故障的原因并进行排除。

# 学习领域三
# 机电一体化系统

# 项目七
# PLC 控制系统

可编程序控制器（Programmable Logic Controller，PLC），是随着科学技术的进步与生产方式的转变，为适应多品种、小批量生产的需要，而产生、发展起来的一种新型的工业控制装置。PLC从 1969 年问世以来，虽然至今只有不到 50 年时间，但由于通用性好、可靠性高、使用方便，因而在工业自动化各领域得到了广泛的应用。曾经有人将 PLC 技术与数控技术（CNC）、CAD/CAM技术、工业机器人技术并称为现代工业自动化技术的四大支柱。

PLC 是机电一体化设备最为常用的控制器，特别在开关量逻辑顺序控制上，具有不可替代的优势。为了适应信息技术的发展与工厂自动化的需要，当代 PLC 的功能正在不断开发与完善，并开发了适用于过程控制、运动控制的特殊功能模块，应用范围开始拓展到工业自动化的全部领域；与此同时，PLC 的网络功能正在迅速完善，它为工厂自动化奠定了基础。

## |任务一  熟悉 PLC 控制系统|

## 能 力 目 标

1. 了解 PLC 的特点与功能。
2. 了解 PLC 的组成、结构与产品。
3. 掌握 PLC 的工作原理。

## 工 作 内 容

学习后面的内容，并回答以下问题。

1. PLC 有什么特点与功能？它是怎样工作的？
2. PLC 控制系统由哪些部分组成？
3. PLC 有哪些结构形式？三菱小型 PLC 有哪些产品系列？各采用什么结构？

# 相 关 知 识

## 一、PLC 的特点与功能

### 1. PLC 的特点

可编程序控制器（Programmable Logic Controller，PLC）是在"继电—接触器控制系统"的基础上发展起来的一种机电一体化控制装置，它是机电一体化产品开关量逻辑顺序控制的首选控制装置。与其他工业控制装置相比，PLC 具有以下显著特点。

① 可靠性高。硬件设计上，PLC 的主要元器件一般都采用高可靠性的器件，并通过"光耦"器件、开关电源等，使内外电路做到了"电隔离"，较好地消除了电网波动的影响；在软件设计上，采用面向用户的专用编程语言（如梯形图）与特殊的"循环扫描"工作方式，不但程序编制简单方便，而且用户程序与系统程序相对独立，不会出现"死机"类故障。因此，PLC 对工作环境的要求低、抗干扰能力强、平均无故障工作时间（MTBF）长。

② 通用性好。PLC 一般采用基本单元加扩展或模块化的结构形式，输入/输出点数、形式等都可根据需要选择与增减；动作可通过用户程序改变；故可方便地适应不同控制系统的要求。PLC所使用的梯形图等编程语言简洁、明了，没有计算机知识的人容易掌握，其推广与普及比其他控制装置更容易。

### 2. PLC 基本性能

衡量 PLC 性能的主要技术指标有可控制的 I/O 点、用户程序存储器容量（包括辅助继电器/定时器/计数器等编程元件的数量）、应用指令数量、基本逻辑指令执行时间等。

① 可控制的 I/O 点。PLC 主要用于开关量逻辑顺序的控制，其输入（行程开关、无触点开关等）与输出（电磁阀、接触器线圈）只有通/断两种状态，它们可用一个二进制位表示，故称"I/O点"。PLC 可控制的 I/O 点数决定了 PLC 控制系统的规模，它是描述 PLC 性能的主要指标，人们一般将 256 点 I/O 以下的 PLC 称为小型 PLC；256~1 024 点 I/O 的 PLC 称为中型 PLC；大于 1 024点 I/O 的 PLC 称为大型 PLC。

② 用户程序存储器容量。存储器容量是指 PLC 可存储的设备控制软件（用户程序）的长度。存储器容量一般以"程序步"为单位描述，"一步"是指一条基本逻辑运算指令所占用的二进制位数。存储器容量越大，用户程序就可以越复杂，PLC 的软件功能也就越强。

③ 应用指令数量。在 PLC 上，将"与"、"或"、"非"等运算及结果输出等简单逻辑指令称为基本指令，而将用来实现定时、计数、算术运算等处理的指令称为"应用指令"，应用指令越多，程序编制就越方便，它是衡量 PLC 使用性能的技术指标。

④ 基本逻辑指令执行时间。指令执行时间是反映 PLC 运算速度的技术指标，不同指令的执行时间有很大的区别，因此，PLC 一般以执行一条基本逻辑指令的时间作为衡量指标。

### 3. PLC 的功能

PLC 主要具备逻辑顺序控制、速度/位置控制与通信网络控制 3 方面功能。

逻辑顺序控制是 PLC 的基本功能。它可以根据按钮、行程开关、接触器触点等开关量输入的状态，通过逻辑运算与处理，实现指示灯、电磁阀、接触器线圈等执行元件的通/断控制。

速度/位置控制功能是 PLC 的扩展功能，一般需要通过 A/D 与 D/A 转换、定位控制等特殊功能模块来实现。通过特殊功能模块，PLC 可像 CNC 一样连接伺服驱动器、变频器等控制装置，实现速度/位置控制；也可连接编码器、光栅等检测装置以实现闭环控制。

网络与通信功能是 PLC 与 PLC、PLC 与其他控制装置、PLC 与上级控制计算机之间的网络互联功能，通过网络控制不但可组成设备内部网络系统，而且还可构成大型工厂自动化控制系统。

## 二、系统组成与 PLC 结构

### 1．PLC 控制系统的组成

PLC 控制系统的组成如图 7-1.1 所示。

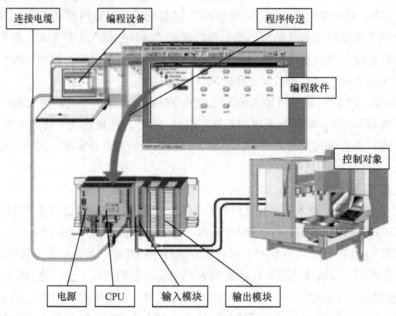

图 7-1.1　PLC 控制系统的组成示意图

在 PLC 逻辑顺序控制系统中，机械运动部件为 PLC 的控制对象，执行装置一般为液压/气动阀；检测装置一般为各类位置、状态检测开关。PLC 控制装置（PLC 主机，简称 PLC）由电源、CPU、输入/输出模块等组成。设备的操作、控制、检测信号称 PLC 的输入，它们与 PLC 输入模块连接；状态指示灯、电磁阀、接触器线圈等称 PLC 的输出，它们连接到 PLC 的输出模块上。

编程软件与编程设备是 PLC 编程、调试、维修的基本工具与故障诊断设备，它们可以是专用编程器、安装了 PLC 专用软件的计算机等，触摸屏、文本单元也可用于简单调试与一般故障诊断。

### 2．PLC 的结构形式

根据系统的规模与要求，PLC 可以选择固定 I/O 型、基本单元加扩展型、模块式、集成式、分布式 5 种基本的结构形式。

（1）固定 I/O 型

这是一种整体结构、I/O 点数固定的小型 PLC 或微型 PLC，CPU、存储器、电源、输入/输出接口、通信接口等都安装于基本单元上，I/O 点数不能改变，无扩展模块接口（见图 7-1.2）。

固定 I/O 型 PLC 结构紧凑、体积小、安装简单，但品种、规格较少，适用于 I/O 点数较少（10～30 点）的机电一体化设备或仪器的控制。作为功能的扩展，此类 PLC 一般可在 CPU 上安装少量的通信接口、显示单元、模拟量输入等简单选件，以扩展部分功能。

（2）基本单元加扩展型

这是一种由 I/O 点数固定的基本单元与可选的扩展 I/O 模块构成的小型 PLC，CPU、存储器、电源、固定数量的输入/输出接口、通信接口等均安装于基本单元上；基本单元可通过扩展接口连接 I/O 扩展模块与功能模块，进行 I/O 点数与功能的扩展（见图 7-1.3）。

 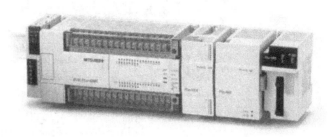

图 7-1.2　固定 I/O 型 PLC　　　　　　　　　图 7-1.3　基本单元加扩展型 PLC

基本单元加扩展型 PLC 的基本单元结构紧凑、体积小、I/O 点数固定，可以独立使用；扩展模块自成单元，不需要安装基板，扩展后的最大 I/O 点可达 256 点以上；功能模块规格有模拟量输入/输出、位置控制、温度测量与调节、网络通信等；它是小型 PLC 的常用结构，在机电一体化产品中的用量最大。

（3）模块式 PLC

模块式 PLC（见图 7-1.4）是大中型 PLC 的常用结构，PLC 的各组成部件以"模块"的形式安装于基板上；基板除用来安装、固定 PLC 的组成模块外，通常还带有内部连接总线，模块通过内部总线构成整体。

图 7-1.4　模块式 PLC 示意图

模块式 PLC 的全部模块均可由用户自由选择，配置灵活；I/O 点可达 1 024 点以上；功能模块数量众多；可用于复杂机电一体化产品与自动线控制。

（4）集成式 PLC

集成式 PLC（也称内置式 PLC）一般作为 CNC 系统的辅助控制器使用，用来实现数控机床的开关量控制功能。

简单 CNC 系统的内置 PLC 与 CNC 共用 CPU，输入/输出以 I/O 模块的形式安装，模块的点数较多、用途单一、输入/输出规格固定；一般无特殊功能模块（见图 7-1.5）。大型 CNC 系统的 PLC 结构与模块式 PLC 相同，PLC 与 CNC 可通过总线进行网络连接，PLC 有独立的 CPU，I/O 模块类似模块式 PLC。

集成式 PLC 可借助 CNC 的面板进行程序编辑、调试与监控；PLC 有大量地址固定的 CNC 与 PLC 内部信号及适合于 CNC 特殊控制的功能指令，如辅助功能译码、刀具自动交换控制等；在编程时必须了解 PLC 与 CNC 之间的内部信号关系。

（5）分布式 PLC

这是一种用于大型设备远程控制的 PLC，PLC 可通过"主站模块"与总线实现对远程 I/O（从站）的控制；组成模块可分布（安装）在远离主机的场所，并通过从站模块与 PLC 主机链接构成 PLC 网络控制系统（见图 7-1.6）。

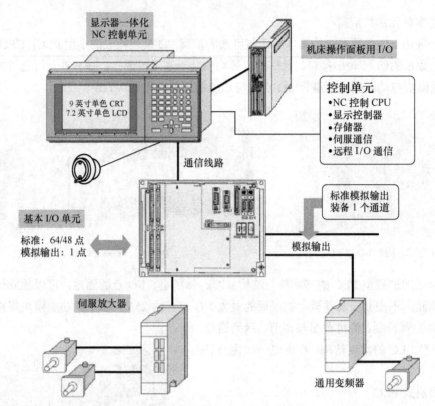

图 7-1.5  带集成式 PLC 的 CNC 系统

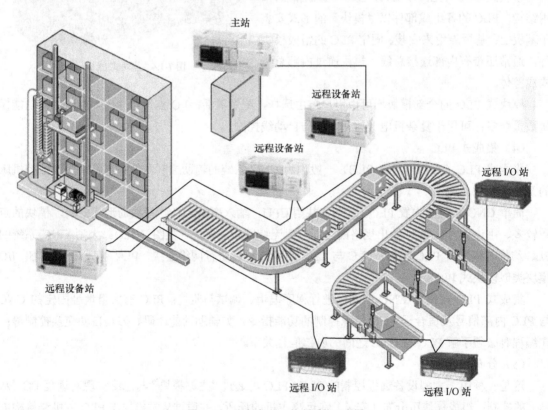

图 7-1.6  分布式 PLC 控制系统示意图

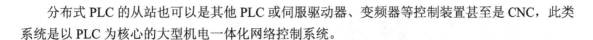

分布式 PLC 的从站也可以是其他 PLC 或伺服驱动器、变频器等控制装置甚至是 CNC，此类系统是以 PLC 为核心的大型机电一体化网络控制系统。

### 三、PLC 的工作原理

PLC 的程序执行过程与一般的通用计算机有很大的不同。当 PLC 用于开关量逻辑程序控制时，其执行过程可分为输入采样、执行程序、通信处理、CPU 诊断、输出刷新 5 个基本步骤，并不断重复执行（见图 7-1.7）。

① CPU 诊断（Perform the CPU Diagnostics）。这是指 CPU 对 PLC 硬件、模块的连接、存储器状态、用户程序等进行的检查与监控，称为 PLC 自检。如果自检过程中发现异常，PLC 将进行停止运行、报警、在内部产生出错标志等处理。在程序执行过程中，CPU 具有程序循环时间监控功能，可防止程序错误引起的"死循环"。

② 通信处理（Process any Communications Requests）。CPU 可以接收通信接口的输入数据或向外部发送数据，实现通信功能。PLC 工作时需要进行通信检查与处理，以决定是否需要与外部设备或网络设备进行数据交换。

③ 输入采样（Reads the inputs）。输入采样是 PLC 输入的集中批处理过程。在输入采样阶段，CPU 一次性读取全部输入信号，并将输入状态保存到输入暂存器中，输入暂存器的状态称"输入映像"。输入采样的信号读入是全面与彻底的，它与输入端是否实际连接有信号无关，换言之，即使输入端没有使用，其状态同样被读入（信号状态为"0"）。所读入的"输入映像"状态将一直保持到下次输入采样来到。输入采样存在一定的时间间隔（1 个 PLC 循环周期），因此，不能用于频率高、周期短（小于 2 倍 PLC 循环时间）的脉冲信号输入，高频脉冲输入必须用 PLC 专用的高速输入端或者高速计数器模块。

④ 执行用户程序（Execute the Program）。PLC 根据用户程序，对输入映像、输出映像、辅助继电器等进行逻辑运算、算术运算、数据处理操作。程序处理的结果可立即写入 PLC 内部的辅助继电器、输出寄存器、数据寄存器等状态寄存器中。寄存器的状态可马上被后面的程序使用，无需等待下次循环，但一般不能直接向外部输出。在一个 PLC 循环中，除非再次对寄存器进行赋值（称"多重线圈"编程），否则不能改变已有的寄存器状态。

⑤ 输出刷新（Writes to the Outputs）。输出刷新是 PLC 的输出集中批处理过程。在该阶段，CPU 可以一次性将用户程序的处理结果（输出暂存器的状态，称输出映像）输出到外部，以控制执行元件动作。PLC 的状态输出是集中、统一进行的，虽然在用户程序执行过程中"输出映像"的状态可能不断改变（使用"多重线圈"时），但最终向外部输出的状态总是唯一的，它是用户程序全部执行完成后最终的"输出映像"状态。输出刷新同样存在一定的时间间隔（1 个 PLC 循环周期），因此，不能输出频率高、周期时间短的高速脉冲信号，高频脉冲输出必须使用 PLC 专用的高速输出端或高速脉冲输出模块。

以上处理过程中的通信处理、CPU 诊断为 PLC 的公共处理部分，它与用户程序执行无直接的关联，如从理解 PLC 程序的执行过程方面考虑，可认为 PLC 实际进行的是输入采样、执行程序、输出刷新 3 个基本步骤（见图 7-1.8）。

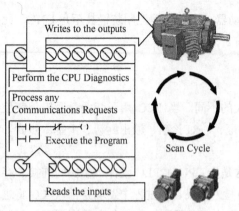

图 7-1.7　PLC 的扫描循环

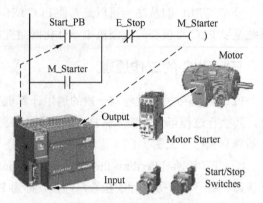

图 7-1.8　用户程序的执行过程

## 实 践 指 导

### 一、FX 系列 PLC 简介

#### 1．产品系列

FX 系列 PLC 是日本三菱公司在 F 系列 PLC 基础上发展起来的小型 PLC 产品（见图 7-1.9），主要有 FX1S/1N/2N/3U 4 种基本型号，性能依次增强。系列产品中的 FX1S 为整体固定 I/O 结构，FX1N/2N/3U 均为基本单元加扩展的结构，它是目前小型 PLC 市场的主导产品之一。

FX1S 属于简易 PLC，它只能在基本单元上安装简单内置扩展板，进行通信接口与模拟量输入/输出的功能扩展。FX1NC/2N/3U 系列可使用大量的模拟量输入/输出、定位控制等模块，可实现速度/位置控制功能，此外，还可通过 PID 调节功能与模拟量输入/输出、温度测量与控制等特殊功能模块，组成过程控制系统。

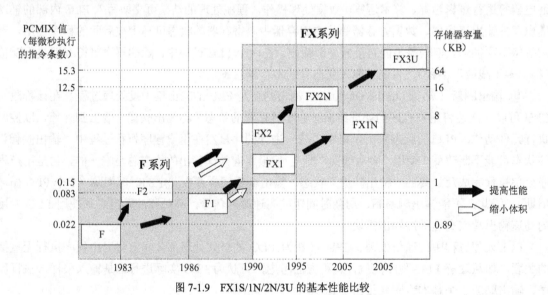

图 7-1.9　FX1S/1N/2N/3U 的基本性能比较

FX1S 系列 PLC 可通过 RS232/RS485/RS422 串行接口与外设进行"点到点"通信，但不具备网络控制功能；FX1NC/2N/3U 系列 PLC 可通过网络主站模块构成以 FX1NC/2N/3U 为核心（主站）

的分布式 PLC 控制系统，或通过从站模块接入到其他网络系统中。

### 2．基本性能

FX1S/1N/2N/3U 系列 PLC 的主要技术指标如表 7-1.1 所示。

表 7-1.1　　　　　　　　FX1S/1N/2N/3U 系列 PLC 主要技术性能

| 项　目 | | 基 本 参 数 | | | |
| --- | --- | --- | --- | --- | --- |
| | | FX1S | FX1N | FX2N | FX3U |
| 最大输入点 | | 16+4（内置扩展板） | 128 | 184 | 248 |
| 最大输出点 | | 14+2（内置扩展板） | 128 | 184 | 248 |
| I/O 点总数 | | 30（34，内置扩展板） | 128 | 256 | 主机 I/O：256<br>包括远程 I/O：384 |
| 最大程序存储器容量/步 | | 2k | 8k | 16k | 64k |
| 基本逻辑指令执行时间/μs | | 0.7 | 0.7 | 0.08 | 0.065 |
| 基本输入 | | DC24V/5～7mA，源/汇点输入 | | | |
| 基本输出 | | DC24V/0.5A 晶体管集电极开路输出或 DC30V/AC250V，2A 继电器接点输出 | | | |
| AC100V 输入/双向晶闸管输出 | | — | — | ● | — |
| I/O 扩展性能 | | 内置扩展板 | 扩展单元+扩展模块 | | |
| 特殊功能模块 | 模拟量输入/输出模块 | 2 点（内置扩展板） | ● | ● | ● |
| | 高速计数、定位模块 | — | — | ● | ● |
| | 网络功能 | — | ● | ● | ● |
| 输入电源 | | AC85～264V 或 DC20.4～26.4V | | | |

●：功能可以使用；—：无此功能。

## 二、FX 系列 PLC 的规格与型号

### 1．基本单元

FX 系列 PLC 基本单元的型号如下：

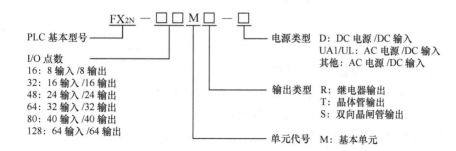

FX1S 基本单元有 10/14/20/30 点 4 种规格；FX1N 的基本单元有 24/40/60 点 4 种规格，扩展后的最大 I/O 点可达 128 点；FX2N 基本单元有 16/32/48/64/80/128 点 6 种规格，扩展后的最大 I/O 点可达 256 点；FX3U 基本单元有 16/32/48/64/80/128 点 6 种规格，扩展后主机控制的最大 I/O 点

为 256 点，链接远程 I/O 从站时，最大 I/O 点数可达 384 点。

### 2. I/O 扩展单元

FX 系列 I/O 扩展单元有 32/48 点 I/O 两种规格，单元型号如下：

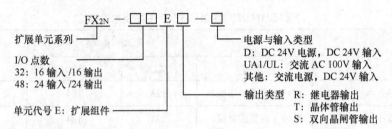

### 3. I/O 扩展模块

FX 系列 I/O 扩展模块的规格较多，单个模块的最大 I/O 点为 16 点，模块型号如下：

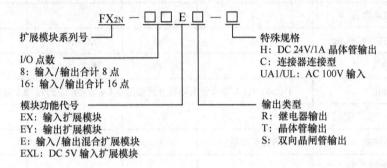

# 任务二  掌握 PLC 连接技术

## 能 力 目 标

1. 了解基本单元加扩展型 PLC 的硬件组成。
2. 掌握 PLC 的输入/输出连接方法。
3. 能够连接三菱 FX 系列 PLC 的硬件。

## 工 作 内 容

学习后面的内容，并回答以下问题。

1. 基本单元加扩展型 PLC 由哪些硬件组成？各有何特点？
2. 直流汇点输入与源输入的区别是什么？
3. 继电器触点输出与晶体管输出的区别是什么？各适用于什么场合？
4. 选择三菱 PLC 型号，并设计一个无人看管道口信号灯控制线路草图；PLC 的控制输入为启动、停止按钮，输出为 AC220V/60W 红、绿、黄三色信号灯。

# 相 关 知 识

## 一、PLC 硬件

基本单元加扩展型 PLC 是机电一体化产品常用的 PLC，它由图 7-2.1 所示的基本单元、内置扩展选件、存储器扩展盒、I/O 扩展模块、特殊功能模块、通信适配器等部分组成。

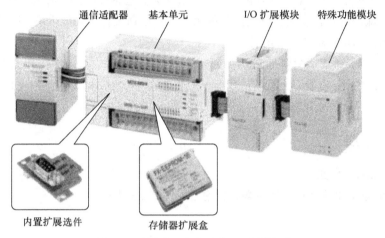

图 7-2.1 基本单元加扩展的 PLC 硬件组成

① 基本单元。基本单元是 PLC 的核心，它安装有中央处理器（CPU）、存储器、电源、输入/输出接口、通信接口等硬件以及 PLC 操作系统、用户程序等软件。基本单元有集成、固定点数的 I/O，可以独立使用；扩展选件需要通过扩展接口与电缆和基本单元连接。

② I/O 扩展模块。I/O 扩展模块用来增加 PLC 的 I/O 点，模块需要基本单元或扩展单元提供电源。PLC 的 I/O 扩展模块规格通常较多，既可以是单独的输入扩展或单独的输出扩展，也可是输入/输出混合扩展。

③ I/O 扩展单元。I/O 扩展单元与 I/O 扩展模块的作用相同，但它带有独立的电源，扩展单元不但不消耗基本单元的电源，而且还可以为其他扩展模块提供电源（见图 7-2.2）。I/O 扩展单元的 I/O 点数、规格、外部电源供电方式可根据需要选择，扩展单元的输入/输出连接方式、连接端布置与同规格的基本单元相似。

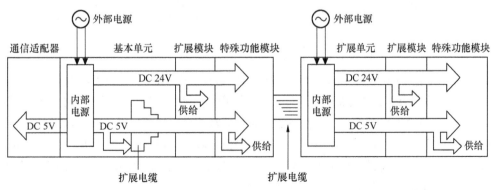

图 7-2.2 PLC 的电源供给

④ 内置扩展选件与附件。内置扩展选件与附件是指直接安装在 PLC 基本单元上的扩展选件，

通常包括通信接口、存储器扩展盒、电池等，一般用于整体固定 I/O 型 PLC。

⑤ 网络扩展模块。PLC 网络扩展模块分主站模块与从站模块两类。PLC 选配主站模块后，既可作为分布式 PLC 控制系统的主站链接远程 I/O 模块（I/O 从站）构成分布式 PLC 控制系统，也可链接其他 PLC、变频器等远程设备构成简单 PLC 网络系统。PLC 通过选配从站模块，可作为 PLC 网络从站，链接到其他 PLC 网络控制系统中。

⑥ 特殊功能模块。PLC 的特殊功能模块种类较多，它包括温度测量与调节模块（A/D 转换）、高速计数、脉冲输出与定位模块、位置控制单元等。PLC 通过特殊功能模块，其应用领域可以向传统的 CNC 控制、DCS 控制领域拓展。

⑦ 通信适配器。通信适配器是 PLC 的通信接口转换模块，它可以进行 PLC 通信接口的转换与扩展，增强 PLC 的通信能力。通信适配器一般安装在 PLC 基本单元的左侧（其他扩展模块均安装于右侧），它不需要占用 PLC 的 I/O 点。

## 二、PLC 连接

### 1. PLC 连接端布置

小型 PLC 的基本单元外形与连接端布置通常如图 7-2.3 所示。

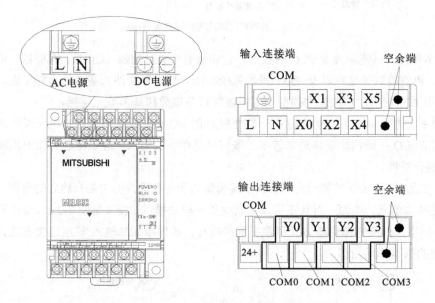

图 7-2.3　PLC 的外形与连接端布置

PLC 的电源输入端位于左上方，交流输入的连接端标记为 L、N；直流输入为"+""−"。开关量输入连接端位于 PLC 的上部，输入公共连接端用"COM"表示，所有输入公共端内部互连、作用相同；空余的输入端以"●"标记。PLC 的开关量输出连接端位于下部，输出公共连接端用"COM$n$"（$n$ 为后缀），公共端与使用该公共端的输出一般以"粗框"分组隔离；输出公共端相互独立。在部分 PLC 上，还设计有用于外部传感器的 DC24V 电源输出端，24V 端的标记为"24+"、0V 端的标记为"COM"，连接端通常位于 PLC 的左下方。

PLC 的输入电源通常有 AC100/200V 与 DC24V 两种，PLC 对电源电压的要求较低，AC100/200V 输入的允许范围为 AC85～264V；DC24V 的输入范围为 DC20.4～26.4V。

### 2．输入连接

PLC 以直流输入为常用，输入连接形式有汇点输入、源输入及汇点/源输入通用 3 种。

（1）汇点输入

汇点输入是由 PLC 提供输入信号电源、全部输入信号的一端汇总到输入公共端（COM）的输入连接形式，常见于日本生产的 PLC。汇点输入不需要外部输入驱动电源，输入电流由 PLC 向外部"渗漏"，故在资料上有时称"漏形输入（Sink input）"。

汇点输入的接口电路原理如图 7-2.4 所示，当输入接点 K2 闭合时，PLC 的 DC24V 通过光耦、限流电阻、输入接点与公共端 COM（0V）构成回路，接点闭合时为"1"信号输入。

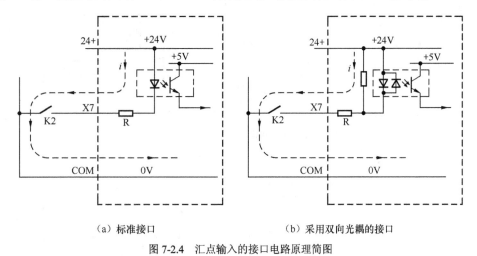

（a）标准接口　　　　　　　　　　　　（b）采用双向光耦的接口

图 7-2.4　汇点输入的接口电路原理简图

（2）直流源输入

源输入（Source input）是一种需要输入提供驱动电源的"有源"输入连接方式，接口电路原理如图 7-2.5 所示，当输入接点 K2 闭合时，DC24V 通过光耦、限流电阻、输入触点与公共端 COM（0V）构成回路，接点闭合时为"1"信号输入。

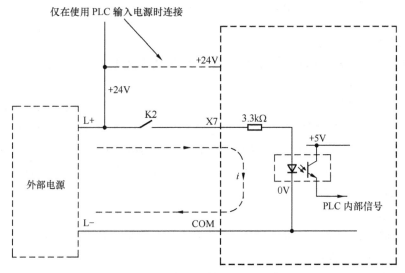

图 7-2.5　源输入的接口电路原理简图

（3）汇点/源通用输入

"汇点/源通用输入"是一种可以根据外部要求连接"源输入"或"汇点输入"的连接方式，其输入公共端 COM 与 PLC 的内部电路无连接，因此可通过变更公共端的输入连接来进行汇点输入与源输入转换。"汇点/源通用输入"需要采用双向光耦，其内部接口电路原理如图 7-2.6 所示。

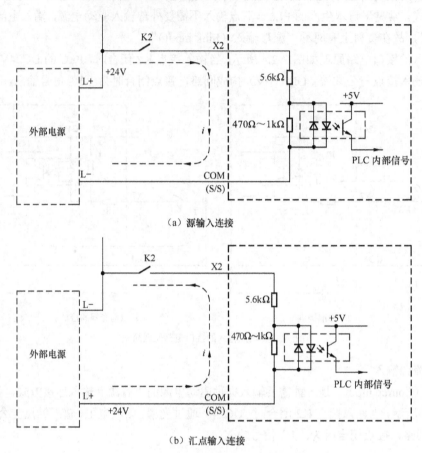

（a）源输入连接

（b）汇点输入连接

图 7-2.6　汇点/源通用输入的原理简图

### 3．输出连接

PLC 的输出以继电器触点输出与直流晶体管（或场效应晶体管）为常用。

（1）继电器触点输出

继电器触点输出使用灵活，既可用于驱动交流负载，也可驱动直流负载；驱动能力一般为 AC250V/DC50V、2A。继电器输出触点有使用寿命（数十万次）与响应速度（10ms 左右）的限制，不宜用于高频输出与电磁阀、制动器等大电流负载驱动。继电器输出有触点独立输出与共用公共端（见图 7-2.7，COM1、COM2 为公共端）两种。连接感性负载时，应在负载两端加过电压抑制二极管（DC 负载）或 RC 抑制器（AC 负载）。

（2）晶体管输出

晶体管输出响应速度快（0.2ms 以下）、使用寿命长，但驱动能力一般小于继电器触点输出，一般为 DC5～30V/0.2～0.5A。

晶体管输出图 7-2.8（a）所示的 NPN 集电极开路"汇点输出"与图 7-2.8（b）所示的 PNP 集电极开路"源输出"两种，外部连接要求和继电器接点输出基本相同。

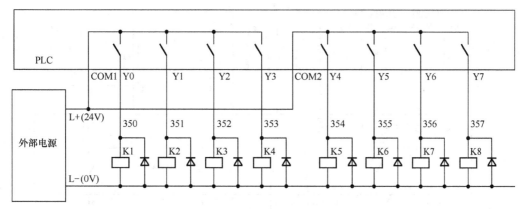

图 7-2.7 触点输出与外部的连接

汇点输出与源输出的公共端的连接要求不同。NPN 集电极开路输出以 0V 作为输出公共端，负载电流汇入 PLC 的公共端 COM；PNP 集电极开路输出以 24V 作为输出公共端，负载电流统一从 COM 端流入，并通过输出点输出到负载上。

晶体管输出只能驱动直流负载，与继电器输出一样，当连接感性负载时，为了防止过电压冲击，同样应在负载两端加过电压抑制二极管；应特别注意续流二极管的极性，极性错误将引起 PLC 输出的直接短路，损坏 PLC。

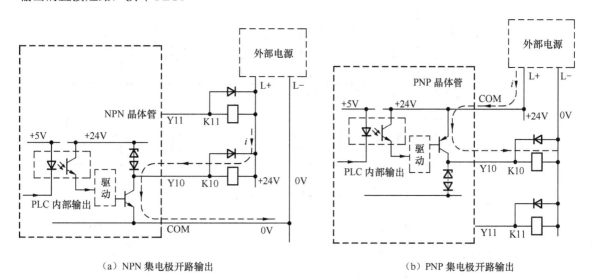

（a）NPN 集电极开路输出　　　　　　　　（b）PNP 集电极开路输出

图 7-2.8 晶体管输出与外部的连接

## 实 践 指 导

### 一、FX 系列 PLC 的 I/O 连接

FX 系列 PLC 以汇点输入/继电器触点输出、汇点输入/晶体管输出为常用，基本单元连接要求如图 7-2.9 所示；PLC 的输入/输出规格如表 7-2.1、表 7-2.2 所示。

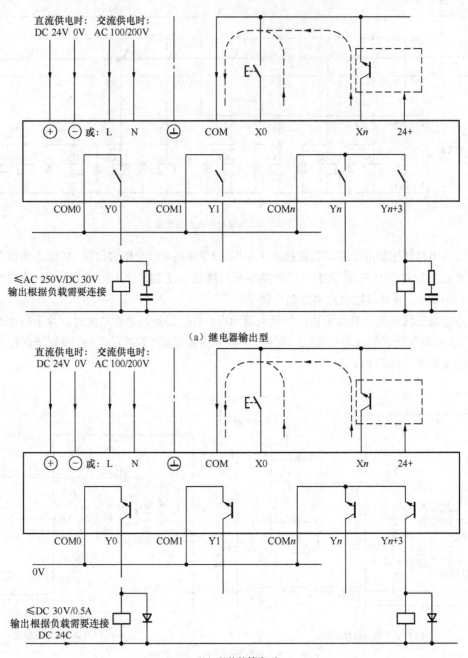

（a）继电器输出型

（b）晶体管输出型

图 7-2.9　FX 系列 PLC 的基本单元连接

表 7-2.1　　　　　　　　　　　FX 系列 PLC 的输入规格表

| 项　目 | 规　格 |
|---|---|
| 输入电压 | DC24V，−15%～+10% |
| 输入电流 | 高速输入：7mA/24V；一般输入：5mA/24V |
| 输入 ON 电流 | 高速输入：≥4.5mA/24V；一般输入：≥3.5mA/24V |
| 输入 OFF 电流 | ≤1.5mA |
| 输入响应时间 | 一般输入，≈10ms；X0/X1，≈10μs；X2，≈50μs |

| 项　　目 | 继电器输出 | 晶体管输出 |
|---|---|---|
| 输出电压 | AC 电源，≤250V；DC 电源，≤30V | DC5～30V |
| 最大输出电流 | 电阻负载：2A/点 | 电阻负载：0.5A/点；0.8A/4 点 |
| 感性负载容量 | ≤80VA/点 | ≤12VA/点 |
| 电阻负载功率 | ≤100W/点 | ≤15W/点 |
| 输出最小负载 | 2mA/DC5V | — |

表 7-2.2　　　　　　　　　　　　FX 系列 PLC 的输出规格表

## 二、PLC 与接近开关的连接

汇点输入可按照图 7-2.10（a）所示的方法与 NPN 集电极开路输出的接近开关直接连接；但与 PNP 集电极开路接近开关连接时需要增加图 7-2.10（b）所示的"下拉电阻"，下拉电阻的阻值通常为 1.5～2kΩ。

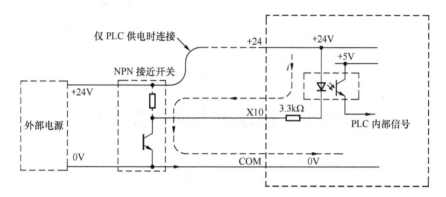

（a）NPN 接近开关连接

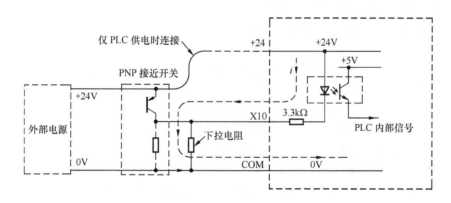

（b）PNP 接近开关连接

图 7-2.10　汇点输入与接近开关的连接

源输入可按照图 7-2.11（a）所示的方法与 PNP 集电极开路输出的接近开关直接连接；但与 NPN 集电极开路接近开关连接时需要增加图 7-2.11（b）所示的"上拉电阻"，上拉电阻的阻值通常为 1.5～2kΩ。

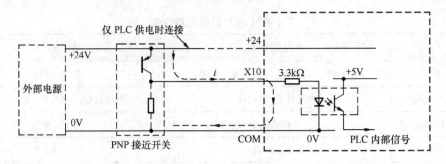

（a）PNP 接近开关连接

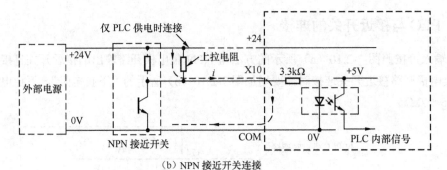

（b）NPN 接近开关连接

图 7-2.11　源输入与接近开关的连接

# 任务三　掌握梯形图编程技术

## 能 力 目 标

1. 了解 PLC 的编程语言。
2. 掌握逻辑操作指令的梯形图编程。
3. 掌握定时器、计数器的梯形图编程。

## 工 作 内 容

学习后面的内容，并回答以下问题。

1. PLC 常用的编程语言有哪些？为什么有了图形编程语言后还要用指令表进行编程？
2. PLC 指令由哪两部分组成？其作用是什么？
3. 叙述 PLC 等效电路与继电器线路的区别。
4. 编制无人看管道口绿灯亮 45s、闪烁 3s、暗 48s 的循环控制程序。

## 相 关 知 识

### 一、指令与编程元件

所谓 PLC 编程，其实质是运用 PLC 规定的编程语言，将控制对象的控制条件与动作要求转化为 PLC 可识别的指令的过程，这些指令的集合称为"PLC 用户程序"，简称 PLC 程序，PLC 程序经过 CPU 的处理便可获得要求的执行元件动作。

PLC 程序设计是灵活多变的，程序可以形式多样。PLC 程序采用何种设计方法、何种编程语言并不重要，但设计的程序必须能满足控制要求，且简洁明了。

### 1．PLC 指令

用户程序是 PLC 指令的集合，不同编程语言只是形式上的区别，指令是 PLC 程序最基本的元素，编程的本质是运用编程语言编写指令的过程。

PLC 指令有逻辑运算、数据比较与转换、数学运算、功能指令多种，指令由"操作码"与"操作数"两部分组成（见图 7-3.1），指令的集合称为指令表程序。

图7-3.1 指令的组成

指令中的操作码又称为指令代码，以英文字母或字符表示（如 LD、AND、OUT 等），用来定义 CPU 需要执行的操作；操作数又称操作对象，它可以是"地址"或"常数"，用来定义操作的对象；通俗而言，操作码告诉 CPU 要做什么，而操作数则告诉 CPU 用什么去做。操作码是唯一、且必不可少的；操作数则可多可少，甚至没有。

### 2．编程元件

PLC 程序的操作对象众多，操作数要用不同的符号（称地址）区分；同类操作数以后缀的数字区分。区分操作对象的地址习惯称"编程元件"或"软元件"，PLC 常用的编程元件有以下几种。

① 输入继电器 X。输入继电器代表输入信号，它一般以二进制位的形式参与逻辑运算。输入继电器通常按"字节"（8 位二进制）进位，因此，后缀的数字一般不能为"8"与"9"（见图 7-3.2）。输入继电器是输入信号的"映像"，程序只能使用其"触点"，而不能对其赋值。

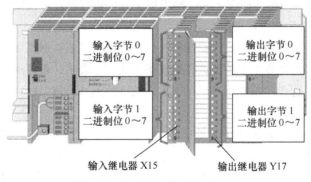

图 7-3.2 输入继电器与输出继电器

② 输出继电器 Y。输出继电器代表开关量输出信号，它一般以二进制位的形式参与逻辑运算，并以"字节"进位（见图 7-3.2）。输出继电器是输出状态的"映像"，有唯一对应的物理触点；在程序中既可对其线圈进行赋值，也可使用其"触点"。

③ 辅助继电器 M。辅助继电器用于程序中间状态的存储，按用途分为普通辅助继电器与特殊继电器两类。普通辅助继电器可在程序中任意使用，它除了无物理输出触点外，其他与输出继电器相同；特殊继电器有规定的功能，它可为 PLC 的状态标志（只读，只能使用触点）或程序执行控制信号（可读写，可使用触点或进行赋值），如 FX 系列 PLC 的 M8000 为程序运行标记，程序运行时为"1"；M8037 为程序停止控制信号，一旦为"1"PLC 将进入停止状态等。辅助继电器通常以十进制格式进位，故可以使用 M08、M90 等编号。

④ 定时器 T。定时器用于延时控制，当线圈状态为"1"时启动计时，计时到达或超过设定值时，触点接通；延时时间可通过程序设定与改变；延时单位与定时器号有关。定时器与辅助继电器的区别仅在于其触点为延时动作，其余相同。

⑤ 计数器 C。计数器用于计数控制，当输出线圈为"1"时启动计数，计数到达或超过设定值时，触点接通；计数器与定时器的区别在于触点接通条件不同，其余性质相同。

⑥ 数据寄存器 D。数据寄存器用来存储数值，每一数据寄存器可存储 16 位（1 字）二进制数据，相邻编号的数据寄存器组合使用可存储 32 位二进制数据（2 字）；当数值有符号时，最高位为符号位。数据寄存器一般以字为单位使用，编号按 10 进制格式连续排列。

### 3．PLC 的编程语言

PLC 对用户程序所使用的指令有规定的格式与要求，程序的表达形式称 PLC 的编程语言，梯形图、指令表、顺序功能图等均是 PLC 常用的编程语言。

（1）指令表

指令表（Statement list，STL 或 LIST）是一种使用助记符的 PLC 编程语言，程序是大量前述指令的集合。指令代码 LD、AND、ANI、OR、OUT 分别代表"读入""与""与非""或""输出"逻辑运算；操作数 X1、M2、Y1 等分别代表不同的逻辑运算对象（输入/输出、辅助继电器等）。

指令表是 PLC 应用最早、最基本的编程语言，不但任何 PLC 功能均可用指令表进行编程，用其他编程语言编写的程序在 PLC 上最终都要被转换到指令表；部分梯形图与其他编程语言无法表示的 PLC 程序，也需要用指令表才能编程；当梯形图编程出现错误时，有时需要转换成指令表后才能进行修改；因此，即使采用梯形图编程仍离不开指令表。

（2）梯形图

梯形图（Ladder Diagram，LAD）是一种沿用了继电器的触点、线圈、连线等图形与符号的图形编程语言，在 PLC 编程中使用最广泛。

梯形图程序操作数直接用触点、线圈等符号代替，"与""或"运算用触点的串、并联表示；逻辑"非"用"常闭"触点表示；逻辑运算结果用"线圈"表示，程序形式与继电—接触器系统电路十分相似。梯形图程序的特点是直观、形象，故障检测与维修方便，深受技术人员的欢迎。

（3）顺序功能图

顺序功能图（Sequential Function Chart，SFC）是一种按照工艺流程图进行编程的图形编程语言，适合于非电气类技术人员使用，近年来在 PLC 编程中已经开始逐步普及与推广。

顺序功能图的基本设计思想类似于"调用子程序"，设计者先按照生产工艺的要求，将机械动作划分为若干个工作阶段（称为工步，简称"步"），并对每一"步"所要执行的动作（输出）进行明确。在 PLC 程序中用编程元件（称状态元件），对每一步都赋予不同的标记，编程时通过对状态元件进行"置位"或者"复位"，选择需要执行的"步"。

总体而言，SFC 编程是一种基于机械控制流程的编程语言，但不同 PLC 在具体表现形式上有所不同。如为了保持 PLC 梯形图的风格，且又能与 SFC 程序有简单的对应关系，三菱公司采用了一种利用步进指令（STL）表示的 SFC 编程方法，其编程思路同 SFC，但每一"步"的动作则采用梯形图编程，故称为"步进梯形图"或"步进阶梯图"。

（4）逻辑功能图编程

功能块图（Function Block Diagram，FBD）是一种沿用了数字电子线路的逻辑门电路等符号的图形编程语言，"与""或""非""置位/复位"等逻辑运算均可用"与门""或门""非门""RS

触发器"等符号表示，程序形式与数字电路十分相似，使用十分方便，但是目前只有少数 PLC（如 SIEMENS）才具有 FBD 编程功能。

除以上常用编程语言外，在一些大中型 PLC 中，为完成复杂的运算或实现复杂的控制，有时还可以直接使用计算机的 BASIC、Pascal、C 等语言进行结构化编程。

## 二、梯形图程序的编制

### 1．基本逻辑处理指令

FX 系列 PLC 在梯形图编程与监控显示时的常用图形符号及意义如表 7-3.1 所示，PLC 的基本逻辑处理指令代码、功能、操作数及在梯形图上的符号与格式如表 7-3.2 所示。

表 7-3.1　　　　　　　　　　　　二进制逻辑图形以及代表的意义

| 符　号 | 代表的意义 | 常用的地址 |
|---|---|---|
| ─┤├─ | 常开触点，未接通 | X、Y、M、T、S |
| ─┤├─ | 常开触点，已接通 | X、Y、M、T、S |
| ─┤/├─ | 常闭触点，未接通 | X、Y、M、T、S |
| ─┤/├─ | 常闭触点，已接通 | X、Y、M、T、S |
| ─○┤ | 继电器线圈，未接通 | Y、M、T、S |
| ─○┤ | 继电器线圈，已接通 | Y、M、T、S |

表 7-3.2　　　　　　　　　　　　FX 系列 PLC 的基本逻辑处理指令

| 指令代码 | 功　能 | 操作数 | 梯形图表示 |
|---|---|---|---|
| LD | 逻辑状态读入累加器 | X、Y、M、T、C 触点 | |
| LDI | 逻辑状态"取反"后读入累加器 | X、Y、M、T、C 触点 | |
| AND | 操作数与累加器的内容进行"与"运算 | X、Y、M、T、C 触点 | |
| ANI | 操作数状态"取反"后与累加器的内容进行"与"运算 | X、Y、M、T、C 触点 | |
| OR | 操作数与累加器的内容进行"或"运算 | X、Y、M、T、C 触点 | |

续表

| 指令代码 | 功　能 | 操　作　数 | 梯形图表示 |
|---|---|---|---|
| ORI | 操作数状态取反后与累加器的内容进行"或"运算 | X、Y、M、T、C 触点 | |
| OUT | 累加器内容输出到指定线圈 | Y、M、T、C 线圈 | |
| INV | 累加器内容取反 | — | INV |
| SET | 置位，累加器为 1，输出"1"并保持 | Y、M 线圈 | SET |
| RST | 复位，累加器为 1，输出"0"并保持 | Y、M 线圈 | RST |
| NOP | 空操作，不进行任何处理 | — | |
| END | 程序结束 | — | END |

### 2. 等效工作电路

PLC 的梯形图程序可用图 7-3.3 所示的等效继电器控制线路进行描述。等效工作电路图由输入电路、内部控制与输出电路 3 部分组成。

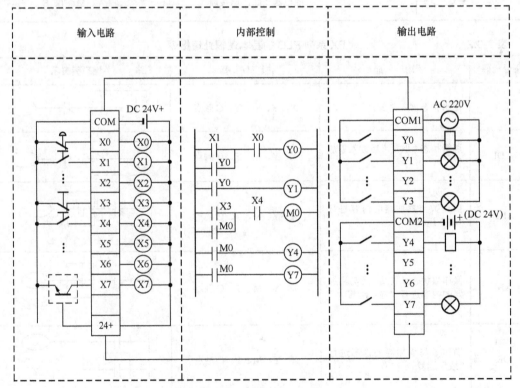

图 7-3.3　PLC 梯形图程序等效电路

① 输入电路。输入电路由外部输入信号与等效输入继电器组成。输入信号经输入模块与等效电路中的输入继电器连接（PLC 事实上无输入继电器，它们只是 PLC 中的"输入映像"信号）；输入继电器与输入信号——对应，当外部输入为"1"时，输入继电器"线圈"得电，内部控制电路中对应的输入触点"吸合"。由于"输入映像"可在程序中无限次使用，因此，可认为等效电路中的输入继电器触点也是无限的。输入继电器线圈一般不可用程序赋值。

② 输出电路。输出电路由输出触点与执行元件组成。输出触点经 PLC 的输出模块与执行元件连接，并由程序中的输出线圈驱动，输出线圈为"1"时触点接通（"常开"触点）；每一输出线圈只有一个用于驱动外部执行元件的触点。在 PLC 程序中，"输出映像"不仅可作为逻辑运算结果的输出线圈，而且可以无限使用其"触点"。

③ 内部控制。内部控制电路由 PLC 梯形图程序转化而来，它将 PLC 程序中的顺序控制逻辑转化成了普通的继电器控制线路。在内部控制电路中，PLC 的定时器、计数器同样可以用时间继电器、计数器进行等效，但其使用更加灵活，计时、计数值可以随时检查，且精度更高、范围更大。此外，PLC 程序中可以大量使用辅助继电器，它们除不可以用来驱动外部执行元件外，其余功能与输出继电器相同。

### 3. 简单逻辑控制

用于逻辑控制的 PLC 梯形图编程非常简单，它可按继电—接触器控制电路同样的方法进行设计。

例如，对于控制电机启动与停止控制，如按照图 7-3.4（a）将启动/停止按钮的常开触点分别连接到 PLC 的输入 X1/X2；接触器连接到 PLC 的输出 Y1，其 PLC 程序如图 7-3.4（b）所示。

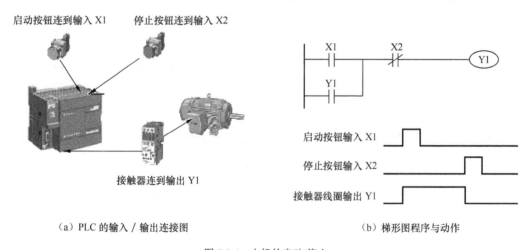

（a）PLC 的输入 / 输出连接图 　　　　　　　　　（b）梯形图程序与动作

图 7-3.4 电机的启动/停止

需要注意的是：PLC 的梯形图程序严格按照"从上至下"的时序执行，因此，可以通过图 7-3.5 所示的程序可以生成边沿信号。

图 7-3.5 的程序在 X1 为"1"后的第 1 个 PLC 循环、执行第 1 行程序时，因 M1 在前一 PLC 循环的输出为"0"，第 1 行的常闭触点接通，故 M0 输出"1"；接着执行第 2 行指令时，通过 X1 使 M1 成为"1"，但是，这时的 M1 输出已经不能改变已经输出的 M0 状态，因此，第 1 个 PLC 循环的执行结果输出是 M0、M1 同时为"1"。进入 PLC 的第 2 个循环时，由于 M1 在前一循环结束时已为"1"，故第 1 行的常闭触点断开，M0 将输出"0"，而 M1 保持"1"，这样就可在 M0

上获得宽度为 1 个 PLC 循环周期的脉冲信号。

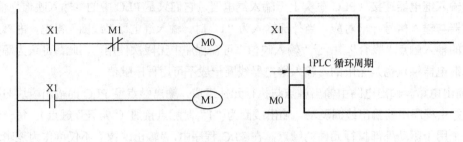

图 7-3.5 边沿生成程序

### 4．基本定时控制

PLC 的定时控制通过定时器 T 实现，线圈为"1"便可启动定时，基本定时器为"通电延时接通"，使用其常闭触点可实现"断电延时接通"功能。

定时器的时间单位不同的定时器号指定：延时可用常数 K 或数据寄存器 D 设定；动作时间为设定值与时间单位的乘积。计时值大于等于动作时间时触点接通；如定时器线圈状态为"0"，计时值清除，触点断开。

图 7-3.6 为非保持型定时器的编程实例，定时线圈在梯形图中的符号与输出继电器相同，定时设定值 K300 或 D100 等直接编写在线圈旁。

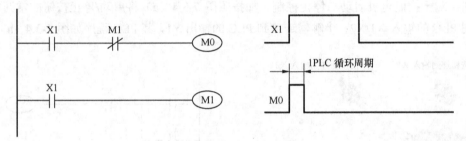

图 7-3.6 非保持型定时器的编程

如程序需要"通电延时断开"功能，可用图 7-3.7 所示的简单程序实现（时间可任意设定，图中未标出）。

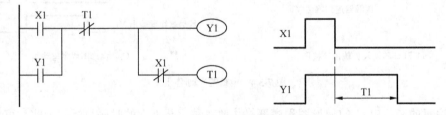

图 7-3.7 延时断开信号的生成

### 5．通用计数器控制

计数功能通过计数器 C 实现，计数的类型可用计数器号选择，通用计数器可用任何编程元件的触点作计数输入来控制计数器的线圈，输入的每一个上升沿都可使计数器加"1"。计数设定值可用常数 K 或数据寄存器 D 设置，当计数值大于等于设定值时计数器触点接通。计数器可以通过指令 RST 复位线圈清除计数器的当前计数值、断开计数器触点。

图 7-3.8 所示为非保持型通用计数器的编程实例，计数器线圈在梯形图中的符号与输出继电器相同，计数设定值 K5 或 D100 等需要编写在线圈旁。

FX 系列 PLC 的计数器有"加计数器"与"加/减计数器"、"通用计数器"与"高速输入计数器"、"非保持型计数器"与"停电保持型计数器"、"16 位计数器"与"32 位计数器"等多种类型，其计数输入条件、复位控制方法的编程各不相同，本书作者编写的《FX 系列 PLC 应用技术》（人民邮电出版社，2010）一书中对此有全面的说明，使用时要注意区分。

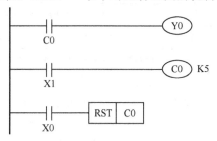
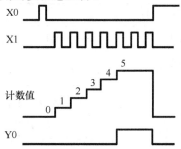

图 7-3.8 非保持型普通计数器的编程

### 6. 数据寄存器的使用

数据寄存器用来存储"数值型"数据，1 个数据寄存器可存储 16 位二进制数据；相邻编号的两个数据寄存器可组合为 32 位（2 字长）数据寄存器；多个数据寄存器还可以组成"数据表"或"文件寄存器"进行批量操作。

在 PLC 程序中，数据寄存器可以通过数据传送应用指令 MOV 赋值，例如，对于图 7-3.9 所示的程序，如 M0 等于 1，则常数 K10 与 K100 将分别赋值到数据寄存器 D0 与 D100 上；如 M1 等于 1，则常数 K20 与 K200 将分别赋值到数据寄存器 D0 与 D100 上。

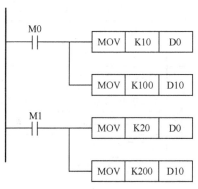

图 7-3.9 数据寄存器的赋值

已经赋值的数据寄存器与常数具有同样的作用。如通过图 7-3.10 的程序，当 M0 为"1"时，T0 的延时设定值与 K10 相同，计数器 C1 的计数设定与 K100 相同；而当 M1 为"1"时，T0 的延时设定则相当于 K20，计数器 C1 的计数设定相当于 K200 等。

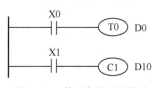

图 7-3.10 数据寄存器的使用

## 实 践 指 导

### 一、FX 系列 PLC 的编程元件

FX 系列 PLC 的编程元件与产品系列有关，常用的编程元件如表 7-3.3 所示。

表 7-3.3　　　　　　　　　　FX 系列 PLC 编程元件一览表

| 编程元件类别 | PLC 型号 | | | |
|---|---|---|---|---|
| | FX1S | FX1N/1NC | FX2N/2NC | FX3U/3UC |
| 输入继电器（最大） | X000～X017<br>（16 点） | X000～X177<br>（128 点） | X000～X267<br>（184 点） | X000～X367<br>（248 点） |

续表

| 编程元件类别 | | PLC 型号 | | | |
|---|---|---|---|---|---|
| | | FX1S | FX1N/1NC | FX2N/2NC | FX3U/3UC |
| 输出继电器（最大） | | Y000～Y015（14 点） | Y000～Y177（128 点） | Y000～Y267（184 点） | Y000～Y367（248 点） |
| 辅助继电器 | 一般用（非保持） | M0～M383（384 点） | | M0～M499（500 点） | |
| | 可设定停电保持区 | — | | M500～M1023（524 点） | |
| | 固定停电保持区 | M384～M511 | M384～M1535 | M1024～M3071 | M1024～M7679 |
| | 特殊继电器 | M8000～M8255（256 点） | | M8000～M8255（256 点） | M8000～M8511（512 点） |
| 定时器 | 100ms（0.1～3 276.7s） | T0～T31（32 点） | T0～T199（200 点） | T0～T199（200 点） | |
| | 10ms（0.01～327.67s） | T32～T62（32 点） | T200～T245（46 点） | T200～T245（46 点） | |
| | 1ms（0.001～32.767s） | T63（1 点） | — | | T256～T511（256 点） |
| | 1ms 停电保持累积 | — | T246～T249（4 点） | T246～T249（4 点） | |
| | 100ms 停电保持累积 | — | T250～T255（6 点） | T250～T255（6 点） | |
| 计数器 | 非保持 16 位加计数 | C0～C15（16 点） | | C0～C99（100 点） | |
| | 保持型 16 位加计数 | C16～C31 | C16～C199（184 点） | C100～C199（100 点） | |
| | 非保持 32 位双向 | — | C200～C219（20 点） | C200～C219（20 点） | |
| | 保持型 32 位双向 | — | C220～C234（15 点） | C220～C234（15 点） | |
| | 32 位高速输入专用 | C235～C255，与基本单元高速输入配套使用 | | | |
| 数据寄存器 | 一般用（非保持） | D0～D127（128 字） | | D0～D199（200 字） | |
| | 可设定保持区 | — | | D200～D511（312 字） | |
| | 固定保持区 | D128～D255（128 字） | D128～D999（872 字） | D512～D7999（7488 字/电池）；从 D1000 起可设定成以 500 字为单位的文件寄存器 | |
| | 文件寄存器 | D1000～D2499（1 500 字） | D1000～D7999（7 000 字） | | |
| | 特殊寄存器 | D8000～D8255（256 字） | | D8000～D8195（196 字） | D8000～D8511（512 字） |

## 二、典型梯形图程序

尽管 PLC 控制系统的要求千变万化，但大多数动作都可分解为若干基本动作的组合，以下是梯形图设计时常用的典型程序，它可用于任何型号的 PLC，部分程序在某些 PLC 上可用应用指令实现。

### 1．恒 "1" 与恒 "0" 信号的生成

PLC 程序设计经常需要将某些信号的状态设为 "0" 或 "1"，因此，需要产生恒 "0" 与恒 "1" 的程序段，以便在程序中随时使用，产生恒 "0" 与恒 "1" 的梯形图程序如图 7-3.11 所示。

### 2．二分频程序

PLC 控制系统有时需要用一个按钮交替控制执行元件通/断，这种控制要求的输出动作频率是

输入的 1/2，故称"二分频"控制，程序如图 7-3.12 或图 7-3.13 所示。

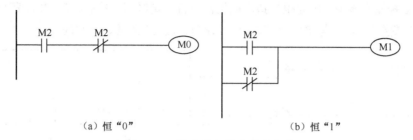

（a）恒"0"　　　　　　　　　（b）恒"1"

图 7-3.11　恒"0"与恒"1"的生成

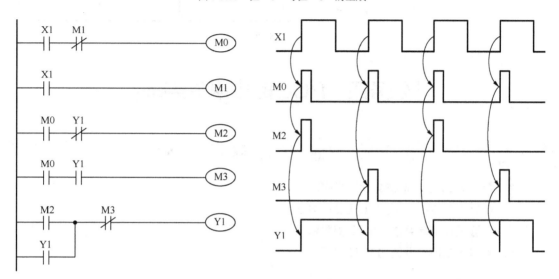

图 7-3.12　二分频控制 1

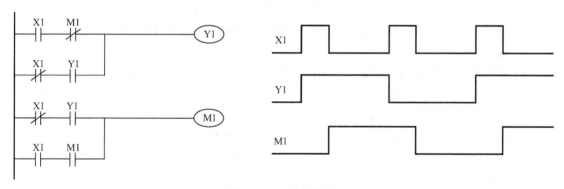

图 7-3.13　二分频控制 2

图 7-3.11 程序可分边沿信号生成（第 1/2 行）、启动/断开信号生成（第 3/4 行）、自锁（第 5/6 行）三部分。边沿信号生成与自锁的动作过程同前述，启动/断开信号由输入 X1 的边沿脉冲 M0 与输出 Y1 的现行状态通过"与"运算得到。如输出 Y1 为"0"，产生启动脉冲 M2 将输出 Y1 置"1"；如 Y1 为"1"，产生断开脉冲 M3 将输出 Y1 置"0"。

图 7-3.12 程序动作清晰、理解容易，但占用了 4 个辅助继电器，为此，经常使用图 7-3.13 所示的典型程序。图 7-3.13 所示的典型程序虽简单，但概念性较强，便于初学者了解 PLC 程序的执行特点，且只占用 1 个辅助继电器。

### 3．定时通断控制

定时通/断控制常被用于闪光报警指示或机械设备的定时润滑控制，其 PLC 程序如图 7-3.14 所示，通过改变定时器 T1 与 T2 的延时，可以调节输出 Y1 的通、断时间。

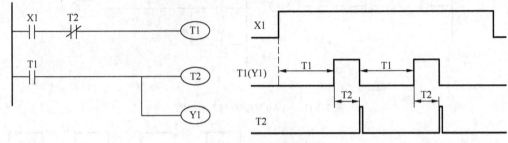

图 7-3.14　定时通断控制

# |任务四　PCL 的应用与实践 |

## 能 力 目 标

1. 熟悉 PLC 控制系统的设计步骤。
2. 掌握 PLC 控制系统的工程设计方法。
3. 能够设计简单系统的电气原理图。
4. 能够编制简单系统的 PLC 程序。

## 工 作 内 容

完成工业搅拌机电气控制系统设计。工业搅拌机的系统组成如图 7-4.1 所示。

### 1．控制要求

① 系统可以对两种液体（成分 A、成分 B）混合与搅拌，组成一种新的成分。成分 A 与 B 的供料系统由"手动进料阀""进料泵""手动出料阀"组成，手动进料阀、手动出料阀安装有检测开关。

② 搅拌机系统由电机通过减速器带动，搅拌后的液体可通过"排料阀（电控）"出料。搅拌桶中安装有液位检测开关，当"液位过高"、"液位过低"或者"液体空"时有相应的检测信号。

③ 整个搅拌系统由统一的操作控制面板控制，系统的启动通过控制面板的"ON"按钮进行，系统的正常停止与紧急停止共用一个按钮；泵 A、泵 B、搅拌电机、排放阀由独立的启动/停止按钮进行控制。系统启动后，在控制面板上应能够通过指示灯显示系统当前的工作状态。

④ 控制系统各部分的动作"互锁"要求如下。

• 在"手动进料阀""手动出料阀"未打开时，禁止"供料泵"启动。

• 在"出料阀"打开或液体高位开关动作时，禁止"供料泵"启动。

• 当"液体空"或"出料阀"打开时，不允许搅拌。

• 在搅拌电机工作、"液体空"时，不允许进行排料。

• 当系统紧急停止按钮动作时，停止全部动作。

• 通过接触器的辅助触点对泵 A、泵 B、搅拌电机的 PLC 输出进行检查，若 PLC 输出接通后 2s 内接触器未动作，认为对应部分发生故障。

⑤ 随着工艺的变化，搅拌机可能增加其他成分，控制系统应能灵活适应工艺的变化。

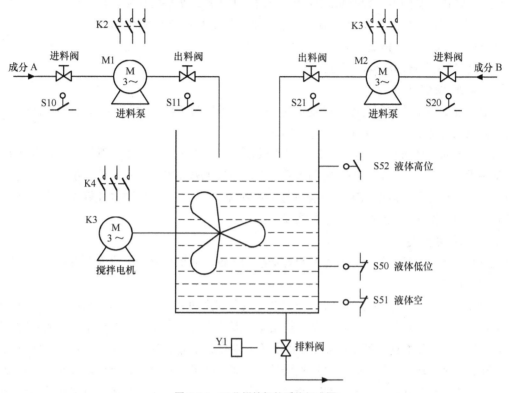

图 7-4.1 工业搅拌机的系统组成图

### 2. 主要电气元件参数

① 进料泵 A/B（两泵相同）：三相交流异步电机，型号 Y90L-4，$P_e = 1.5kW$、$I_e = 3.7A$、$n_e = 1\,400$ r/min。

② 搅拌电机：三相交流异步电机，型号 Y132M-6，$P_e = 4kW$、$I_e = 9.4A$、$n_e = 1\,440$ r/min。

③ 排放电磁阀：DC24V/30V·A 电磁阀。

## 资 讯 & 计 划

通过查阅相关参考资料、咨询，并学习后面的内容，回答以下问题：

1. 本系统属于什么形式的机电一体化控制？

2. 系统可以采用哪些控制方案？各有什么优缺点？

3. PLC 电气控制系统应该怎样开展设计？

## 实 践 指 导

### 一、控制系统设计原则

电气控制系统是自动化的保证，也是系统安全、准确、可靠运行的前提条件。根据不同的控制要求设计出运行稳定、动作可靠、安全实用、操作简单、调试方便、维护容易的控制系统，是学习 PLC、CNC 等控制技术的根本目的。

机电一体化设备的电气控制系统设计应遵循如下 3 条最重要的原则。

① 实现控制对象的全部动作，满足设备对加工质量及生产效率的要求。

② 确保系统安全、稳定、可靠地工作。

③ 简化控制系统的结构，降低生产、制造成本。

### 1. 满足控制要求

控制系统是为了使控制对象实现规定的动作、达到要求的性能指标而采用的一种方法与手段，系统必须确保全部动作、各项技术指标的实现。

认真研究对象的机械/气动/液压部件工作原理，充分了解设备需要实现的动作与应具备的功能，掌握设备中各种执行元件的性能与参数是有的放矢地开展设计工作的前提条件。电气控制系统设计前，应将对象所需要的动作转换为动作循环图、时序图、控制要求表等能够清晰反映对象控制要求的简明图表，确保控制要求的实现。

### 2. 确保安全可靠

控制系统运行的稳定性与可靠性是设计成败的关键，确保系统的安全性与可靠性是设计人员必须承担的责任。

控制系统的安全性包括操作人员人身安全与设备安全两方面。设计必须符合相关安全标准（如 CE 标准）的规定，充分考虑各种安全防护措施。要特别重视设备运行过程中出现故障时的紧急停机，急停动作必须快捷、可靠。可能导致设备干涉的部件动作必须严格"互锁"，严防发生安全事故；PLC 控制系统的电气互锁不允许仅通过 PLC 程序实现，在强电线路中同样必须有相应的互锁措施。此外，严格按标准进行安装、连接、布线、施工，采取必要的抗干扰措施等同样是确保系统安全、可靠运行的重要内容。

### 3. 简化系统结构

在满足控制要求、确保系统安全可靠的前提下，系统的设计应尽可能简单、实用，这样的系统不仅可降低生产成本，更重要的是可提高系统工作的可靠性，方便使用与维修。

系统应具有良好的操作性能，尽可能减少不必要的控制按钮，使设备的操作简捷、明了、方便、容易。控制线路的设计必须简洁，尽可能取消不必要的控制器件。PLC 程序要尽量简化，尽可能减少辅助继电器与触点的使用数量，要杜绝人为地使程序复杂化，有意为他人理解程序增加困难的现象。

## 二、控制系统设计步骤

电气控制系统设计可按照系统规划、硬件设计、软件设计、现场调试、技术文件编制的步骤进行。

① 系统规划。系统规划包括确定控制系统方案与总体设计两个阶段。确定控制系统方案时，应首先明确控制对象的控制要求，了解设备的现场布置情况；在此基础上确定技术实现手段与主要部件，如确定操作界面、选择 PLC 的型号与规格、确定 I/O 点数与模块等。

② 硬件设计。在硬件设计阶段，设计人员需要完成电气控制原理图、连接图、元件布置图等基本图样的设计，在此基础上，汇编完整的电气元件目录与配套件清单，提供采购供应部门购买相关的组成部件。同时，还需要根据控制部件的安装要求与环境条件，结合完成用于安装电气元

件的控制柜、操纵台等零部件的设计。

③ 软件设计。控制系统的软件设计主要是编制 PLC 程序，在复杂系统中还需要进行特殊功能模块的编程并确定相关参数。软件设计应在总体方案与电气控制原理图完成后进行，要根据原理图所确定的 I/O 地址编写出实现控制要求与功能的 PLC 用户程序，以及调试、维修所需的程序说明书、I/O 地址表、注释表等辅助文件。

④ 现场调试。控制系统的现场调试是检查、优化控制系统硬件、软件，提高系统可靠性的重要步骤。调试阶段必须以满足控制要求、确保系统安全可靠为最高准则，任何影响系统安全性与可靠性的设计，都必须予以修改，决不可以遗留事故隐患，导致严重后果。

⑤ 技术文件编制。在设备调试完成后，需要进行系统技术文件的整理与汇编工作，如修改电气原理图、编写设备操作说明书、备份 PLC 程序与 CNC 参数、记录调整参数等。技术文件应正确全面，编写应规范、系统；设计图必须与实物一致；用户程序与参数必须为调试完成后的最终版本，以便设备的维修与维护。

# 决 策 & 实 施

根据电气控制系统的设计原则与设计步骤，自主完成工业搅拌机系统的电气原理图设计，并编制 PLC 程序。

# 实 践 指 导

## 一、系统规划

### 1. 明确控制要求

对于本任务根据要求，可分别对成分 A/B 进料、搅拌、排放控制列出控制要求表。

① 成分 A 进料：成分 A 进料的控制要求如表 7-4.1 所示。

表 7-4.1　　　　　　　　　　　　　　成分 A/B 进料控制要求

| 控 制 对 象 | 成分 A 进料泵 |
| --- | --- |
| 电机规格 | Y90L-4，$P_e = 1.5\text{kW}$；$I_e = 3.7\text{A}$；$n_e = 1\ 400\ \text{r/min}$ |
| 控制方式 | 操作面板按钮启动/停止控制 |
| 输入点数 | 现场输入 2 点，进料阀打开、出料阀打开；反馈输入 1 点，泵启动 |
| 输出点数 | 现场输出 1 点，泵启动 |
| 工作条件 | 1. 进料阀/出料阀已经打开<br>2. 液体未到高位<br>3. 排放阀关闭 |

② 搅拌：搅拌电机的控制要求如表 7-4.2 所示。

表 7-4.2　　　　　　　　　　　　　　搅拌控制要求

| 控 制 对 象 | 搅拌电机 |
| --- | --- |
| 电机规格 | Y132M-6，$P_e = 4\text{kW}$；$I_e = 9.4\text{A}$；$n_e = 1\ 440\ \text{r/min}$ |

续表

| 控制对象 | 搅拌电机 |
|---|---|
| 控制方式 | 操作面板按钮启动/停止控制 |
| 输入点数 | 现场输入 3 点，液体高位（S52）、液体低位（S50）、液体空（S51）<br>反馈输入 1 点，搅拌启动（K4） |
| 输出点数 | 现场输出 1 点，搅拌启动（K4） |
| 工作条件 | 1. 液体未空（S51 = 1）<br>2. 排放阀关闭（Y1 = 0） |

③ 排放：排放阀的控制要求如表 7-4.3 所示。

表 7-4.3　　　　　　　　　　　　　　排放控制要求

| 控制对象 | 排放阀 |
|---|---|
| 阀规格 | DC24V/27W |
| 控制方式 | 操作面板按钮启动/停止控制 |
| 输入点数 | 现场输入：无 |
| 输出点数 | 现场输出：1 点，排放启动（Y1） |
| 工作条件 | 搅拌停止（K4 = 0） |

### 2．设计操作面板

由于本例的控制要求非常简单，无需对功能模块、通信接口进行特殊的配置，系统设计可以简化。根据控制要求设计的操作面板如图 7-4.2 所示。

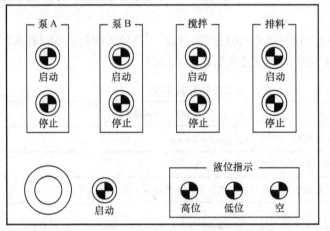

图 7-4.2　搅拌机操作面板

在操作面板确定后，可以将用于操作面板的全部器件进行归纳与汇总，以便统计 I/O 点，表7-4.4 为操作面板要求汇总。

表 7-4.4　　　　　　　　　　　　　　操作面板要求汇总

| 类别 | 序号 | 名　称 | 要　求 | 数量 | 作　用 | 备注 |
|---|---|---|---|---|---|---|
| 按钮 | 1 | 按钮（S12） | 1NO/INC，绿色，带 DC24V 指示 | 1 | 泵 A 启动 | PLC 输入 |
| | 2 | 按钮（S13） | 1NO/INC，红色，带 DC24V 指示 | 1 | 泵 A 停止 | PLC 输入 |

| 类别 | 序号 | 名　称 | 要　求 | 数量 | 作　用 | 备　注 |
|---|---|---|---|---|---|---|
| 按钮 | 3 | 按钮（S22） | 1NO/INC，绿色，带 DC24V 指示 | 1 | 泵 B 启动 | PLC 输入 |
| | 4 | 按钮（S23） | 1NO/INC，红色，带 DC24V 指示 | 1 | 泵 B 停止 | PLC 输入 |
| | 5 | 按钮（S32） | 1NO/INC，绿色，带 DC24V 指示 | 1 | 搅拌启动 | PLC 输入 |
| | 6 | 按钮（S33） | 1NO/INC，红色，带 DC24V 指示 | 1 | 搅拌停止 | PLC 输入 |
| | 7 | 按钮（S42） | 1NO/INC，绿色，带 DC24V 指示 | 1 | 排放启动 | PLC 输入 |
| | 8 | 按钮（S43） | 1NO/INC，红色，带 DC24V 指示 | 1 | 排放停止 | PLC 输入 |
| | 9 | 按钮（S1） | 1NO/INC，红色，蘑菇头 | 1 | 紧急停止 | 强电控制 |
| | 10 | 按钮（S2） | 1NO/INC，绿色，带 DC24V 指示 | 1 | 设备启动 | 强电控制 |
| 指示灯 | 1 | 指示灯（E10） | 绿色，DC24V | 1 | 泵 A 启动 | PLC 输出 |
| | 2 | 指示灯（E11） | 红色，DC24V | 1 | 泵 A 停止 | PLC 输出 |
| | 3 | 指示灯（E20） | 绿色，DC24V | 1 | 泵 B 启动 | PLC 输出 |
| | 4 | 指示灯（E21） | 红色，DC24V | 1 | 泵 B 停止 | PLC 输出 |
| | 5 | 指示灯（E30） | 绿色，DC24V | 1 | 搅拌启动 | PLC 输出 |
| | 6 | 指示灯（E31） | 红色，DC24V | 1 | 搅拌停止 | PLC 输出 |
| | 7 | 指示灯（E40） | 绿色，DC24V | 1 | 排放启动 | PLC 输出 |
| | 8 | 指示灯（E41） | 红色，DC24V | 1 | 排放停止 | PLC 输出 |
| | 9 | 指示灯（E50） | 黄色，DC24V | 1 | 液体低位 | PLC 输出 |
| | 10 | 指示灯（E51） | 红色，DC24V | 1 | 液体空 | PLC 输出 |
| | 11 | 指示灯（E52） | 黄色，DC24V | 1 | 液体高位 | PLC 输出 |
| | 12 | 指示灯（E1） | 绿色，DC24V | 1 | PLC 运行 | PLC 输出 |

### 3．选择与配置 PLC

根据以上要求，系统除设备启动与紧急停止通过强电控制线路实现外，其余都可以用 PLC 进行控制，因此，PLC 的输入/输出可以统计如下。

PLC 输入点：现场输入 11 点，操作面板输入 8 点，共计 19 点。全部为触点输入信号。

PLC 输出点：现场输出 4 点，操作面板输出 12 点，共计 16 点。现场输出中，3 点为 AC220V 交流接触器线圈；1 点为 DC24V 电磁阀；其余均为 DC24V 指示灯。

本例的要求十分简单，几乎任何 PLC 都可以满足要求，选择 PLC 如下。

PLC：FX2N-48MR-001；24 点 DC24V 输入；24 点 DC30V/AC250V，2A 继电器输出。

## 二、原理图设计

根据以上总体规划方案设计的工业搅拌机系统的工程用电气原理图如图 7-4.3～图 7-4.5 所示，原理图说明如下。

### 1．主回路

搅拌系统主回路包括了进料 A、进料 B、搅拌 3 只电机的主回路与 PLC 电源、PLC 输入/输出、AC220V 控制电源回路。

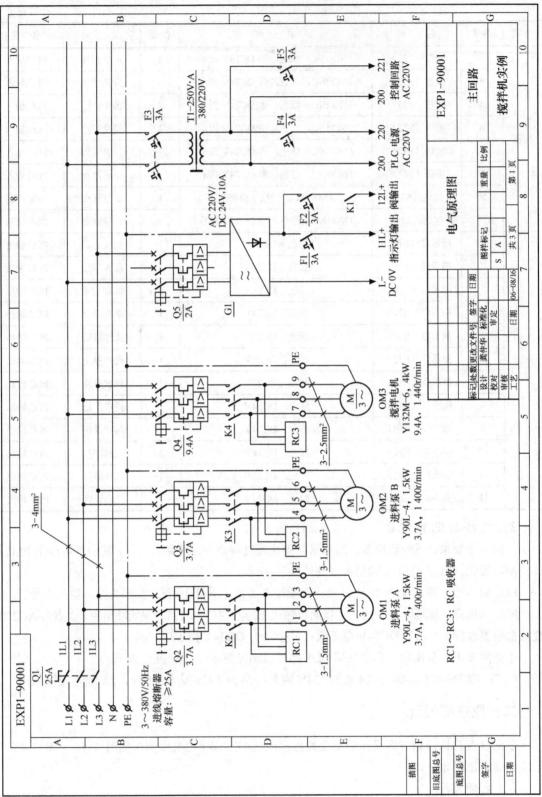

图 7-4.3 搅拌机控制主回路

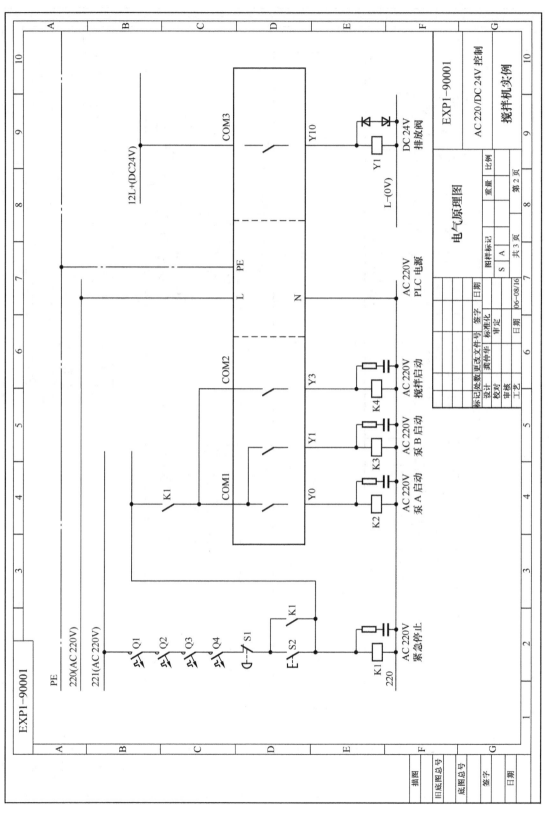

图 7-4.4　搅拌机控制回路

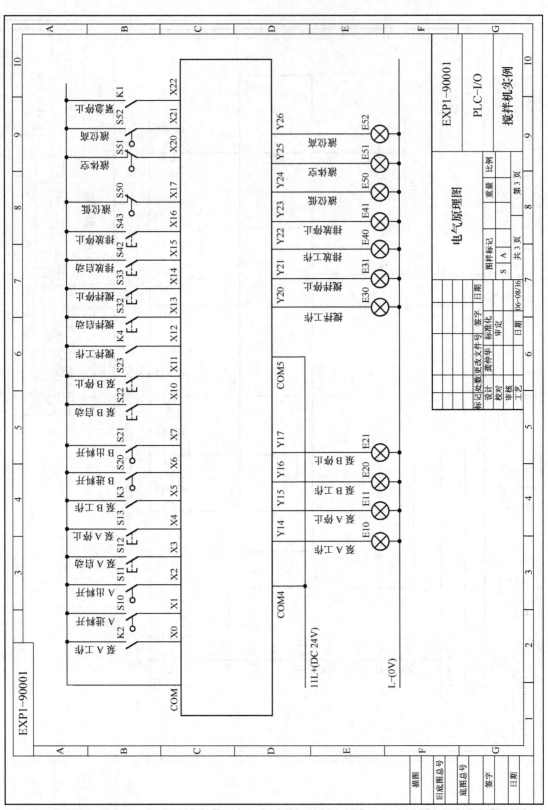

图 7-4.5 搅拌机 PLC 输入/输出回路

总电源安装有独立的电源总开关 Q1，用于分断整个控制系统电源，实现与电网的隔离。进料 A、进料 B、搅拌电机采用自动断路器进行短路与过载保护，断路器的整定电流与电机额定电流一致；电机分别通过接触器 K2、K3、K4 控制启动与停止。

由于控制系统结构简单，输出负载容量小，为节约成本，AC220V 控制回路与 PLC 电源共用了一个隔离变压器，两者安装有独立的保护断路器 F4、F5；PLC 的 DC24V 输出采用了一个开关稳压电源集中供电，指示灯与阀的电源支路安装了独立的保护断路器 F1、F2。

### 2．控制回路

控制回路包括搅拌机的启/停控制回路、AC220V 接触器回路与 DC24V 阀输出 3 部分。

由于系统简单，紧急分断操作可以不使用安全电路，设备的停止与紧急分断共用一个急停按钮，并通过接触器 K1 进行通断控制，急停按钮可直接切断接触器与 DC24V 阀输出电源；电机与 PLC 的电源回路的断路器 Q2～Q5 动作时同样可以实现系统的紧急分断。

在图 7-4.5 中，K1 的触点作为输入接入到 PLC 的输入端，以便 PLC 程序进行相应的处理，在软件上实现"互锁"动作。

接触器与电磁阀为感性负载，所以，接触器两侧需要加过电压抑制的 RC 吸收器；电磁阀两侧需增加直流二极管与稳压管串联的过电压抑制器。

### 3．PLC 输入/输出

PLC 的输入/输出回路设计非常简单，只需按照 PLC 的连接要求进行设计即可。

为了实现交直流之间的隔离，原理图 7-4.4 中的 AC220V 接触器输出使用了单独的 1 组输出（Y0～Y7），Y4～Y7 为空余连接端，在 PLC 的输出连接中，这样的电路能够起到增加 AC220V 与 DC24V 之间绝缘距离、增加安全性与可靠性的作用。

## 三、程序编制

根据以上电气原理图，设计的 PLC 程序如图 7-4.6、图 7-4.7 所示，程序分为控制和状态指示两部分。

### 1．控制程序

程序中进料泵 A 启动的基本条件为进/出料阀打开（X1/X2 = 1）、液体未到高位（X21 = 0）、排放阀未开启（Y10 = 0），此外，还考虑了急停输入（X22 = 1）、外部线路故障（PLC 输出 Y0 接通后 2s 内接触器触点输入 X0 未接通）的互锁。进料泵 B 的启动条件类似。

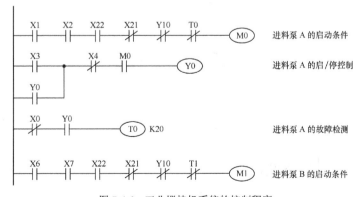

图 7-4.6  工业搅拌机系统的控制程序

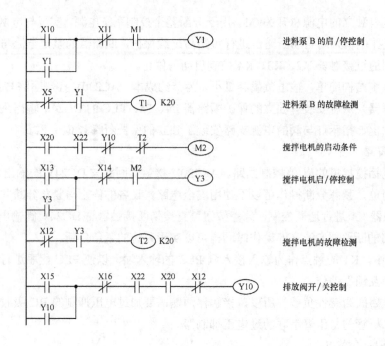

进料泵 B 的启/停控制

进料泵 B 的故障检测

搅拌电机的启动条件

搅拌电机启/停控制

搅拌电机的故障检测

排放阀开/关控制

图 7-4.6 工业搅拌机系统的控制程序（续）

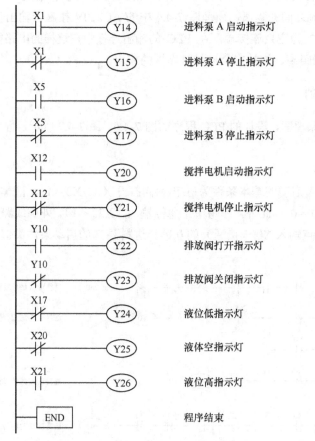

进料泵 A 启动指示灯

进料泵 A 停止指示灯

进料泵 B 启动指示灯

进料泵 B 停止指示灯

搅拌电机启动指示灯

搅拌电机停止指示灯

排放阀打开指示灯

排放阀关闭指示灯

液位低指示灯

液体空指示灯

液位高指示灯

程序结束

图 7-4.7 工业搅拌机系统的状态指示程序

搅拌电机启动的条件为液体未空（X20 = 1）、未开启（Y10 = 0）并考虑了急停输入（X22 = 1）、外部线路故障（P 输出 Y3 接通后 2s 内接触器触点输入 X12 未接通）的互锁。

排放阀开启的条件为搅拌电机未启动（X12 = 0）、液体未空（X20 = 1）并考虑了急停输入（X22 = 1）的互锁。

**2．状态指示程序**

状态指示程序是控制操作面板指示灯的程序，在本系统中可以根据电气原理图中的 PLC 输入/输出，直接将其转换为指示灯状态。

## 检 查 & 评 价

按照以下步骤检查任务的决策与实施情况，完成控制系统的现场调试，通过实际运行验证所设计的硬件、软件正确性。

1．参照图 7-4.3～图 7-4.5，检查自主设计的电气原理图是否正确与规范，找出存在的问题，并修改与完善电气原理图。

2．参照图 7-4.6、图 7-4.7，检查 PLC 程序设计是否正确，找出存在的问题，并修改与完善 PLC 程序。

3．根据试验条件，按照自主设计的电气原理图，完成控制系统的硬件连接与安装。

4．参照 PLC 的操作手册，利用编程器或编程计算机，将自主设计的控制程序输入 PLC 中。

5．运行控制系统，并检查系统的动作、修改程序，确保控制系统正常、可靠运行。

6．将完成的本任务整理与汇编成系统技术文件。

## 训 练 & 提 高

如果本任务需要增加以下要求。

1．系统可以通过操作面板选择手动/自动两种运行方式。

2．系统手动运行时，可以实现前述的控制要求。

3．系统自动运行时，如按下"泵 A 启动"或"泵 B 启动"按钮之一，便可按照"进料→液位高信号动作→启动搅拌（搅拌时间利用 PLC 的定时器进行控制）→开启排放→液位低信号动作→再次进料"进行自动循环。

试完成该控制系统的全部设计，并完成控制系统的现场调试，通过实际运行验证所设计的硬件、软件正确性。

# 项目八
## CNC 控制系统

CNC 控制系统最初是为了解决机床轮廓加工难题而研制的机电一体化控制系统，它综合应用了计算机技术、自动控制技术、运动控制技术、精密测量技术等多种技术，是机电一体化的典型代表，其出现也标志着机电一体化技术的诞生。正因为如此，在很多场合人们往往只以 CNC 控制系统为例来介绍机电一体化技术。本项目将对 CNC 控制系统进行具体介绍。

然而，我们应该看到：CNC 控制系统是以运动轨迹（多维）为主要控制对象的自动控制系统，从一般意义而言，它解决了诸如数控机床轮廓加工、工业机器人等多轴联合控制的问题；而 PLC 系统则主要是为解决开关量逻辑顺序控制的问题而研制；运动控制系统则以位置、速度的控制为主要目的。因此，在广大的机电一体化控制领域，它们各有其应用范围，三者缺一不可，不宜以偏概全。

## | 任务一　熟悉 CNC 控制系统 |

### 能 力 目 标

1. 了解 NC 机床及其相关派生产品。
2. 熟悉 CNC 控制系统的硬件组成。
3. 了解 CNC 的软件功能。

### 工 作 内 容

学习后面的内容，回答以下问题。
1. NC 机床、加工中心、FMC 有何区别？
2. CNC 控制系统一般由哪些部分组成？各有何作用？
3. 简述 CNC 控制系统的轨迹控制原理。
4. CNC 的坐标轴控制包括哪两方面的内容？两者各代表什么意义？
5. CNC 的主轴控制包括哪两方面？两者各有哪些内容？

# 相 关 知 识

## 一、CNC 控制系统

### 1．NC 与 CNC

数控技术（Numerical Control，NC）是利用数字化信息对机械运动及加工过程进行控制的一种方法，由于现代数控都采用了计算机进行控制，故亦称计算机数控（Computerized Numerical Control）。为了对机械运动及加工过程进行数字化信息控制，必须具备相应的硬件和软件条件，这些硬件和软件的整体称为 CNC 控制系统。

CNC 控制系统最初为解决机床轮廓加工难题而研制，机床控制是数控技术应用最早、最广泛的领域，数控机床的水平代表了当前数控技术的性能、水平和发展方向，本项目将以数控机床为主线来介绍数控技术的有关内容。

### 2．NC 机床及相关产品

凡是采用了数控技术进行控制的机床统称 NC 机床。数控机床种类繁多，包括钻/铣/镗类、车削类、磨削类、电加工类、锻压类、激光加工类和其他特殊用途的专用机床等，此外还有以下以 NC 机床为主体的相关产品。

带有自动刀具交换装置（Automatic Tool Changer, ATC）的钻/铣/镗类数控机床称为加工中心（Machine Center, MC），它通过刀具的自动交换，可以一次装、夹完成多工序的加工任务，实现了工序的集中和工艺的复合，是目前产量较大、应用较广的数控机床之一。

在加工中心的基础上，如果增加多工作台（托盘）自动交换装置（Auto Pallet Changer, APC）及其他相关附件，所组成的加工单元称为柔性加工单元（Flexible Manufacturing Cell, FMC），FMC 不仅实现了工序的集中和工艺的复合，而且通过工作台（托盘）的自动交换和较完善的自动检测、监控功能，可进行一定时间的无人化加工，它不仅是柔性制造系统的基础，而且还可独立使用，其技术目前已经成熟与普及。

以加工中心和 FMC 为主要加工设备，配备物流系统、装卸机器人及其他设备，并由中央控制系统进行集中、统一控制和管理的制造系统称为柔性制造系统（Flexible Manufacturing System, FMS），FMS 可自动完成多品种零件的全部加工或部件装配过程，实现了车间制造过程的自动化，这是一种高度自动化的先进制造系统。

为了适应市场需求多变的形势，现代制造业不仅需要车间制造过程的自动化，而且要追求从市场预测、生产决策、产品设计、产品制造直到产品销售的全面自动化，将这些要求综合后所构成的完整生产制造系统，称计算机集成制造系统（Computer Integrated Manufacturing System, CIMS）。CIMS 将一个工厂的生产、经营活动进行了有机的集成，实现了更高效益、更高柔性的智能化生产，是自动化制造技术发展的最高阶段。

## 二、组成与原理

### 1．CNC 控制系统的组成

CNC 控制系统的主要控制对象是多维运动轨迹，其控制命令来自 NC 程序，系统的基本组成包括图 8-1.1 所示的数据输入与显示装置、数控装置、伺服驱动等硬件及配套的软件。

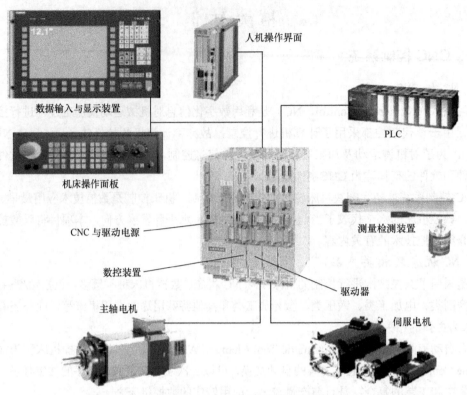

数据输入与显示装置

机床操作面板

人机操作界面

PLC

CNC 与驱动电源

测量检测装置

数控装置

驱动器

主轴电机

伺服电机

图 8-1.1　CNC 控制系统的硬件组成

① 数据输入与显示装置。用于数控程序、参数等的输入与位置、工作状态等的显示，键盘和显示器是必备的基本装置。CNC 键盘又称"手动数据输入单元"，简称 MDI；显像管显示器简称 CRT；液晶显示器简称为 LCD。键盘与显示器通常被制成一体，这一单元称为 MDI/CRT 单元或 MDI/LCD 单元。

② 数控装置。数控装置是 CNC 控制系统中承担多维运动轨迹控制的核心部分，它由输入/输出接口线路、控制器、运算器、存储器等组成，其作用主要是编译和处理程序，控制坐标轴运动。

通过"插补"运算控制运动坐标轴轨迹是 CNC 的核心功能；而对主轴控制、刀具的交换、冷却/润滑、工件松开/夹紧、工作台分度等指令一般只进行译码，其动作需要由内置 PLC 或外置 PLC 进行控制。

简易型的 CNC（如国产 CNC）在插补运算完成后只能输出频率/数量可变的位置脉冲信号，其速度/位置需要由伺服驱动系统控制，这样的系统轮廓加工精度较低。

③ 伺服驱动。伺服驱动由伺服放大器（亦称驱动器、伺服单元）、交流伺服电机（执行机构）等组成，直流伺服目前已经淘汰；而先进的高速加工机床已经开始使用直线电机；简易型 CNC 也有使用步进驱动的情况。

④ 其他部件。随着数控技术的发展和机床要求的提高，CNC 控制系统的功能在日益增强，为保证 CNC 控制系统的完整和统一、方便用户使用，机床操作面板、内置 PLC 是 CNC 控制系统常用的配套装置；在金属切削机床上，由于精密螺纹加工等方面的需要，主轴位置（转角）必须参与坐标轴的插补运算，这时主轴驱动也是基本组成部分之一；在全闭环数控机床上，直接测量位置的光栅、编码器等也属于 CNC 控制系统的基本配置；在先进的 CNC 控制系统上，有时直接

用个人计算机作为人机界面。

### 2．轨迹控制原理

在金属切削机床上，加工零件时需要根据图样的要求，通过多轴联动控制，不断改变刀具的运动轨迹、运动速度等参数，使刀具对工件进行切削加工，最终加工出合格零件。

CNC 的运动轨迹控制本质上是应用了"微分"原理，其工作原理可以简要描述如下（见图 8-1.2）。

① CNC 根据加工程序所要求的轨迹，将各坐标轴的移动量，以最小移动量（称为脉冲当量）进行微分（图 8-1.2 中的 $\Delta X$、$\Delta Y$)，并计算出各轴需要移动的脉冲数。

② 通过 CNC 软件或插补运算器，把要求的轨迹用"最小移动单位"组成的等效折线拟合，并找出最接近理论轨迹的拟合线。

③ CNC 根据拟合线的要求，向相应的坐标轴连续不断地分配进给脉冲，并通过伺服驱动系统控制坐标轴按分配的脉冲运动。

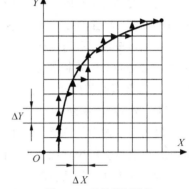

图 8-1.2　轨迹控制原理

由上可见：第一，只要 CNC 控制系统的脉冲当量足够小，拟合线就完全可以等效代替理论曲线；第二，只要改变坐标轴的脉冲分配方式，即可以改变拟合线的形状，从而达到改变运动轨迹的目的；第三，只要改变脉冲输出速度（频率），即可改变坐标轴（刀具）的运动速度，这样就实现了移动轨迹控制的根本目的。

以上根据给定的数学函数，在理想轨迹（轮廓）的已知点之间，通过数据点的密化，确定一些中间点的方法，称为插补；能同时参与插补的坐标轴数，称为联动轴数。显然，当联动轴越多，轮廓加工的性能就越强，因此，联动轴的数量是衡量 CNC 控制系统性能的重要技术指标之一。

## 三、CNC 功能

### 1．坐标轴控制

CNC 的坐标轴控制包括"坐标轴控制能力"与"轮廓控制能力"两方面，前者称 CNC 的"轴控制功能"，后者称"插补功能"。

轴控制是衡量 CNC 控制能力与规模的重要技术参数，它包括最大控制轴数、联动轴数及可实现的特殊控制（如同步控制、双电机驱动、倾斜轴控制等）；在先进的 CNC 上，主轴也能够参与插补运算，因此能够控制的主轴数、Cs 轴控制（主轴位置控制）等也归入轴控制的范畴。

"插补"是衡量 CNC 轮廓加工能力的重要技术参数，参与插补的轴可以是直线轴，也可以是回转轴；可以同时参与插补的坐标轴称为联动轴，同步控制、双电机驱动、倾斜轴控制是插补功能的特殊应用。

同步控制多用于龙门结构的大型或高速机床的多丝杠同步驱动，主动轴可以像基本坐标轴一样通过 CNC 程序进行控制；从动轴是跟随主动轴同步移动的、具有主动轴同样的位置控制功能的辅助坐标轴，但它不能进行 CNC 程序的编程。

双电机驱动用于龙门机床、大型机床的双电机单丝杠驱动，双电机驱动的从动轴只起提供转矩的作用而不进行位置/速度控制；从动轴同样需要 CNC 进行参数的设定与调整，属于 CNC 的基本控制轴。双电机驱动需要通过"预加载"、"速度反馈平均"等功能，来消除传动系统的间隙、提高系统稳定性。

倾斜轴控制是为适应倾斜布局的机床而增加的功能，倾斜布置的坐标轴运动将产生两个笛卡儿坐标轴（虚拟）的位移，倾斜轴控制是一种根据倾斜轴运动自动调整坐标位置及将笛卡儿坐标轴的位置转换为倾斜运动的功能。

### 2. 误差补偿

为了提高定位与轮廓加工精度，CNC 可通过反向间隙补偿、螺距误差补偿等功能对机械传动装置的间隙、丝杠的螺距误差进行自动补偿。反向间隙补偿功能用于补偿机械传动部件（如齿轮、齿条、同步皮带、滚珠丝杠、蜗轮、蜗杆等）正、反运动时产生的固定间隙。螺距补偿功能用于补偿机械传动部件的制造误差，一个坐标轴可在多个不同位置上设定多个不同的补偿值，先进的 CNC 一般还具有双向螺距误差补偿功能，它可以对正向与反向定位的误差进行分别补偿。

### 3. 轴安全保护

轴安全保护功能包括"运动保护"与"禁区保护"两方面，前者用于紧急情况的停机与运行禁止；后者可以用来防止加工过程中的碰撞与干涉。

运动保护功能包括急停、轴互锁、硬件限位、软件限位等，急停用于紧急停机，一旦有效所有运动轴立即快速制动与停止；轴互锁可防止出现诸如主轴转速未到达而出现的加工动作；硬件限位可以通过开关信号限制运动轴的移动范围，禁止某一方向的运动；软件限位可根据 CNC 内部位置进行自动保护。

禁区保护功能包括加工禁区保护、卡盘保护、尾架保护等。加工禁区（亦称存储行程检查）是一种附加的软件限位功能，通过设定禁区可自动阻止刀具进入保护区；卡盘保护、尾架保护是用于 NC 车床的特殊功能，其作用与加工禁区类似。

### 4. 进给速度控制

进给速度控制包括运动速度与单位的选择、加减速控制、拐角自动减速与圆弧插补速度限制等。坐标轴运动速度可以根据要求选择快速定位与切削进给，进给速度的单位可用程序指令改变。进给运动的加减速主要有线性加减速、指数加减速与 S 形加减速 3 种，S 形加减速是一种加速度变化率保持恒定的加减速方式，加速度线性变化、速度曲线呈 S 形，多用于高速机床。拐角自动减速可强制运动轴在程序段终点减速定位，消除位置跟随误差对轨迹的影响；圆弧插补速度限制可根据圆弧半径自动限制插补速度，消除跟随误差对圆弧插补的影响，它们都是用于提高轮廓精度的功能。

### 5. 前瞻控制

前瞻控制亦称先行控制（Advanced Preview Control），是用于高速、高精度加工的一种新功能。在传统的 CNC 上，插补运算得到的脉冲需要经过每一坐标轴独立的加减速处理后才能输出到伺服驱动器，这种"插补后加减速"的缺点是插补得到的准确轨迹经加减速处理后将产生误差，因此，轮廓加工精度并不高。在高速、高精度的 CNC 上，则是先进行加减速处理然后再进行插补运算，指令脉冲可直接输出到伺服驱动器，这种"插补前加减速"所生成的轨迹轮廓加工精度更高。

### 6. 主轴控制

CNC 的主轴控制包括主轴转速控制与主轴位置控制两方面的内容。

为了进行金属切削加工，刀具与工件之间必须有合适的切削速度，切削速度决定于主轴转速与刀具（工件）直径，CNC 不仅可以根据编程的 S 代码改变转速，而且还具有自动传动级变换、线速度恒定控制等功能。自动传动级变换功能用于主轴有辅助机械变速机构的机床，它可以根据机械传动级自动改变电机转速，使得 S 指令与实际转速一致。线速度恒定控制多用于数控车床，它可以在端面车削时根据工件的实际半径自动调整主轴转速,使刀具与工件的相对速度保持恒定，提高表面加工质量。

主轴位置控制包括主轴定向准停、主轴定位、Cs 轴控制、刚性攻丝等。主轴定向准停（Spindle Orientation）功能用于自动换刀的刀具啮合或精密镗孔加工时的自动让刀，它可以将主轴停止在某一固定的方向上。主轴定位（Spindle Positioning）是一种简单位置控制功能，它可以使主轴在 360°范围内的任意位置定位停止，但不能参与坐标轴的插补。Cs 轴控制（Cs Contouring Control）是一种真正能够对主轴的位置进行完全控制的功能，它不但可以控制主轴在任意位置定位，而且主轴可像回转轴一样参与基本坐标轴的插补运算。刚性攻丝（Rigid Tapping）是一种攻丝进给轴与主轴转角保持同步的控制功能，刚性攻丝时进给轴将跟随主轴的角度同步进给，严格保证主轴每转所对应的进给量为 1 个螺距。

### 7．辅助控制

在数控机床上，把坐标轴运动以外的其他动作通称为辅助动作，CNC 控制系统的辅助动作通常用程序中的 M、B、E 等辅助功能代码指令。一般而言，CNC 对辅助功能代码只进行译码与转换，动作控制需要借助 PLC 实现。

# 实 践 指 导

CNC 控制系统的核心部件 CNC 装置一般由专业生产厂家生产，相对其他产品而言，CNC 的生产厂家较少，目前国内市场使用的 CNC 主要有国产普及型与进口全功能型两大类，前者以北京 KND 公司的 KND 系列与广州数控设备厂的 GSK 系列为代表，两种产品的技术性能与使用要求基本一致；后者主要以日本 FANUC 公司产品为主，SIEMENS、三菱等公司的产品也有一定的销量。

## 一、KND100 系列 CNC 简介

北京 KND 公司与广州数控设备厂是国产 CNC 的代表，根据 CNC 的功能，KND 分 KND1、KND10、KND100、KND1000 等系列，每系列又有车床用（T 型）、铣床用（M 型）两种规格，KND100 系列是其代表性的产品，它与广州数控设备厂的 GSK980 系列在技术性能、使用连接要求上几乎完全相同。由于 KND、GSK 产品使用简单、价格便宜、可靠性好，在国产普及型数控车床、铣床上用量较大。

KND100 采用了集成型结构，CNC 与 MDI/LCD 单元及 I/O 模块集成一体，LCD 为 640 像素 × 480 像素、7.4 英寸彩色或单色液晶，可选配标准机床操作面板（见图 8-1.3）。KND100 采用了高速 CPU、FPGA 及硬件插补电路；控制精度可以达到 μm 级，快进速度可达 24m/min；全中文操作界面与帮助信息为国内用户使用与操作提供了方便。

CNC 的位置指令输出为标准脉冲信号，因此，可

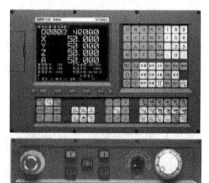

图 8-1.3　KND100 外形

以直接与步进驱动器或通用型交流伺服驱动器连接；CNC 的 I/O 信号功能固定，可输出少量的常用 M 功能代码，但用户不能进行 PLC 编程；CNC 带有标准的 RS232 接口，可以与外设进行简单通信。

KND100 的 CNC 基本性能如表 8-1.1 所示。

表 8-1.1　　　　　　　　　　　　　KND100 基本性能

| 项　目 | | 性　能 | 项　目 | | 性　能 |
|---|---|---|---|---|---|
| 轴控制 | 最大控制轴数 | 4 | 误差补偿 | 反向间隙补偿 | 可 |
| | 最大联动轴数 | 4 | | 螺距误差补偿 | 单向 |
| | 插补功能 | 直线/圆弧 | 安全保护 | 软件限位 | 可 |
| | 脉冲当量 | 0.001mm | | 硬件限位 | 无 |
| | 同步控制 | 无 | | 急停/互锁 | 可 |
| | 双电机驱动 | 无 | | 加工禁区 | 无 |
| | 倾斜轴控制 | 无 | 其他 | 自动回参考点 | 减速开关回参考点 |
| | 前瞻控制 | 无 | | 快进速度 | 24m/min |
| 主轴控制 | 最大主轴数 | 1 | | 刀具补偿 | C 型 |
| | 速度控制 | S 模拟量或 BCD 码输出 | | 内置 PMC | 无 |
| | 传动级交换 | 2 级 | | I/O 连接 | 最大 24/24 点，功能固定 |
| | 线速度恒定 | 无 | | 辅助功能 | M |
| | 定向准停 | 无 | | 通信接口 | RS232C |
| | 任意位置定位 | 无 | | 内部网络 | 无 |
| | Cs 轴控制 | 无 | | | |
| | 刚性攻丝 | 无 | | | |

## 二、FANUC–0i 系列 CNC 简介

FANUC-0i（以下简称 FS-0i）是目前市场销售最大、可靠性最高的 CNC 之一，根据不同的开发时间，分 FS-0iA、FS-0iB、FS-0iC、FS-0iD 等系列，每系列又有车床用（T 型）、铣床/加工中心用（M 型）等型号，目前市场常见产品为 FS-0iC 与 FS-0iD。

FS-0iC 与 FS-0iD 的硬件结构与软件功能基本相同，产品统一采用 MDI/LCD/CNC 集成型结构（见图 8-1.4）。CNC 采用了先进的网络控制技术，PLC 与 I/O 模块间可通过 I/O-Link 总线[1]链接，I/O 模块需要专用通信协议；CNC 与伺服驱动间通过 FSSB 总线[2]链接，需要配套 FANUC-αi/βi 系列专用伺服驱动器；通过选择功能 CNC 还可以与上级网络链接，成为工业以太网的从站（见图 8-1.5）。

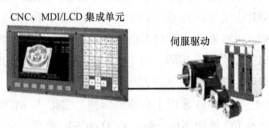

图 8-1.4　FS-0iC/0iD

---

[1] I/O-Link（I/O 链接网）亦称"省配线网"，这是一种用于 I/O 设备（传感器、执行器）链接的最底层网络，多用于开关量输入/输出链接，隶属于现场总线系统；接口符合 RS485 规范，传输介质为 4 芯电缆。

[2] FSSB（FANUC Serial Servo Bus）是伺服系统控制网络（Servo System Control Network，SSCNET）的一种，常用于 CNC、PLC 与伺服驱动器之间的网络链接，隶属于现场总线系统，传输介质为光缆。

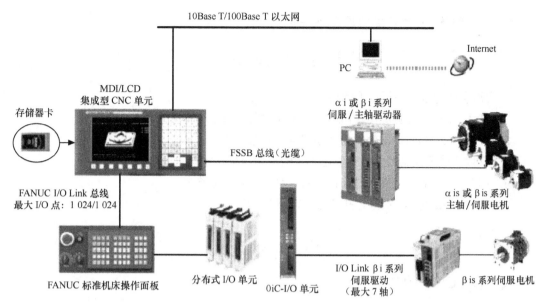

图 8-1.5　FS-0iC/0iD 的网络结构

FS-0iC/0iD 功能完善、可靠性高、性价比优越，是目前国内外 NC 机床用量最大的 CNC。以铣床/加工中心控制的 FS-0iMC 为例，CNC 基本性能如表 8-1.2 所示。

表 8-1.2　　　　　　　　　　　　　　　FS-0iC/0iD 基本性能

| 项　目 | | 性　能 | 项　目 | | 性　能 |
|---|---|---|---|---|---|
| 轴控制 | 最大控制轴数 | 4 | 误差补偿 | 反向间隙补偿 | 快速/进给独立补偿 |
| | 最大联动轴数 | 4 | | 螺距误差补偿 | 双向 |
| | 插补功能 | 直线/圆弧/螺旋线/圆柱面 | 安全保护 | 软件限位 | 可 |
| | 脉冲当量 | 可选择 0.000 1mm | | 硬件限位 | 可 |
| | 同步控制 | 可选择 | | 急停/互锁 | 可 |
| | 双电机驱动 | 可选择 | | 加工禁区 | 可 |
| | 倾斜轴控制 | 可选择 | 其他 | 自动回参考点 | 多种方式 |
| | 前瞻控制 | 可选择 | | 快进速度 | 240m/min |
| 主轴控制 | 最大主轴数 | 2 | | 刀具补偿 | C 型 |
| | 速度控制 | S 模拟量或 BCD 码输出 | | 内置 PMC | 有 |
| | 传动级交换 | 4 级 | | I/O 连接 | 最大 1 024/1 024 点 |
| | 线速度恒定 | 可选择 | | 辅助功能 | M/B/E，任意输出 |
| | 定向准停 | 基本功能 | | 通信接口 | RS232C |
| | 任意位置定位 | 基本功能 | | 内部网络 | I/O-Link/FSSB |
| | Cs 轴控制 | 可选择 | | | |
| | 刚性攻丝 | 基本功能 | | | |

# 任务二　掌握 CNC 连接技术

## 能　力　目　标

1. 掌握开环 CNC 的连接要求与信号。

2．了解闭环总线接口型 CNC 的连接要求。

# 工 作 内 容

学习后面的内容，回答以下问题。

1．开环 CNC 的位置脉冲输出有哪些基本类型？输出一般采用什么形式？

2．开环 CNC 的驱动器使能与驱动器准备好信号有何作用？

3．只需要速度控制的主轴需要连接哪些基本信号？主轴编码器起什么作用？

4．闭环 CNC 的主轴有哪些连接方式？各用于什么场合？

5．闭环 CNC 的 I/O 连接与开环 CNC 有何不同？

# 相 关 知 识

## 一、开环 CNC 的连接

本项目所指的开环 CNC 包括了所有位置测量信号不能反馈到数控装置的系统，此类 CNC 输出到驱动器的只是插补运算后的位置脉冲信号，尽管它们也经常以具有闭环位置控制功能的交流伺服作为驱动，但是，由于 CNC 不能对运动轴的实际位置、速度进行监控，因此也就不能根据实际状态修正运动轨迹与速度。对于 CNC 而言它们仍然属于开环系统的范畴，大多数国产 CNC、SIEMENS 802S 等经济型 CNC 即属于此类系统。

除了电源、RS232 通信接口等常规连接外，开环 CNC 的基本连接要求如图 8-2.1 所示，CNC 的连接包括 CNC 与通用伺服等驱动器的连接（SV 连接）、CNC 与变频器等主轴调速装置的连接（SP 连接）、CNC 与操作面板及机床 I/O 的连接（I/O 连接）三部分内容。

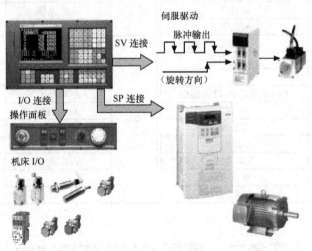

图 8-2.1　开环 CNC 的基本连接

### 1．驱动器连接

如前所述，由于开环 CNC 的指令输出为位置脉冲信号，通常需要使用以下信号。

① 位置指令脉冲。常以 PULSE/*PULSE 或 CP＋/CP−表示，采用"脉冲＋方向"输出时为指令脉冲串；采用正/反转脉冲输出时为反转（或正转）脉冲串。

② 方向信号。常以 DIR/* DIR 或 SIGN/*SIGN 表示，采用"脉冲＋方向"输出时为方向信号；采用正/反转脉冲输出时为正转（或反转）脉冲串。

③ 驱动器使能。常以 ENA/*ENA 或 MRDY/*MRDY 表示，通常用来作为驱动器的启动信号（如伺服 ON 信号等）。

在部分 CNC 上，为了能够在驱动器发生故障时，停止 CNC 运行，可能还使用以下互锁输入信号。

① 驱动器的准备好。常以 DRDY/*DRDY 表示，连接来自驱动器的 CNC 互锁输入。

② 故障输入。常以 ALM/*ALM 表示，连接来自驱动器的报警输入。

③ 编码器零脉冲信号。常以 PC/*PC 表示，对于使用了交流伺服驱动的系统，出于回参考点的需要，一般还需要连接编码器的零脉冲。

为了便于与不同的驱动器配套，CNC 位置指令脉冲输出一般可选择为"脉冲＋方向（PULSE/DIR 信号）"或正/反转脉冲信号（CCW/CW 信号）；在部分 CNC 上还可以为 90° 相位差的两相脉冲。通常而言，指令脉冲通常以线驱动的形式输出；驱动器使能信号以集电极开路的形式输出；而驱动器准备好、故障等输入则利用光耦进行接收。

### 2．主轴连接

为了能够与主轴调速装置连接以控制主轴转速，开环 CNC 一般可将程序中的 S 代码通过 D/A 转换器直接转换为主轴调速装置（如通用变频器等）所需要的模拟电压输出。此外，为了在螺纹车削时，控制进给轴根据主轴的转角同步进给，还需要外部提供主轴的位置反馈输入。开环 CNC 的主轴连接信号一般如下。

① S 模拟量输出。常以 SVC 表示，输出通常为与 S 代码成正比的 0～10V 的模拟电压。

② 主轴位置反馈输入。一般与主轴编码器连接，输入为 A、B 两相计数脉冲以及零脉冲 C 信号。

### 3．I/O 连接

CNC 的 I/O 信号为来自操作面板与机床的按钮、触点、检测开关等开关量输入以及指示灯、接触器、电磁阀通断控制的开关量输出。一般而言，CNC 可以连接的 I/O 点越多，其功能相对越强，但为了实现不同的控制要求，信号处理需要有内置式 PLC。开环 CNC 属于经济型产品，一般无内置 PLC，I/O 信号直接连接到 CNC 的接口上，通常需要以下基本输入信号。

① 急停。常以*ESP 表示，一般使用常闭输入，信号断开时 CNC 紧急停止。

② 参考点减速。常以*DECn 表示，信号用于回参考点减速。

③ 进给保持。常以*SP 表示，一般使用常闭输入，信号断开时坐标轴运动停止。

④ 循环启动。常以 ST 表示，信号 ON 时启动 CNC 的程序运行。

⑤ 刀号输入。国产的经济型 CNC 一般无主轴定向准停等相关控制功能，因此很难用于加工中心等机床的复杂自动换刀控制，但可以用于普及型车床的电动刀架控制，故需要外部提供实际刀号。

此外，为了使得 CNC 的辅助功能代码能够控制机床的相关动作，一般还需要输出以下必需的 M 功能代码。

① 主轴正反转。常以 M03、M04 表示，信号用于主轴转向与启停的控制。

② 冷却控制。常以 M08、M09 表示，信号用于冷却启停的控制。

③ 润滑控制。一般而言，NC 机床的导轨与丝杠需要间隙润滑，对于无 PLC 的经济型 CNC，为了便于使用通常可以通过 CNC 的参数来调整润滑时间与周期，CNC 可以直接输出周期性的润滑启停信号。

④ 刀架控制。在车床控制的 CNC 上，可以输出电动刀架的正反转信号。

### 二、闭环 CNC 的连接

#### 1. 闭环 CNC 的基本类型

闭环控制的 CNC 其位置控制功能在 CNC 内部实现，运动轴的位置测量信号必须反馈到数控装置上，CNC 可实时检测运动轴的实际位置、速度，并根据实际位置修正运动轨迹与速度。因此，它是一种真正闭环控制的 CNC 系统，此类系统目前主要依靠进口，常用的闭环 CNC 有以下两种基本类型。

一是早期的配有速度模拟量输出接口的通用型 CNC，此类 CNC 的驱动系统只需要进行速度控制，故可称为"速度控制单元"。通用型 CNC 对伺服驱动器无特殊要求，可与各种速度控制装置配套（如直流调速单元、通用型交流伺服等），CNC 与伺服驱动器可使用不同厂家生产的产品，FANUC 早期的 FS-6、11、0 系列 CNC 即属于通用型 CNC。

闭环 CNC 的另一形式是使用专用总线连接的 CNC，此类 CNC 不但需要进行闭环位置控制，而且为了使坐标轴的运动速度更为准确，有的还将速度环都直接集成在 CNC 上，驱动器只需要进行转矩控制与 PWM 脉冲放大，故又称"伺服放大器"。总线连接的 CNC 一般采用网络控制技术，CNC 与伺服驱动间有专门的总线与通信协议，驱动器为专用，CNC 与驱动器通常为同一厂家生产，FANUC 的 i 系列 CNC 即属于此类。

#### 2. 闭环 CNC 的连接

闭环 CNC 一般都带有内置式 PLC，可以连接的 I/O 点多，需要使用 I/O 单元；主轴有位置控制要求，一般应配套主轴驱动器，如主轴需要参与坐标轴的插补（Cs 轴控制），其位置同样必须在 CNC 上实现，这样的主轴驱动器与 CNC 间也需要总线连接。

总体而言，闭环 CNC 连接虽同样包括 CNC 与专用伺服驱动器的连接（SV 连接）、CNC 与主轴驱动器的连接（SP 连接）、CNC 与 I/O 单元的连接（I/O 连接）三部分内容，但是其连接方式已经与经济型 CNC 有了很大的不同，它需要使用网络总线、带有网络连接接口的 I/O 模块与单元等。除了电源、RS232 通信接口等常规连接外，闭环 CNC 的基本连接要求如图 8-2.2 所示。

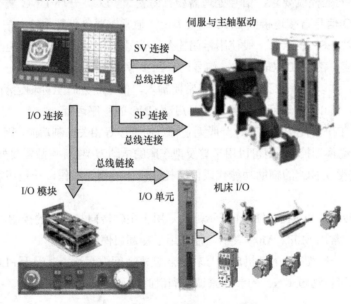

图 8-2.2　使用总线的闭环 CNC 连接

　　① 驱动器连接。通过现场总线连接，如 FANUC 的 FSSB 总线、SIEMENS 的 PROFIBUS 总线等。

　　② 主轴连接。当主轴只需要转速控制与定向准停、螺纹车削等简单位置控制时，其连接方式与开环 CNC 相同，只需要连接 S 模拟电压输出与位置反馈输入；当主轴需要位置控制、Cs 轴控制时，需要使用现场总线连接。

　　③ I/O 连接。闭环 CNC 一般都有内置式 PLC，可连接的 I/O 点多，操作面板与机床的 I/O 信号需要通过带有网络链接接口的 I/O 模块与单元连接，PLC 有独立的 CPU，PLC（CNC）、I/O 模块通过 I/O 链接总线构成简单的 I/O 连接网。

　　内置式 PLC 的连接、使用方法与通用 PLC 相同，其 I/O 信号功能可自由定义、PLC 程序可编制，PLC 可借助 CNC 的面板进行程序编辑、调试与监控；CNC 的 M/B/E 等辅助功能、刀号输出以及急停、循环启动、进给保持等信号输入均通过内部信号进行，PLC 可使用辅助功能译码、刀具交换控制等特殊功能指令。

　　闭环 CNC 的连接通常较复杂，有关内容可参见本书作者编写的《FANUC-0iC 完全应用手册》（人民邮电出版社，2009）一书。

## 实 践 指 导

### 一、KND100 的伺服、主轴连接

　　KND100、GSK980 等属于典型与常用的国产开环 CNC 系统，两者的连接要求相同，CNC 的连接器布置如图 8-2.3 所示，连接要求如下。

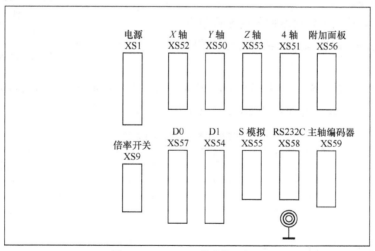

图 8-2.3　KND100 的连接器布置

#### 1．驱动器连接

　　KND100M 的 X/Y/Z/4 轴驱动器连接插头分别为 XS52/XS50/XS53/XS51；车床用的 KND100T 的 X/Z 轴驱动器连接插头分别为 XS52/XS50；连接要求完全相同，内部接口与连接信号如图 8-2.4 所示，具体如下。

　　① 位置指令脉冲输出。CNC 的位置脉冲 CP＋/CP− 与 DIR/* DIR 为 AM26LS31 线驱动输出，当 CNC 内部设定端 SA2 断开时，为"脉冲＋方向"输出；设定端 SA2 短接时，为正/反转脉冲

输出。

② 驱动器使能。MRDY/*MRDY 信号用做驱动器的启动信号（如伺服 ON 信号等），内部为继电器接点输出。

③ 驱动器的准备好。DRDY/*DRDY 为来自驱动器的 CNC 互锁输入，应采用汇点输入连接，内部驱动电源为 DC12V。

④ 故障输入。ALM/*ALM 为来自驱动器的故障（报警）输入，应采用汇点输入连接，内部驱动电源为 DC12V。

⑤ 零脉冲信号。以 PC/*PC 表示，可以为来自编码器的零脉冲或接近开关输入。

通过 CNC 的设定端 SA3-5/6/7/8 可以分别选择 X/Y/Z/4 轴的零脉冲输入信号电平，设定端短接时为 DC5V 编码器零脉冲输入（光耦限流电阻为 150Ω）；设定端断开时为 DC24V 接近开关输入（光耦限流电阻为 4.85kΩ）。

⑥ 输入驱动电源。CNC 可以通过连接端 VP/0V 向外部信号提供输入驱动电源，输出电压可通过设定端 SA5 选择为 DC5V。

### 2. 主轴连接

KND100 可以输出主轴速度控制的 S 模拟电压及 1 024P/r 主轴编码器以实现攻丝功能、螺纹车削。

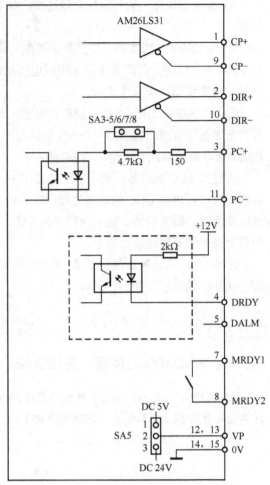

图 8-2.4　KND100 的驱动器连接

S 模拟量由连接器 XS55 的 5 脚输出，2/3/4 脚为 0V；主轴编码器的连接器号在 100M 上为 XS59，在 100T 上为 XS51，连接要求相同，引脚如表 8-2.1 所示。

表 8-2.1　　　　　　　　　　　　　XS51 主轴编码器的连接

| 引脚 | 3 | 4 | 5 | 6 | 7 | 8 | 12/13 | 14/15 |
|------|-----|-----|-----|-----|-----|-----|-------|-------|
| 信号 | *C | C | *B | B | *A | A | 5V | 0V |

## 二、KND100 的 I/O 连接

### 1. 操作面板连接

KND100M 与 KND100T 的连接器 XS56 用于面板输入连接，应采用汇点输入连接方式，一般直接连接 KND 标准机床操作面板上的按钮；进给倍率开关连接器为 XS9，同样采用汇点输入连接方式，一般直接连接 KND 标准机床操作面板上的倍率开关；连接端布置如表 8-2.2、表 8-2.3 所示。

**表 8-2.2**　　　　　　　　　　　**KND100M/100T 面板输入 XS56 连接**

| 连接端 | 代号 | 名称 | 功能 |
|---|---|---|---|
| XS56-1 | KEY | 存储器保护 | 汇点输入，"1"存储器保护 |
| XS56-2 | ST | 循环启动 | 汇点输入，"1"启动加工程序运行 |
| XS56-3 | *SP | 进给保持 | 汇点输入，"0"加工程序运行中断，轴停止进给 |
| XS56-4 | *ESP | 急停 | 汇点输入，"0"CNC 急停 |
| XS56-5 | HA | 手轮输入 A | 连接手轮 A 相输入 |
| XS56-6 | HB | 手轮输入 B | 连接手轮 B 相输入 |
| XS56-7/9/10/14 | 0V | 输入 0V 端 | 汇点输入与手轮输入的公共 0V 端 |
| XS56-8/15 | +12V | DC12V 电源 | 提供外部的 DC12V 输出，一般不使用 |
| XS56-11/12/13 | +5V | DC5V 电源 | 提供手轮的 5V 电源端 |

**表 8-2.3**　　　　　　　　　　　**KND100M/100T 倍率开关输入 XS9 连接**

| 连接端 | 代号 | 名称 | 功能 |
|---|---|---|---|
| 1 | *OV1 | 倍率开关输入 1 | 连接二进制编码倍率开关的第 1 位输入 |
| 2 | *OV2 | 倍率开关输入 2 | 连接二进制编码倍率开关的第 2 位输入 |
| 3 | *OV4 | 倍率开关输入 4 | 连接二进制编码倍率开关的第 3 位输入 |
| 4 | *OV8 | 倍率开关输入 8 | 连接二进制编码倍率开关的第 4 位输入 |
| 5 | COM | 输入 0V 端 | 倍率开关输入的公共 0V 端 |

## 2. 机床 I/O 连接

KND100M 与 KND100T 的连接器 XS54 用于机床输入的连接，应采用源输入连接方式，输入触点的容量应大于 DC30V/16mA，输入驱动电源由外部提供；连接器 XS57 用于开关量输出连接，输出形式为 NPN 晶体管集电极开路信号，驱动能力为 DC24V/200mA，输出驱动电源由外部提供。机床 I/O 连接的接口电路原理如图 8-2.5 所示；100T 的信号连接端布置如表 8-2.4、表 8-2.5 所示，表中带有阴影的输入信号为常用连接信号。

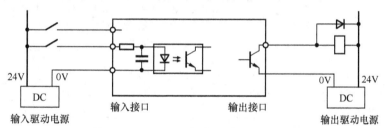

图 8-2.5　KND100 的机床 I/O 接口电路原理

**表 8-2.4**　　　　　　　　　　　**KND100T 机床输入 XS54 连接表**

| 连接端 | 代号 | 名称 | 功能 |
|---|---|---|---|
| XS54-1 | UI6 | 宏程序输入 | 可以通过用户宏程序读入的开关量输入 6 |
| XS54-2 | UI5 | 宏程序输入 | 可以通过用户宏程序读入的开关量输入 5 |
| XS54-3 | UI4 | 宏程序输入 | 可以通过用户宏程序读入的开关量输入 4 |
| XS54-4 | TW | 尾架控制输入 | 输入"ON→OFF→ON"，尾架夹紧/松开输出 TWJ/TWT 交替输出 1/0 |
| XS54-5 | X32 | 备用输入 | 标准型 CNC 无作用 |
| XS54-6 | SAGT | 备用输入 | 标准型 CNC 无作用 |
| XS54-7 | *ESP1 | 急停输入 | 常闭输入，"0"CNC 急停 |
| XS54-8 | T06 | 刀号输入 | 实际刀号为 6 |
| XS54-9 | *TCP | 刀架锁紧输入 | 刀架已经锁紧，不使用时可设定参数 011.0 = 0（输入 0 有效），取消信号 |

| 连接端 | 代 号 | 名 称 | 功 能 |
|---|---|---|---|
| XS54-10 | X14 | 备用输入 | 标准型 CNC 无作用 |
| XS54-11 | T03 | 刀号输入 | 实际刀号为 3 |
| XS54-12 | T01 | 刀号输入 | 实际刀号为 1 |
| XS54-13 | — | — | 不使用 |
| XS54-14 | UI7 | 宏程序输入 | 可以通过用户宏程序读入的开关量输入 7 |
| XS54-15 | QP | 卡盘控制输入 | 输入 "ON→OFF→ON"，卡盘夹紧/松开输出 QPJ/QPS 交替输出 1/0 |
| XS54-16 | X26 | 备用输入 | 标准型 CNC 无作用 |
| XS54-17 | *DECZ | Z 轴参考点减速信号 | 连接 Z 轴参考点减速开关 |
| XS54-18 | PSW | 压力报警输入 | 压力报警输入，不使用时可设定参数 005.6 = 0（输入 1 报警），取消信号 |
| XS54-19 | T08 | 刀号输入 | 实际刀号为 8 |
| XS54-20 | T07 | 刀号输入 | 实际刀号为 7 |
| XS54-21 | T05 | 刀号输入 | 实际刀号为 5 |
| XS54-22 | X16 | 备用输入 | 标准型 CNC 无作用 |
| XS54-23 | *DECX | X 轴参考点减速信号 | 连接 X 轴参考点减速开关 |
| XS54-24 | T04 | 刀号输入 | 实际刀号为 4 |
| XS54-25 | T02 | 刀号输入 | 实际刀号为 2 |

表 8-2.5　　　　　　　　　　**KND100T 机床输出 XS57 连接表**

| 连接端 | 代 号 | 名 称 | 功 能 |
|---|---|---|---|
| XS57-1 | VOI | 蜂鸣器输出 | 报警时为周期 2s 的脉冲输出；手动主轴、换刀时间隔 4s 输出 1s |
| XS57-2 | M10 | M 代码输出 | 执行 M10 代码时输出 ON |
| XS57-3 | M04 | M 代码输出 | 执行 M4 代码时输出 ON，通常为主轴反转 |
| XS57-4 | M05 | M 代码输出 | 执行 M5 代码时输出 ON，通常为主轴停止 |
| XS57-5 | ENB | 主轴使能输出 | S 代码不为 0，输出 ON |
| XS57-6 | QPJ | 卡盘夹紧输出 | 卡盘控制输入 QP "ON→OFF→ON"，QPJ 交替输出 ON→OFF |
| XS57-7 | TL− | 刀架反转输出 | 刀号一致时，刀架反转锁紧时输出 ON |
| XS57-8 | TWT | 尾架松开输出 | 尾架控制输入 TW "ON→OFF→ON"，TWT 交替输出 OFF→ON |
| XS57-9 | S7/M33 | S 代码/M33 代码输出 | 机械变速主轴速度选择输出 7，或 M33 代码/手动润滑 OFF 输出 |
| XS57-10 | S3/UO2 | S 代码/用户宏程序输出 | 机械变速主轴速度选择输出 3，或用户宏程序输出 2 |
| XS57-11 | S2/UO1 | S 代码/用户宏程序输出 | 机械变速主轴速度选择输出 2，或用户宏程序输出 1 |
| XS57-11 | S6/M09 | S 代码/M09 代码输出 | 机械变速主轴速度选择输出 6，或 M09 代码/手动冷却 OFF 输出 |
| XS57-13 | — | — | 不使用 |
| XS57-14 | M32 | M 代码输出 | 执行 M32 代码或按润滑 ON 按钮时输出 ON，通常为润滑 ON 输出 |
| XS57-15 | M03 | M 代码输出 | 执行 M3 代码时输出 ON，通常为主轴正转 |
| XS57-16 | M08 | M 代码输出 | 执行 M08 代码或按冷却 ON 按钮时输出 ON，通常为冷却 ON 输出 |
| XS57-17 | ZD | 主轴制动输出 | 主轴停止后输出 ON，可作为主轴制动器控制信号 |
| XS57-18 | TWJ | 尾架夹紧输出 | 尾架控制输入 TW "ON→OFF→ON"，TWJ 交替输出 ON→OFF |
| XS57-19 | TL+ | 刀架正转输出 | 执行 T 代码换刀时，输出 ON |
| XS57-20 | QPS | 卡盘松开输出 | 卡盘控制输入 QP "ON→OFF→ON"，QPS 交替输出 OFF→ON |
| XS57-21 | FNL | 程序结束输出 | 执行程序结束 M30 代码时输出 ON |
| XS57-22 | S5/M11 | S 代码/M11 代码输出 | 机械变速主轴速度选择输出 5，或 M11 代码输出 |
| XS57-23 | S1/UO0 | S 代码/用户宏程序输出 | 机械变速主轴速度选择输出 1，或用户宏程序输出 0 |
| XS57-24 | S4/UO3 | S 代码/用户宏程序输出 | 机械变速主轴速度选择输出 4，或用户宏程序输出 3 |
| XS57-25 | S8 | S 代码 | 机械变速主轴速度选择输出 8 |

# ｜任务三　CNC 的应用与实践｜

## 能 力 目 标

1. 熟悉 CNC 控制系统的设计步骤。
2. 掌握 CNC 控制系统的工程设计方法。
3. 能够设计简单 CNC 控制系统的电气原理图。

## 工 作 内 容

完成数控车床电气控制系统设计。

### 1．控制要求

① 机床：机床为平床身普及型 CK6140 数控车床，最大车削直径为 400mm；机床能够进行内外圆、锥面、圆弧面、螺纹等常规车削加工。

② 进给系统：$X$、$Z$ 轴的行程分别为 250mm、1 000mm；滚珠丝杠螺距分别为 5mm、10mm；电机与丝杠均采用 1:1 连接；设计要求的快进速度分别为 10m/min、18m/min。

③ 主轴系统：主轴带 1:1 与 1:4 两级机械变速，主轴转速范围为 25～1 800r/min（无级变速）。根据机床的特点，已经决定采用以下主要配套部件。

① CNC：采用 KND100T 国产经济型 CNC，配套 KND 机床操作面板。

② 伺服驱动系统：采用安川ΣⅡ系列交流伺服，配套 SGMGH 系列电机。

③ 主轴：采用三菱 A740 系列变频器无级变速，并配有 1 024P/r 主轴编码器，实现螺纹车削功能。

④ 其他：配套 4 刀位普通电动刀架，可以通过手动与 T 指令换刀；机床冷却系统采用 AB25C 型普通冷却泵，可以通过手动与 M08/M09 指令控制冷却；润滑为手动泵。

### 2．主要配套件

① CNC：KND100T 标准型 CNC，带 KND 机床操作面板。

② $X/Z$ 轴电机与驱动器：$X$ 轴伺服电机为 SGMGH-20ACA61，$P_e = 1.8$kW、$M_e = 11.5$N·m、$I_e = 16.7$A、$n_{max} = 3\,000$r/min，配套安川 SGDM-20ADA 驱动器；$Z$ 轴伺服电机为 SGMGH-30ACA61，$P_e = 2.9$kW、$M_e = 18$N·m、$I_e = 23.8$A、$n_{max} = 3\,000$r/min，配套安川 SGDM-30ADA 驱动器。

③ 主轴电机与变频器：主轴电机为 Y132M-4 普通三相感应电机，$P_e = 7.5$kW、$I_e = 15.4$A、$n_e = 1\,440$r/min，配套三菱 FR-A740-7.5K-CH 变频器；电机的变频调速范围为 90～1 800r/min，通过机械变速后的主轴转速范围为 22.5～1 800r/min。

④ 刀架电机：三相感应电机，$P_e = 120$W、$I_e = 0.22$A、$n_e = 1\,400$r/min。

⑤ 冷却电机：三相感应电机，$P_e = 90$W、$I_e = 0.18$A、$n_e = 1\,400$r/min。

## 资 讯 & 计 划

通过查阅相关参考资料、咨询与学习后面的内容，掌握以下知识。

1. 安川∑Ⅱ系列交流伺服器的特点与功能。

2. KND100T 数控装置的特点与功能。

3. KND100T 的 CNC 操作面板与机床控制面板布置。

# 实 践 指 导

## 一、了解系统组成部件

1. 复习本书项目七任务四的内容，掌握电气控制系统的设计原则与步骤。

2. 通过查询技术资料（如本书作者编写的《交流伺服驱动从原理到完全应用》，人民邮电出版社，2010）、安川网站或参照本书项目五的说明，了解安川∑Ⅱ系列交流伺服的特点与功能。

3. 通过查询技术资料（如本书作者编写的《变频器从原理到完全应用》，人民邮电出版社，2009）、三菱网站或参照本书项目六的说明，了解三菱 A740 系列变频器的特点与功能。

4. 通过查询技术资料、KND 网站了解 KND100T 的特点与功能。

## 二、熟悉 KND100 操作面板

参考以下内容，熟悉 KND100T 的操作与控制面板。

KND100T 的 CNC 集成操作面板与 KND 机床操作面板如图 8-3.1 所示，面板除了 CNC 机床操作键以外，已经布置有如下用于机床操作的按钮。

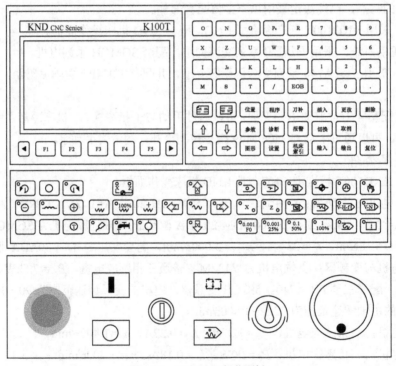

图 8-3.1　KND100T 操作面板

换刀，在手动操作时按下此键可以进行换刀。

冷却，在手动操作时按下此键可以交替通断冷却输出。

🔧 润滑，在手动操作时按下此键可以接通润滑输出。

⟳ 主轴正转，在手动操作时按下此键可以接通主轴正转输出。

⟲ 主轴反转，在手动操作时按下此键可以接通主轴反转输出。

⬛ 主轴停止，在手动操作时按下此键可以断开主轴正/反转输出。

⟳ 主轴点动，在手动操作时按下此键时可接通主轴正转输出，松开后停止。

❚ 机床或 CNC 启动按钮，用户自由使用。

◯ 机床或 CNC 关闭按钮，用户自由使用。

▥ 循环启动，用于加工程序的启动。

▥ 进给保持，用于中断加工程序。

⏻ 带锁旋钮，用于存储器保护。

KND 机床操作面板上的机床或 CNC 启动/关闭按钮、急停按钮等可以由用户自由使用，循环启动、进给保持、存储器保护以及手轮、进给倍率开关等有直接与 CNC 连接的连接器与电缆。

## 决 策 & 实 施

根据电气控制系统的设计原则与设计步骤，自主完成以下数控车床的系统规划与控制系统硬件设计任务。

1. 选择与配置 CNC 系统主要部件，设计操作面板。
2. 设计 CNC 控制系统电气控制原理图。

## 实 践 指 导

由于本机床控制要求明确，操作面板使用 KND 标准部件，系统的主要配套部件已经选定，因此可以直接进入技术设计阶段设计电气原理图，设计时需要注意以下问题。

### 一、伺服控制电路设计

KND100T 配套安川 SGDM 驱动器的伺服驱动电路设计要点如下。

① 安川 SGDM-20ADA/30ADA 驱动器的主电源输入为三相 AC200V，控制电源为 AC200V；驱动器主回路应使用伺服变压器；控制电源可在机床主电源接通后直接加入，但主电源原则上应受外部控制，有关 SGDM 驱动器电路设计的具体要求将在项目五中说明。

② KND、GSK 等 CNC 的位置给定脉冲输出可采用脉冲（CP）＋方向（DIR）的形式，AM26LS31 线驱动可以直接与安川驱动器连接。

③ 开环 CNC 的坐标轴位置控制直接由驱动器实现，位置反馈不需要连接到 CNC；但由于"回参考点"动作的需要，驱动器的零脉冲信号 PCO 输出需要连接到 CNC，信号的连接要求如图 8-3.2 所示；驱动器 PC0/*PC0 的输出为 DC5V，CNC 侧的短接端 SA3 应断开。

④ 在 KND、GSK 等国产经济型 CNC 上，一般不使用 DRDY/*DRDY 信号；驱动器的报警输出触点 ALM 作 CNC 驱动器报警 ALM/*ALM 信号使用，为此驱动器的主接触器一般不再使用驱动器 ALM 输出控制。图 8-3.3 所示为驱动器报警输出触点 ALM 与 CNC 的 ALM/*ALM 信号连接图，输入直接使用了 CNC 的 DC12V 电源驱动。

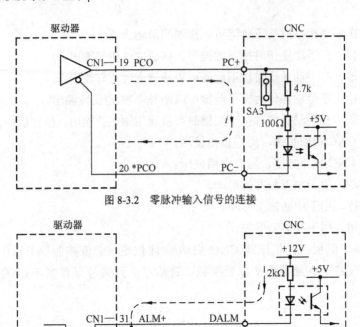

图 8-3.2　零脉冲输入信号的连接

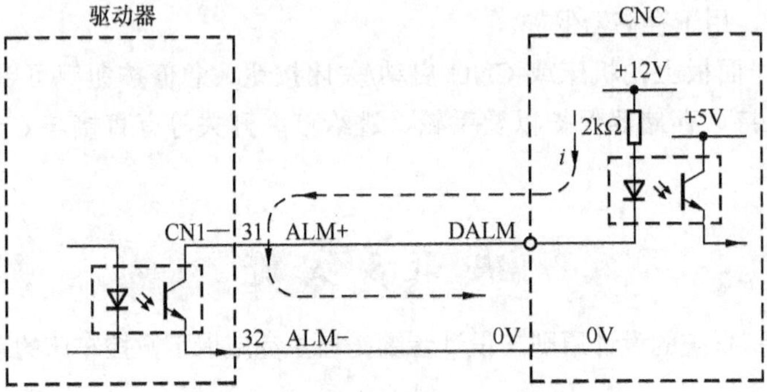

图 8-3.3　驱动器报警信号 ALM 的连接

⑤ 驱动器的伺服 ON（S-ON）信号直接使用 CNC 的"准备好"信号输出（MRDY1/MRDY2 触点）控制，驱动器 S-ON 信号的 DC24V 驱动电源由 CNC 的 VP 端提供，MRDY1/MRDY2 输出与驱动器 S-ON 信号的连接如图 8-3.4 所示。

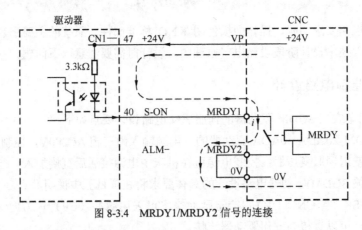

图 8-3.4　MRDY1/MRDY2 信号的连接

有关安川 SGDM 驱动器更多的内容，将在本书项目五中进行详细的说明。

## 二、主轴控制电路设计

KND100T 配套变频器的主轴驱动电路设计要点如下。

① 三菱 FR-A740-7.5K-CH 变频器的频率给定输入可以为 DC0～10V 模拟电压，KND 的 S 模拟量输出可以直接连接到变频器的频率给定输入端 2/5。

② A740 变频器的转向需要通过触点输入信号 STF/STR 控制，因此 CNC 的 M03/M04 输出宜

通过中间继电器转换为触点信号；变频器的停止由触点输入信号 STOP 控制，通常直接使用变频器本身的报警输出触点控制，而不使用 CNC 的 M05 信号。

③ 螺纹车削需要的主轴位置检测直接用 1 024P/r 编码器提供，A740 变频器采用开环速度控制，编码器信号直接连接到 CNC 的 XS51 连接器上。

有关三菱 FR-A740-7.5K-CH 变频器更多的内容，可参照本书项目六。

## 检 查 & 评 价

1. 图 8-3.5～图 8-3.10 是按 DIN 标准设计的数控车床电气原理图，对照与检查自主设计电气原理图是否正确与规范，并进行修改与完善。

2. 识读图 8-3.5～图 8-3.10，完成以下实践操作练习。

### 一、强电回路识读

#### 1．主电路识读

① 电路图边框上的 A，B，C…，1，2，3…有什么作用？标题栏上的"图样标记"S、A 代表什么意义？

② 由电路图 8-3.5 可知，该机床对输入总电源的电源电压、频率与容量要求是（以实际数值表示范围）：

电源电压/频率_____；电源容量_____。

③ 电路图所要求的输入电源为_____相_____线制供电（德国标准），如果按照我国 3 相 4 线制标准供电，在实际使用时应进行怎样处理？

④ 图 8-3.5 中所标的 4～10mm² 等标记代表什么意义？图 8-3.5 中电机 OM2/OM3 的连接线线径应为多少 mm²？导线应采用什么颜色？

⑤ 图 8-3.5 中 10L＋与 10L−连接端（德国标准）的电压分别为多少？连接线的线径应为多少 mm²？导线应采用什么颜色？

⑥ 图中的点划线代表什么意义（德国标准）？采用国标时为什么线型？该连接线应采用什么颜色？

⑦ 图中的 F1、Q2、KM1（德国标准）分别代表什么电气元件？图形符号与国标有何不同？F1、Q2 下面的 63A、0.22A 等分别代表什么意义？KM1 下的 2-8E 代表什么意义？

⑧ 图 8-3.5 中的 Q4 代表什么电气元件？连接时进行了怎样的特殊处理？为什么？

#### 2．控制电路识读

① 图 8-3.6 右侧强电控制线路的控制电压是多少？可不可以直接从三相 AC380V 进线的 L1/N 上获得？为什么？

② 图 8-3.6 右侧强电控制线路的连接线线径为多少 mm²？应用什么颜色的导线连接？

③ 根据图 8-3.6，伺服驱动器的主电源接通需要什么条件？变频器主电源接通需要什么条件？

④ 图 8-3.6 中的 KM1 与 KM2 为什么需要相互串联常闭触点？如果 CNC 输出的 KA13 与 KA14 本身已经有互锁保护，能不能不再串联常闭点？为什么？

⑤ 接触器线圈 KM1 等下面所标的常开/常闭触点表有什么作用？

⑥ 图 8-3.6 的 5A 区 1L1/1L2/1L3/N 后面的垂直线段（德国标准）代表什么意义？

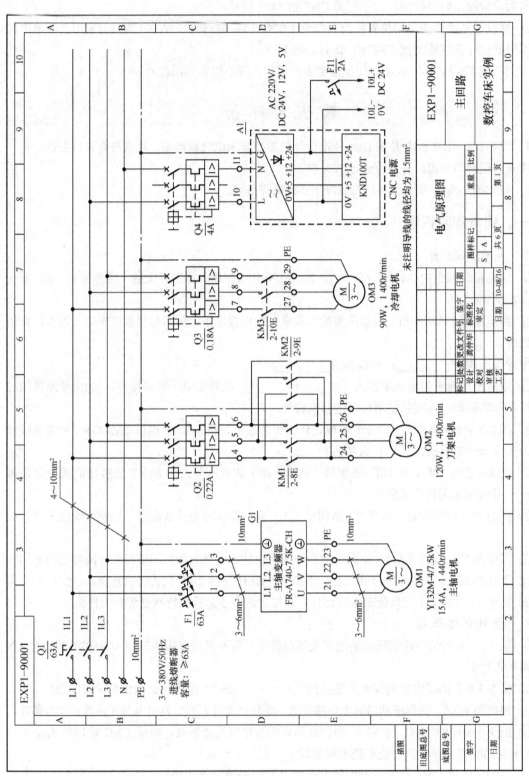

图 8-3.5　数控车床主回路原理图

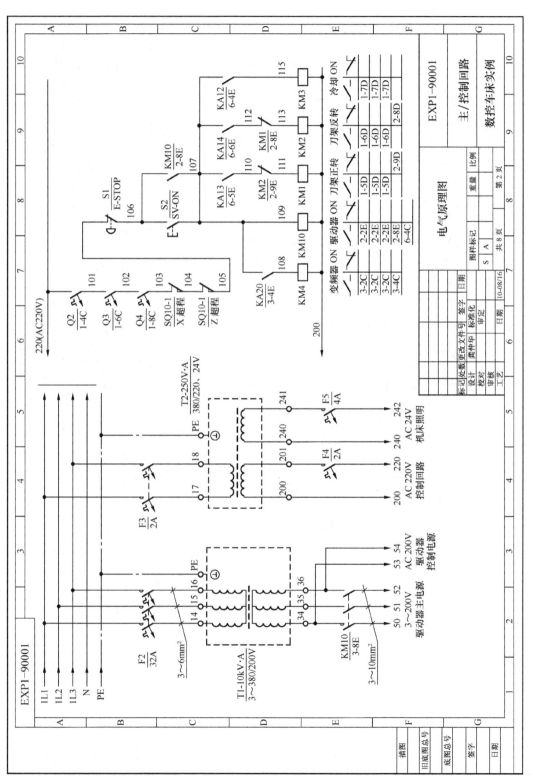

图 8-3.6 数控车床控制回路原理图

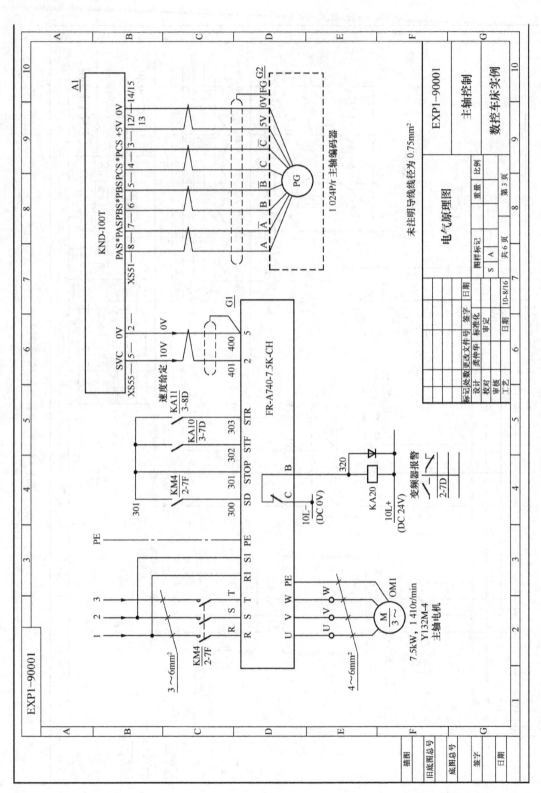

图 8-3.7　数控车床主轴驱动电路原理图

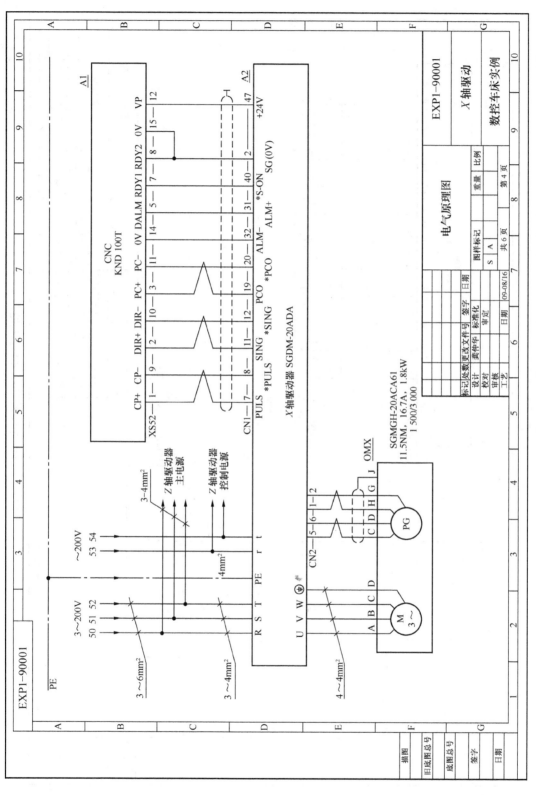

图 8-3.8 数控车床 X 轴驱动电路原理图

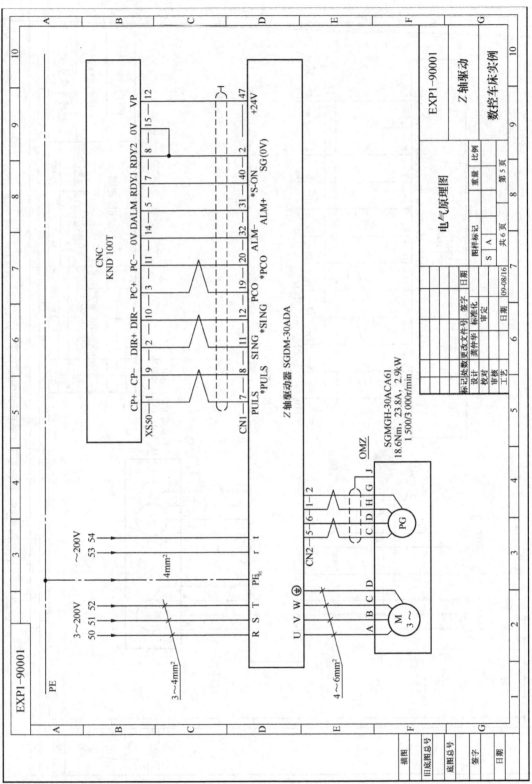

图 8-3.9　数控车床 Z 轴驱动电路原理图

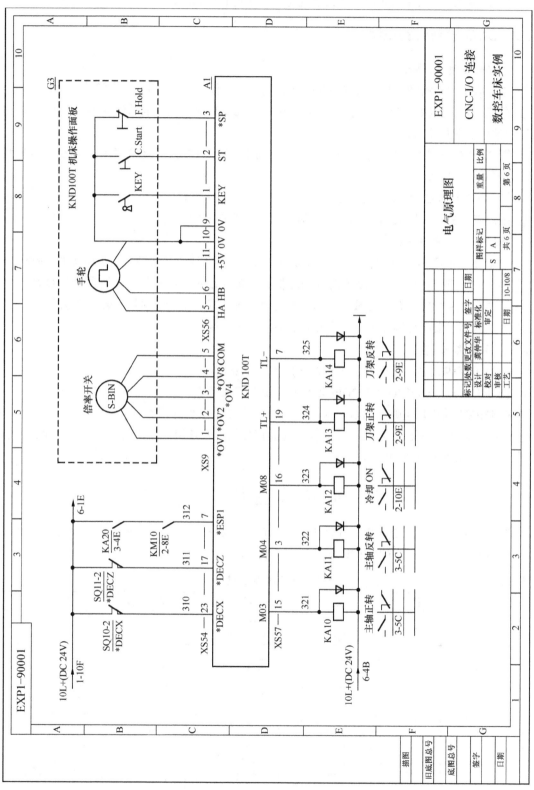

图 8-3.10 数控车床 CNC-I/O 电路原理图

⑦ 图 8-3.6 的 T1、T2 代表什么电气元件？其技术参数是什么？外部虚线框代表什么意义？

⑧ 图 8-3.6 的 F2、F3、F4 代表什么电气元件？它们有什么区别？

## 二、CNC 控制回路识读

### 1. 主轴驱动电路识读

① 本机床主轴电机型号与主要参数是什么？它采用了什么变频器进行控制？

② 图 8-3.7 中变频器的频率给定信号来自哪里？SD/STOP/STF/STR 信号各起什么作用？它们接通的条件分别是什么？

③ 图 8-3.7 中的 KA20 是什么电气元件？在电路中它有何作用？其线圈电压是多少？线圈两侧为何需要并联二极管？

④ 图 8-3.7 中的 G2 是什么电气元件？在电路中它有何作用？

⑤ 画出图 8-3.7 中的 G2 输出的 A/B/C 波形，并标明信号的赋值。

### 2. 伺服驱动电路识读

① 机床 X/Z 轴伺服电机的型号与主要参数是什么？分别采用了什么型号的驱动器进行控制？

② 图 8-3.8、图 8-3.9 中，驱动器的哪些控制信号来自 CNC？哪些信号需要输出到 CNC？

③ 图中 PULS/*PULS 的连接线为什么需要交叉？连接线所带的虚线框代表什么意义？

④ 本机床驱动器的控制电源与主电源分别在什么时刻接通？

### 3. I/O 电路识读

① KND100T 共连接了哪些输入信号？它们各来自哪里？

② 图 8-3.10 中，信号 *DECX/*DECZ 有何作用？CNC 在什么情况下进入急停状态？

③ KND100T 共连接了哪些输出信号？信号 TL+ 与 TL− 有何作用？

④ KND 机床操作面板上的机床启动/停止与急停按钮是否使用？如使用，在电路中找到它们的位置，并说明在机床上起什么作用。

## 训练 & 提高

按照下表的格式，通过查阅电气元件生产厂家样本，将图 8-3.5～图 8-3.10 中的全部电气元件汇总，编制出工程用电气元件明细表，如表 8-3.1 所示。

表 8-3.1　　电气元件明细表样式

| 序 号 | 图上代号 | 名 称 | 规 格 | 数 量 | 备 注 |
|---|---|---|---|---|---|
| 1 | A1 | 数控装置 | KND-100T | 1 | 带机床操作面板 |
| 2 | A2 | X 轴驱动器 | SGDM-20ADA | 1 | 安川公司生产 |
| | …… | | | | |
| | G1 | 变频器 | FR-A740-7.5K-CH | 1 | 三菱公司生产 |
| | OMX | 伺服电机 | SGMGH-20ACA61 | 1 | 11.5Nm，3 000r/min |
| | OM1 | 三相感应电机 | Y132M-4 | 1 | 7.5kW，1 440r/min |
| | …… | | | | |
| | Q1 | 总电源开关 | HZ12-63 | 1 | 3～380V/63A |
| | Q2、Q3 | 自动断路器 | DZ108-201C/1 | 2 | 0.16～0.25A |
| | …… | …… | …… | | |

# 参考文献

[1] 龚仲华. 三菱 FX 系列 PLC 应用技术（完整加强版）[M]. 北京：人民邮电出版社，2010.

[2] 龚仲华. FANUC-0iC 数控系统完全应用手册[M]. 北京：人民邮电出版社，2010.

[3] 龚仲华. 数控技术（第 2 版）[M]. 北京：机械工业出版社，2010.

[4] 龚仲华. 交流伺服驱动从原理到完全应用[M]. 北京：人民邮电出版社，2010.

[5] 龚仲华. 变频器从原理到完全应用[M]. 北京：人民邮电出版社，2009.

[6] 安川 Servopack SigmaV 使用说明书. 安川公司技术资料.

[7] 三菱 FR-A700 使用说明书. 三菱公司技术资料.